Rohrleitungsstatik

Harry Hampel

Rohrleitungsstatik

Grundlagen · Gebrauchsformeln
Beispiele

Springer-Verlag Berlin Heidelberg GmbH 1972

Oberingenieur Harry Hampel

Leiter der Abteilung Technische Berechnungen
bei der Mannesmann-Rohrbau AG, Düsseldorf

Mit 161 Abbildungen

ISBN 978-3-662-09780-9 ISBN 978-3-662-09779-3 (eBook)
DOI 10.1007/978-3-662-09779-3

Ursprünglich erschienen bei Springer-Verlag Berlin Heidelberg New York 1972.

Library of Congress Catalog Card Number 79-178756

Vorwort

Dieses Buch „Rohrleitungsstatik" befaßt sich mit einem Sachgebiet des Rohrleitungsbaues, und zwar mit den Kraftwirkungen, die in Rohrsystemen durch behinderte Längsdehnung entstehen.

Als Leserkreis sind einmal diejenigen gedacht, die erstmalig Berechnungen auf diesem Gebiet durchführen müssen, und zum anderen diejenigen, die Ergebnisse solcher Berechnungen weiterverwenden und sich deshalb einen Überblick über das Stoffgebiet verschaffen wollen. Außerdem soll das Buch auch für den mit dem Stoff bereits vertrauten Leser als Formelsammlung dienen.

Besonderer Wert wurde auf eine Zusammenstellung der Grundlagen gelegt, die zum tieferen Verständnis der einschlägigen Vorschriften, Normen und Literatur erforderlich, dort aber aus Platzgründen als bekannt vorausgesetzt sind. Um die Zusammenhänge in kurzer und überschaubarer Form angeben zu können, wird weitgehend von der Vektor- und Matrizenschreibweise Gebrauch gemacht. Es schien daher angebracht, auch die Grundbegriffe dieser Rechnungsarten mit in das Buch aufzunehmen. Da der Inhalt auf die Belange der Praxis abgestimmt ist, sind die angeführten Berechnungsverfahren nach ihrer Ableitung in Form direkter Rechenanweisungen unter gleichzeitiger Durchrechnung von Beispielen gegeben.

Als Rechenhilfsmittel sind lediglich Rechenschieber und Vierspezies-Tischrechner vorausgesetzt. Die zur Berechnung komplizierter Leitungssysteme auf Großrechenanlagen erforderlichen Grundlagen sind hier zwar zu entnehmen, jedoch wird auf die sehr von der Speicherkapazität abhängige Programmgestaltung und die zu wählenden Rechenverfahren nicht näher eingegangen.

Homberg-Meiersberg, im Dezember 1971

Harry Hampel

Inhaltsverzeichnis

Berichtigungen

S. 12, Abb. 2.19: statt $\lambda \times B_x$ **lies** $\lambda \cdot B_x$ usw.
S. 70, letzte Zeile: statt Dehnung zu Spannung **lies** Spannung zu Dehnung
S. 90, 6. Zeile: statt Gl. (9.1) **lies** Gl. (10.1)
S. 155, 2. Absatz, 3. Zeile: statt D''_{ab} **lies** D'_{ab}
S. 173, Gl. (14.64): statt C_k^2 **lies** C_φ
S. 179, Gl. (14.74), letztes Glied: statt $\Phi_{C'c}$ **lies** $\Phi_{D'c}$
S. 183, vorletzte Zeile: statt $\left(1{,}3 + \frac{1}{K}\right)$ **lies** $\left(1{,}3 - \frac{1}{K}\right)$
S. 212, Gl. (16.3c): statt $+D_{yz(x)} \cdot P_y$ **lies** $-D_{yz(x)} \cdot P_y$

Hampel, Rohrleitungsstatik

1. Einführung und Hinweise

In den letzten Jahrzehnten haben sich Druck, Temperatur, Menge und Gefährlichkeit der in Rohrleitungen beförderten Medien laufend gesteigert. Damit sind auch die Risiken bei einem eventuellen Schaden im gleichen Maße gewachsen. Das wiederum bedingt eine immer stärkere Forderung nach Sicherheit. Über deren Größe läßt sich aber erst nach Kenntnis aller auf die Leitung einwirkenden Belastungen eine Aussage machen. Die Ermittlung dieser Belastungen und der sich daraus ergebenden Beanspruchungen ist Aufgabe der Rohrleitungsstatik.

Auch wenn heute diese Berechnungen weitgehendst auf Rechenanlagen durchgeführt werden, bleibt für die richtige Erstellung der Eingabewerte sowie die Beurteilung und Weiterverwendung der Ergebnisse eine Kenntnis der Berechnungsgrundlagen unerläßlich. Ebenso wird weiterhin das Bedürfnis bestehen, einfache Systeme „von Hand“ zu berechnen. Unter diesen Gesichtspunkten erfolgte die Auswahl des gebrachten Stoffes.

Um Gebrauchsformeln gegenüber den Ableitungen hervorzuheben, sind die betreffenden Gleichungsnummern halbfett gesetzt.

Halbfette Buchstaben in Text und Gleichungen stellen Vektoren oder Matrizen dar.

Hinweise auf die verwendete und am Schluß angeführte Literatur sind durch Zahlen in [ ] unterhalb der Überschriften gegeben. Außerdem wurden folgende Abkürzungen verwendet:

C	Konstante
d	Durchmesser
D	Linienzentrifugalmoment
E	Elastizitätsmodul
F	Fläche
I	Flächenträgheitsmoment
k	Umrechnungsfaktor
L	Länge
M	Moment
N	Normalkraft
P	Kraft
Q	Querkraft
r	Radius
R	Biegeradius
s	Wanddicke
S	statisches Linienmoment
T	Linienträgheitsmoment
W	Widerstandsmoment
W_{ik}	Bewegung (Verschiebung oder Drehung)
δ	Verschiebung
ε	Dehnung
η	Systemschwerpunktkoordinate
ϑ	Temperatur
μ	Reibungsfaktor
ν	Querzahl (meist 0,3)
π	Ludolfsche Zahl (3, 14159 ...)
σ	Normalspannung
τ	Schubspannung
φ	Drehung
ψ	Winkel

2. Mathematische Grundlagen

2.1 Koordinatensysteme

2.1.1 Rechtwinkliges, rechtsorientiertes Koordinatensystem

Abb. 2.1 zeigt das in allen folgenden Abschnitten bei der Behandlung von räumlichen und ebenen Problemen verwendete „rechtwinklige, rechtsorientierte xyz-Koordinatensystem". Das Gegenstück dazu wäre das in *Abb. 2.2* gezeigte rechtwinklige, linksorientierte xyz-Koordinaten

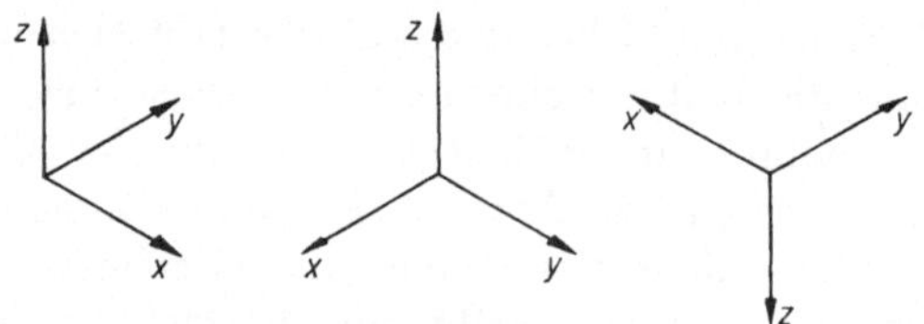

Abb. 2.1 Rechtsorientiertes, rechtwinkliges Koordinatensystem in den drei gebräuchlichsten Ansichten.

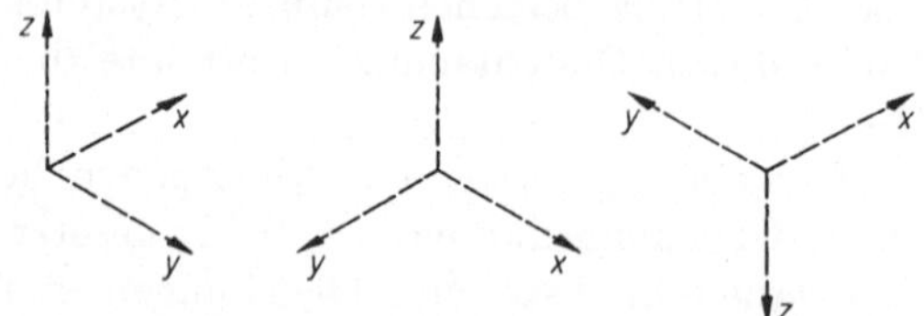

Abb. 2.2 Linksorientiertes, rechtwinkliges Koordinatensystem.

system. Es ist zu beachten, daß für ein rechtsorientiertes System aufgestellte Beziehungen in einem linksorientierten System grundsätzlich keine Gültigkeit haben.

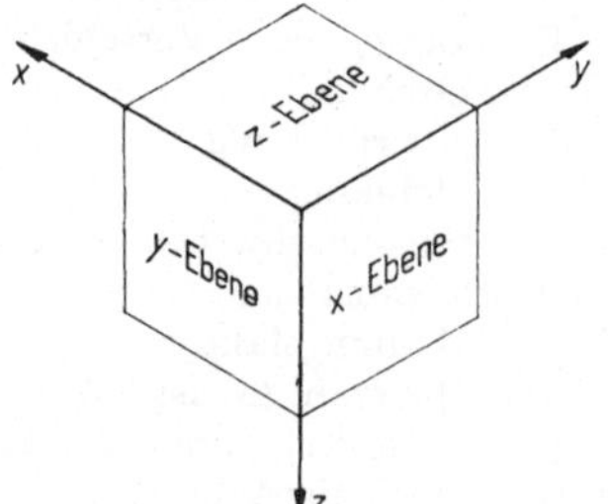

Abb. 2.3 Benennung der Bezugsebenen.

Legt man, wie in *Abb. 2.3* gezeigt, durch jeweils zwei Achsen des Koordinatensystems eine Ebene, dann erhält man die drei Bezugsebenen. Ihre Bezeichnung erhält jede dieser Ebenen durch die auf ihr senkrecht stehende Achse. Blickt man also in x-Richtung, dann betrachtet man die x-Ebene, in y-Richtung gesehen zeigt sich die y-Ebene und dann in z-Richtung die z-Ebene.

2.1.2 Kartesische Koordinaten und Polarkoordinaten

Gibt man wie in *Abb. 2.4* die Lage eines Punktes durch seine Entfernungen vom Ursprung in Richtung der Koordinatenachsen an, dann stellt jede Koordinate einen Punkt auf der entsprechenden Achse dar, und man spricht von den „kartesischen Koordinaten".

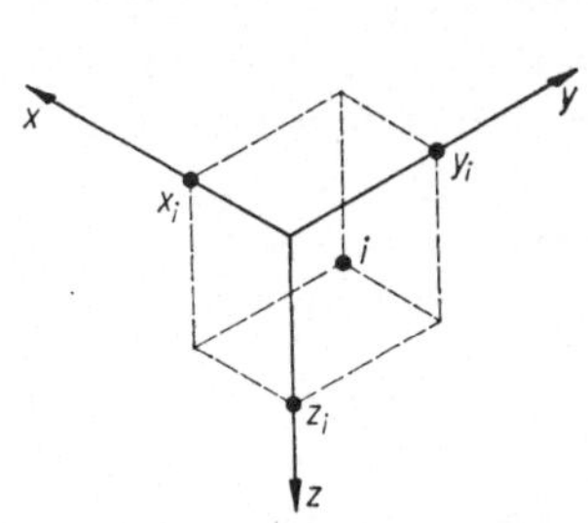

Abb. 2.4 Kartesische Koordinaten.

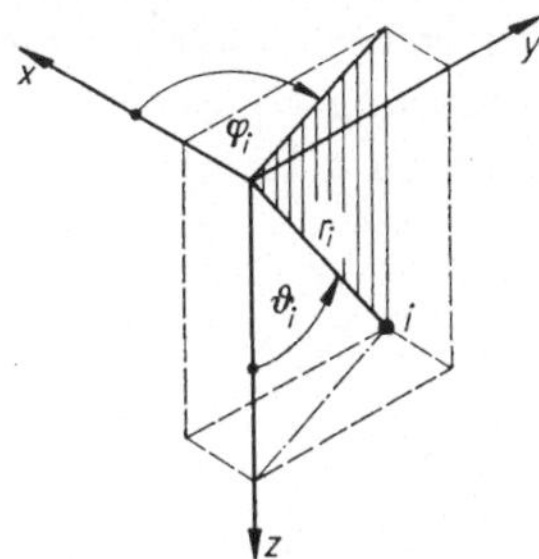

Abb. 2.5 Polar-Koordinaten.

Die Lagebestimmung eines Punktes mit „Polarkoordinaten" erhält man dagegen, wenn man entsprechend *Abb. 2.5* als erste Koordinate dessen direkte Entfernung r vom Ursprung wählt, als zweite den Polarwinkel φ und als dritte den Öffnungswinkel ϑ.

Bei gegebenen kartsischen Koordinaten erhält man für einen Punkt i die entsprechenden Polarkoordinaten zu:

$$\begin{aligned} r_i &= \sqrt{x_i^2 + y_i^2 + z_i^2}, \\ \varphi_i &= \arctan\,(y_i/x_i), \\ \vartheta_i &= \arccos\,(z_i/r_i). \end{aligned} \tag{2.1}$$

Aus Polarkoordinaten ergeben sich die kartesischen Koordinaten zu:

$$\begin{aligned} x_i &= r_i \cdot \sin\vartheta_i \cdot \cos\varphi_i, \\ y_i &= r_i \cdot \sin\vartheta_i \cdot \sin\varphi_i, \\ z_i &= r_i \cdot \cos\vartheta_i. \end{aligned} \tag{2.2}$$

Der in der z-Ebene liegende Polarwinkel φ ist hierbei immer von der positiven x-Achse her zu messen, und zwar auf dem kürzesten Weg. Damit kann φ Werte von $-180°$ bis $+180°$ annehmen. Für die Vorzeichenregelung gilt dabei Folgendes: Man blickt in Richtung der positiven z-Achse. Ist φ dann von der x-Achse her im Uhrzeigersinn zu messen, dann gilt der Winkel als positiv, bei Messung gegen den Uhrzeigersinn demzufolge als negativ.

Der Öffnungswinkel ϑ wird von der positiven z-Achse her in der durch den Punkt i und die z-Achse gelegten Ebene auf dem kürzesten Weg gemessen, so daß sich für ϑ nur Werte von 0° bis 180° ergeben können.

2.1.3 Verschieben des Koordinatensystems

Hatte ein Punkt i im ursprünglichen System die Koordinaten x_i, y_i, z_i, dann ergeben sich seine neuen Koordinaten x'_i, y'_i, z'_i in einem System, dessen Ursprung vom vorhergehenden in x-Richtung um a_x, in y-Richtung um a_y und in z-Richtung um a_z Längeneinheiten verschoben ist, zu:

$$\begin{aligned} x'_i &= x_i - a_x, \\ y'_i &= y_i - a_y, \\ z'_i &= z_i - a_z. \end{aligned} \tag{2.3}$$

Eine Verschiebung ist dabei positiv, wenn sie vom Ursprung des ursprünglichen Systems her gesehen in Pfeilrichtung der betreffenden Koordinaten-Achse erfolgt. Verschiebungen entgegen der Pfeilrichtung haben dann negatives Vorzeichen. Vgl. hierzu *Abb. 2.6*.

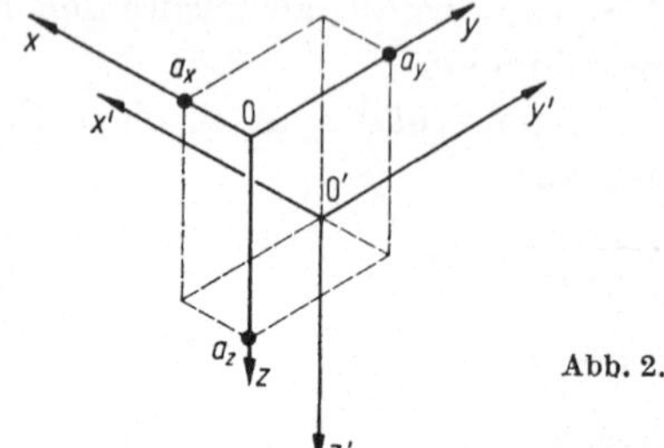

Abb. 2.6 Verschieben des Koordinatensystems.

2.1.4 Drehen des Koordinatensystems

Oft ist es erforderlich, die für ein System bekannten Koordinaten x_i, y_i, z_i eines Punktes i in die Koordinaten x'_i, y'_i, z'_i eines anderen Koordinatensystems umzurechnen, welches dadurch entstanden ist, daß das erste System um seinen Ursprung gedreht wurde. Positive Drehwinkel werden dabei Uhrzeigersinn gemessen, wenn man vom Ursprung her in Pfeilrichtung derjenigen Koordinatenachse blickt, um welche die Drehung erfolgt. Wird bei dieser Blickrichtung gegen den Uhrzeigersinn gedreht, dann gilt der Drehwinkel als negativ. Da man auch hier auf dem kürzesten Weg mißt, bilden +180° und −180° die Grenzwerte für die Drehwinkel.

Wird ein Drehwinkel um die x-Achse mit ψ_x, um die y-Achse mit ψ_y und um die z-Achse mit ψ_z bezeichnet, dann erhält man für die jeweiligen Transformationskoordinaten eines Punktes i folgende Ausdrücke:

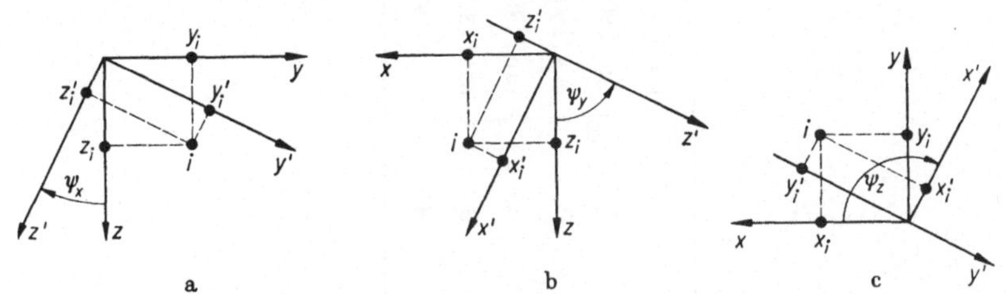

Abb. 2.7 Drehen des Koordinatensystems. Ansicht jeweils in positiver Richtung der Drehachse. a) Drehen um x-Achse (hier $\psi_x = 30°$); b) Drehen um y-Achse (hier $\psi_y = -60°$); c) Drehen um z-Achse (hier $\psi_z = 120°$).

Bei Drehung um die x-Achse wird nach *Abb. 2.7a*:

$$\begin{aligned} x_i' &= x_i\,, \\ y_i' &= y_i \cdot \cos\psi_x + z_i \cdot \sin\psi_x\,, \\ z_i' &= -y_i \cdot \sin\psi_x + z_i \cdot \cos\psi_x\,. \end{aligned} \tag{2.4}$$

Bei Drehung um die y-Achse wird nach *Abb. 2.7b*:

$$\begin{aligned} x_i' &= x_i \cdot \cos\psi_y - z_i \cdot \sin\psi_y\,, \\ y_i' &= y_i\,, \\ z_i' &= x_i \cdot \sin\psi_y + z_i \cdot \cos\psi_y\,. \end{aligned} \tag{2.5}$$

Bei Drehung um die z-Achse wird nach Abb. *2.7c*:

$$\begin{aligned} x_i' &= x_i \cdot \cos\psi_z + y_i \cdot \sin\psi_z\,, \\ y_i' &= -x_i \cdot \sin\psi_z + y_i \cdot \cos\psi_z\,, \\ z_i' &= z_i\,. \end{aligned} \tag{2.6}$$

Häufig müssen zwei Drehungen durchgeführt werden, um die Koordinaten-Achsen in die gewünschte Richtung zu bekommen. Man ermittelt dann zunächst die Transformationskoordinaten für nur eine Drehung und betrachtet diese anschließend als Ausgangskoordinaten für die zweite Drehung.

Da auf Grund dieser Regelung Winkel in dem Bereich zwischen −180° und +180° auftauchen, sind die zur Ermittlung ihrer Funktionen benötigten Zusammenhänge in *Tab. 2.1* angeführt.

Tabelle 2.1 Winkelfunktionen

ψ	**−180°**	−180° bis −90°	**−90°**	−90° bis 0°	**0°**	0° bis 90°	**90°**	90° bis 180°	**180°**
$\sin\psi$	**0**	$-\sin(180-\lvert\psi\rvert)$	**−1**	$-\sin\lvert\psi\rvert$	**0**	$\sin\psi$	**1**	$\sin(180-\psi)$	**0**
$\cos\psi$	**−1**	$-\cos(180-\lvert\psi\rvert)$	**0**	$\cos\lvert\psi\rvert$	**1**	$\cos\psi$	**0**	$-\cos(180-\psi)$	**−1**
$\tan\psi$	**0**	$\tan(180-\lvert\psi\rvert)$	∞	$-\tan\lvert\psi\rvert$	**0**	$\tan\psi$	∞	$-\tan(180-\psi)$	**0**
$\cot\psi$	∞	$\cot(180-\lvert\psi\rvert)$	**0**	$-\cot\lvert\psi\rvert$	∞	$\cot\psi$	**0**	$-\cot(180-\psi)$	∞
$\mathrm{arc}\,\psi$	$-\pi$	$\psi\cdot\pi/180$	$-\pi/2$	$\psi\cdot\pi/180$	**0**	$\psi\cdot\pi/180$	$\pi/2$	$\psi\cdot\pi/180$	π

($\lvert\psi\rvert$ = Absolutwert von ψ, $\pi/180 = 0{,}017453\cdots$ rad/grd.)

2.2 Vektoren

[1,7,11,13,14]

2.2.1 Begriff Skalar

Begriffe, bei denen es zu ihrer mathematischen Behandlung genügt, eine einzige reelle Zahl (Absolutbetrag und Vorzeichen) anzugeben, nennt man Skalare.

2.2.2 Begriff, Darstellung und Schreibweise eines Vektors

Häufig hat man es mit Begriffen zu tun, bei denen neben ihrer Größe auch die Orientierung im Raum von ausschlaggebender Bedeutung ist. Hierunter fallen z. B. Begriffe wie Kraft, Moment, Verschiebung und Verdrehung. Solche gerichteten Größen nennt man Vektoren. Darstellen läßt sich ein Vektor als ein im Raum liegender Pfeil. Die durch den Anfangs- und Endpunkt des Vektors gelegte Gerade nennt man seine Wirkungslinie. Vgl. *Abb. 2.8.*

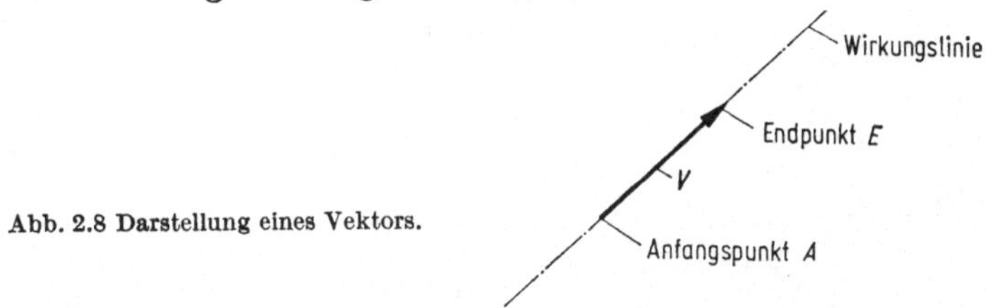

Abb. 2.8 Darstellung eines Vektors.

Um Beziehungen bei Vektoren in möglichst kurzer Form beschreiben zu können, hat man besondere Vektorrechenregeln zusammengestellt. Dabei wurden zum Teil die Operationssymbole aus der Algebra übernommen, ihnen aber eine andere Bedeutung gegeben. Um erkennen zu lassen, ob einem Operationssymbol ein normaler oder ein vektorieller Rechenbefehl innewohnt, werden Vektoren durch besondere Schreibweise hervorgehoben. Hier wurde die Bezeichnung mit halbfetten Buchstaben gewählt ($\boldsymbol{V}$, $\boldsymbol{v}$).

2.2.3 Ortsgebundener Vektor

Ist es bei einem Vektor von ausschlaggebender Bedeutung, an welchem Ort des Raumes sein Anfangspunkt liegt, dann spricht man von einem ortsgebundenen Vektor, bzw. in Abkürzung von einem Ortsvektor. Hierzu gehört vor allem der in 2.2.24 beschriebene Radiusvektor.

2.2.4 Linienflüchtiger Vektor

Bedingt der durch den Vektor dargestellte Begriff lediglich eine ortsgebundene Lage der Wirkungslinie und spielt es damit keine Rolle, an welcher Stelle der Wirkungslinie der Vektoranfangspunkt liegt, dann spricht man von einem linienflüchtigen Vektor. Typisch für diese Vektorart sind Kraftvektoren.

2.2.5 Freier Vektor

Kommt es bei einem Vektor lediglich auf die relative Lage des Endpunktes zum Anfangspunkt an, dann hat man es mit einem freien Vektor zu tun. Die nachfolgenden Ausführungen beziehen sich nur auf diese freien Vektoren, da sich die Besonderheiten der ortsgebundenen und linienflüchtigen Vektoren durch Verknüpfung freier Vektoren beschreiben lassen.

2.2.6 Vektorkoordinaten

Die Beschreibung eines Vektors durch reelle Zahlen erfolgt durch seine Koordinaten. Man versteht darunter die Koordinaten seines Endpunktes, wie sie sich ergen würden, nachdem man entsprechend *Abb. 2.9* den Vektoranfangspunkt in den Ursprung des Koordinatensystems ver-

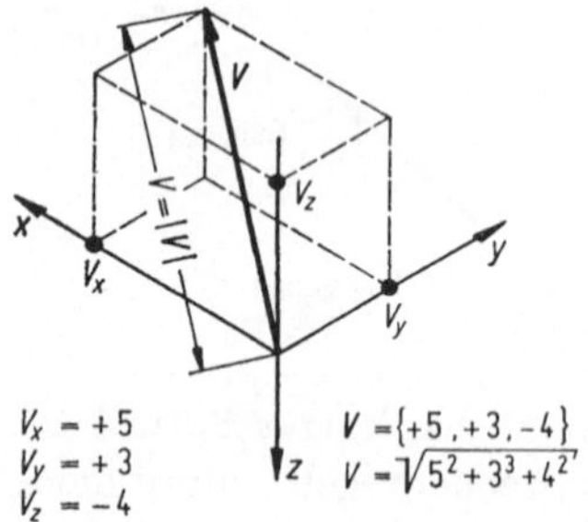

Abb. 2.9
Vektorkoordinaten und Vektorgröße.

schoben hat. Ein im dreidimensionalen Raum liegender Vektor $\boldsymbol{V}$ hätte demnach die Koordinaten V_x, V_y und V_z, wenn man das in 2.1.1 beschriebene Koordinatensystem zugrundelegt. Man schreibt dann

$$\boldsymbol{V} = \{ V_x, V_y, V_z \}. \tag{2.7}$$

Die geschwungenen Klammern sind dabei das Zeichen dafür, daß die dazwischen stehenden Zahlen als Vektorkoordinaten aufzufassen sind.

2.2.7 Vektor-Größe

Unter der Größe oder dem Absolutbetrag V eines Vektors versteht man die im Vektor enthaltene Anzahl der Einheiten des durch ihn dargestellten Begriffes. Es handelt sich also um eine positive reelle Zahl. Mit der üblichen Kennzeichnung eines Absolutbetrages gilt demnach entsprechend Abb. 2.9:

$$V = |\boldsymbol{V}| = \sqrt{V_x^2 + V_y^2 + V_z^2}. \tag{2.8}$$

2.2.8 Einsvektor

Entsprechend *Abb. 2.10* kann man sich einen Vektor durch Aneinanderreihung von einer entsprechenden Anzahl einzelner gleichgerichteter Vektoren von der Größe 1 entstanden denken. Einen solchen Teil eines Vektors bezeichnet man als seinen Einsvektor und kennzeichnet ihn durch eine hochgestellte Null. $\boldsymbol{V}^0$ wäre damit der Einsvektor eines Vektors $\boldsymbol{V}$. Ein Einsvektor ist wie jeder andere Vektor zu behandeln, nur gilt für seine Größe die Besonderheit:

$$|\boldsymbol{V}^0| = V^0 = 1. \tag{2.9}$$

2.2.9 Nullvektor

Fallen Anfangs- und Endpunkt eines Vektors zusammen, dann wird seine Größe Null und der Vektor „Nullvektor" genannt. Die Richtung eines Nullvektors ist unbestimmt. Bezeichnet man den Nullvektor mit $\boldsymbol{0}$, dann gilt:

$$|\boldsymbol{0}| = 0.$$

2.2.10 Vektorkomponenten

Nach *Abb. 2.11* seien zwei Vektoren $\boldsymbol{V}$ und $\boldsymbol{W}$ gegeben, und es möge ein Vektor interessieren, der sich ergibt, wenn man die beiden Vektoren parallel verschiebt, bis ihre Anfangspunkte ineinanderfallen und dann den Vektor $\boldsymbol{V}$ orthogonal auf den Vektor $\boldsymbol{W}$ projiziert. Diesen Vorgang

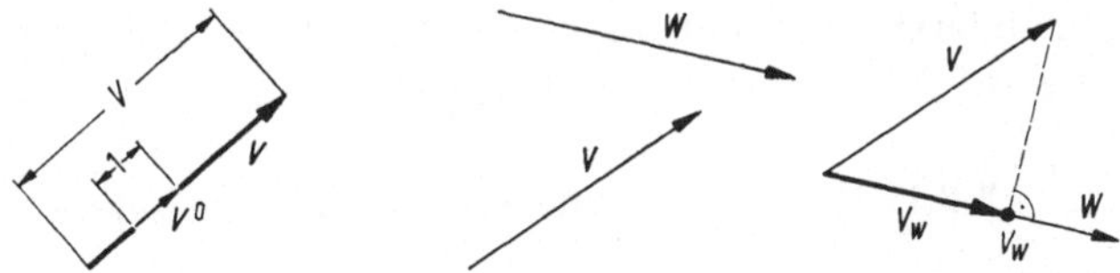

Abb. 2.10 Einsvektor eines Vektors.

Abb. 2.11 Komponente $\boldsymbol{V}_W$ des Vektors $\boldsymbol{V}$ in Richtung des Vektors $\boldsymbol{W}$.

nennt man Projektion des Vektors $\boldsymbol{V}$ in die Richtung des Vektors $\boldsymbol{W}$ und bezeichnet den neu erhaltenen Vektor $\boldsymbol{V}_W$ als Komponente des Vektors $\boldsymbol{V}$ in Richtung des Vektors $\boldsymbol{W}$.

Die Projektionen eines Vektors auf die Koordinatenachsen bezeichnet man demnach als die Komponenten des Vektors in Richtung der Koordinatenachsen oder kurz als seine Komponenten.

In dem xyz-Koordinatensystem hat ein Vektor $\boldsymbol{V}$ dann nach *Abb. 2.12* die Komponenten $\boldsymbol{V}_x$, $\boldsymbol{V}_y$ und $\boldsymbol{V}_z$, so daß mit den in 2.2.19 angeführten Regeln für die Vektoraddition gilt:

$$\boldsymbol{V} = \boldsymbol{V}_x + \boldsymbol{V}_y + \boldsymbol{V}_z. \tag{2.10}$$

Bezeichnet man nach *Abb. 2.13* die in die positiven Achsrichtungen weisenden Einsvektoren mit $\boldsymbol{e}_x$, $\boldsymbol{e}_y$ und $\boldsymbol{e}_z$, dann geben sich (mit Vorgriff auf das in 2.2.18 Gesagte) folgende Beziehungen zwischen den Koordinaten und Komponenten eines Vektors:

$$\boldsymbol{V}_x = V_x \cdot \boldsymbol{e}_x, \qquad \boldsymbol{V}_y = V_y \cdot \boldsymbol{e}_y, \qquad \boldsymbol{V}_z = V_z \cdot \boldsymbol{e}_z.$$

Man beachte, daß hier V_x, V_y und V_z in Abweichung von 2.2.7 nicht die Absolutbeträge von $\boldsymbol{V}_x$, $\boldsymbol{V}_y$ und $\boldsymbol{V}_z$ sondern Skalare darstellen, also positive oder negative Zahlen.

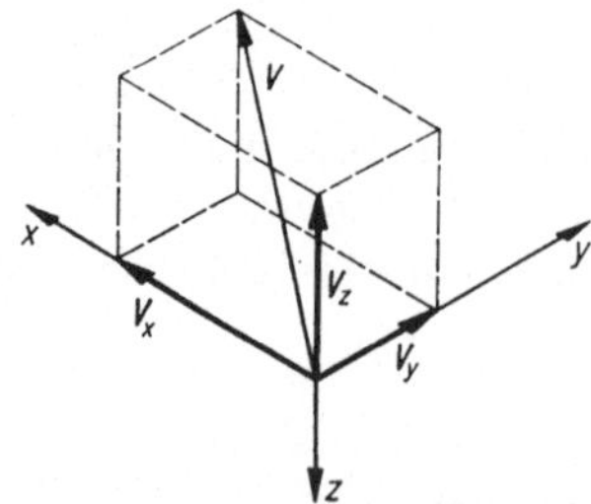

Abb. 2.12 Komponenten eines Vektors (in Richtung der Koordinatenachsen).

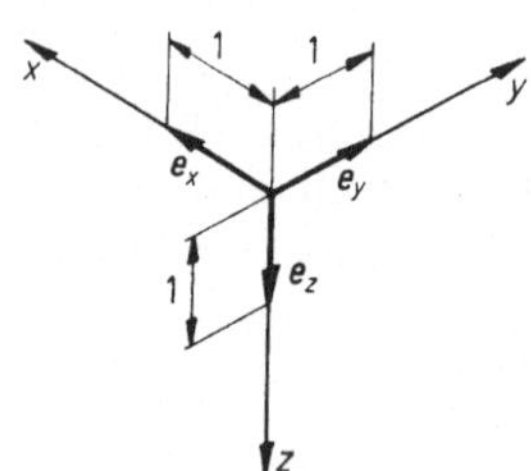

Abb. 2.13 Einsvektoren in Richtung der positiven Koordinatenachsen (Grundvektoren des *xyz*-Systems).

Diese Ausnahme in der Schreibweise gilt aber nur, wenn es sich um die Komponenten in Richtung der Koordinatenachsen oder auch eines beliebigen anderen Vektors handelt. So hat z. B. in Abb. 2.11 der Vektor $\boldsymbol{V}$ in bezug auf den Vektor $\boldsymbol{W}$ die Koordinate V_W.

2.2.11 Vektorraum und *n*-dimensionaler Vektor

In 2.2.6 wurde gezeigt, daß ein im dreidimensionalen Raum R_3 liegender Vektor durch drei reelle Zahlen (seine Koordinaten) eindeutig bestimmt ist. Umgekehrt kann man folgern: Ist ein Vektor durch drei Koordinaten gegeben, dann handelt es sich um einen dreidimensionalen Vektor, und der zu diesem Vektor gehörende Raum ist dreidimensional.

Bei technischen Berechnungen ergeben sich häufig Beziehungen in der Form

$$Y = A_1 \cdot X_1 + A_2 \cdot X_2 + \ldots + A_n \cdot X_n,$$

worin die Werte A_1 bis A_n reelle Zahlen darstellen, die die Abhängigkeit der Y-Größe von den Größen der X-Werte bestimmen. In vielen Fällen erweist es sich für die weitere Behandlung eines solchen Ausdruckes von Vorteil, die geordneten Koeffizienten A_1, A_2 ,..., A_n als selbständige mathematische Größe zu behandeln, indem man sie als die Koordinaten eines Vektors auffaßt und in der Form

$$\boldsymbol{A} = \{A_1, A_2, \ldots, A_n\}$$

schreibt.

Für solch einen n-dimensionalen Vektor müßte man nun einen Raum R_n definieren, der so beschaffen ist, daß zur Lagebestimmung eines Punktes n Koordinaten erforderlich werden. Solch einen n-dimensionalen Raum soll man sich nun nicht visuell vorstellen, sondern er ist lediglich als eine mathematische Konzeption aufzufassen. Den Ausdruck „n-dimensionaler Vektor" könnte man auch einfach als die Kurzbezeichnung für n-Zahlen definieren, die nach einem festen Schema in einer Zeile (oder auch Spalte) angeordnet sind.

2.2.12 Grundvektoren

Wie in 2.1 für den dreidimensionalen Raum als Koordinatenachsen die Achsen x, y und z gewählt wurden, so muß man für einen n-dimensionalen Raum n-Achsen als Koordinatenachsen wählen, die mit $e_1, e_2, \ldots, e_n$ bezeichnet werden. Dabei sei e_i die allgemeine Bezeichnung für eine dieser Koordinatenachsen.

Die in die positiven Richtungen dieser Koordinatenachsen weisenden Einsvektoren $\boldsymbol{e}_1, \boldsymbol{e}_2, \ldots, \boldsymbol{e}_n$ bezeichnet man dann als die Grundvektoren des n-dimensionalen Vektorraumes. Sie weisen damit folgende Koordinaten auf:

$$\begin{aligned} \boldsymbol{e}_1 &= \{1, 0, 0, \ldots, 0\} \\ \boldsymbol{e}_2 &= \{0, 1, 0, \ldots, 0\} \\ &\cdots\cdots\cdots\cdots \\ \boldsymbol{e}_n &= \{0, 0, 0, \ldots, 1\} \end{aligned}$$

2.2.13 Gleiche Vektoren

Vektoren werden einander gleich genannt, wenn entsprechend *Abb. 2.14* ihre Größen gleich sind, ihre Wirkungslinien parallel laufen, und sie den gleichen Richtungssinn aufweisen. Das setzt voraus, daß ihre Koordinaten gleich sind. Für zwei Vektoren $\boldsymbol{A} = \{A_x, A_y, A_z\}$ und $\boldsymbol{B} = \{B_x, B_y, B_z\}$ in R_3 muß demnach für $\boldsymbol{A} = \boldsymbol{B}$ gelten:

$$A_x = B_x, \quad A_y = B_y, \quad A_z = B_z.$$

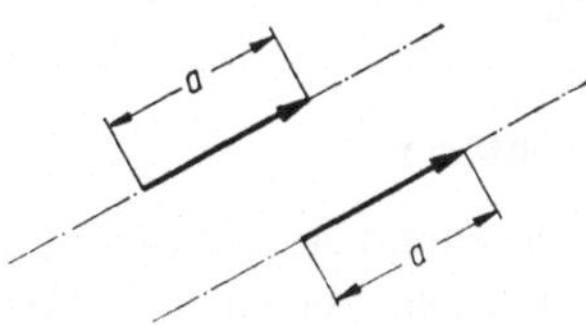

Abb. 2.14 Gleiche Vektoren.

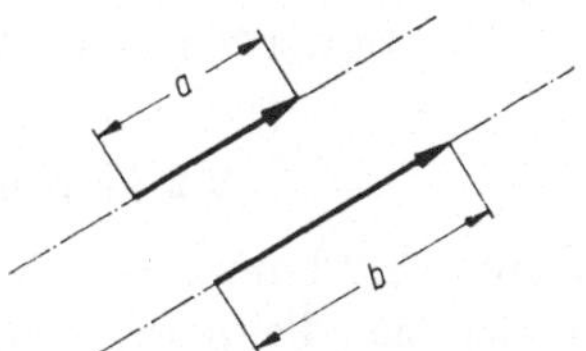

Abb. 2.15 Gleichgerichtete Vektoren.

2.2.14 Gleichgerichtete Vektoren

Vektoren nennt man entsprechend *Abb. 2.15* dann einander gleichgerichtet, wenn sie den gleichen Richtungssinn haben und ihre Wirkungslinien parallel laufen. Mit $|c|$ als Absolutbetrag einer reellen Zahl c muß beispielsweise für $\boldsymbol{A} \uparrow\uparrow \boldsymbol{B}$ ($\boldsymbol{A}$ gleichgerichtet $\boldsymbol{B}$) gelten:

$$A_x = |c| \cdot B_x, \quad A_y = |c| \cdot B_y, \quad A_z = |c| \cdot B_z.$$

2.2.15 Parallele Vektoren

Vektoren sind nach *Abb. 2.16* einander parallel, wenn ihre Wirkungslinien parallel laufen. Für $\boldsymbol{A} \,||\, \boldsymbol{B}$ ($\boldsymbol{A}$ parallel $\boldsymbol{B}$) in R_3 müßte also sein: $A_x = c \cdot B_x$, $A_y = c \cdot B_y$, $A_z = c \cdot B_z$. Hierbei ist c wieder eine reelle Zahl.

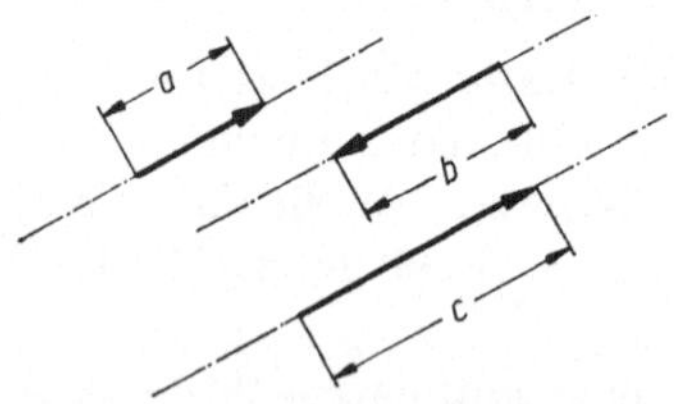

Abb. 2.16 Parallel Vektoren.

Abb. 2.17 Gleichgroße Vektoren.

2.2.16 Gleichgroße Vektoren

Vektoren nennt man gleichgroß, wenn entsprechend *Abb. 2.17* ihre Größen (Längen) gleich sind. Das fordert z. B. für $|\boldsymbol{A}| = |\boldsymbol{B}|$, d. h. $A = B$ in R_3:

$$A_x^2 + A_y^2 + A_z^2 = B_x^2 + B_y^2 + B_z^2.$$

Abb. 2.18 Komplanare Vektoren.

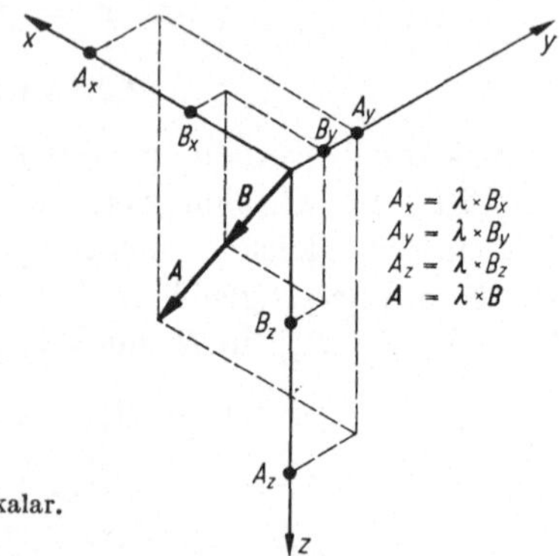

Abb. 2.19 Produkt aus Vektor und Skalar.

2.2.17 Komplanare Vektoren

Vektoren sind komplanar, wenn es entsprechend *Abb. 2.18* eine Ebene gibt, zu der sie alle parallel laufen. Rechnerisch zeigen sich Vektoren als komplanar, wenn das in 2.2.22 beschriebene Spatprodukt Null wird

2.2.18 Produkt aus Vektor und Skalar (*Abb. 2.19*)

Will man ausdrücken, daß ein Vektor $\boldsymbol{A}$ λ-mal so groß wie ein Vektor $\boldsymbol{B}$ ist, und außerdem beide zueinander parallel sind, dann gilt für R_3:

$$\boldsymbol{A} = \lambda \cdot \boldsymbol{B} = \boldsymbol{B} \cdot \lambda = \lambda \cdot \{B_x, B_y, B_z\} = \{\lambda \cdot B_x, \lambda \cdot B_y, \lambda \cdot B_z\} \quad (2.11)$$

2.2.19 Vektor-Addition

Bei Vektoren bedeutet der Befehl $+\boldsymbol{V}$: Füge an den Endpunkt eines vorhandenen Vektors (evtl. Nullvektors) den Vektor $\boldsymbol{V}$ mit seinem Anfangspunkt an! Und der Befehl $-\boldsymbol{V}$ bedeutet, als Abkürzung von $+(-\boldsymbol{V})$: Füge an den Endpunkt eines vorhandenen Vektors (evtl. Nullvektors) denjenigen Vektor mit seinem Anfangspunkt an, der so groß wie der Vektor $\boldsymbol{V}$, aber ihm entgegengerichtet ist.

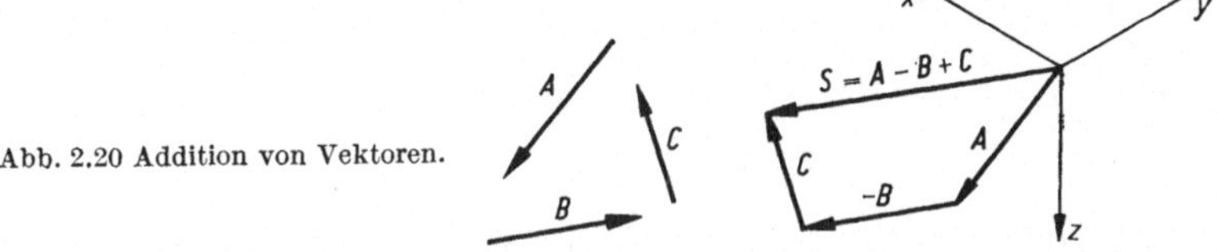

Abb. 2.20 Addition von Vektoren.

Hat man in dieser Weise mehrere Vektoren addiert, dann bezeichnet man als Summe dieser Vektoren denjenigen (neuen) Vektor, dessen Anfangspunkt im Anfangspunkt des ersten und dessen Endpunkt im Endpunkt des letzten Vektors liegt.

In *Abb. 2.20* wurde für die drei Vektoren $\boldsymbol{A}$, $\boldsymbol{B}$, $\boldsymbol{C}$ die Addition $\boldsymbol{A} - \boldsymbol{B} + \boldsymbol{C}$ durchgeführt und als Summe der Vektor $\boldsymbol{S}$ erhalten.

Dieses Beispiel könnte in der Praxis mit konkreten Zahlen folgendermaßen aussehen:

$$\begin{aligned} +\boldsymbol{A} &= + \{+4, -2, +8\} \\ -\boldsymbol{B} &= - \{-6, +3, -3\} \\ +\boldsymbol{C} &= + \{+5, +1, -7\} \\ \hline \boldsymbol{S} &= \quad \{+15, -4, +4\} \end{aligned}$$

Allgemein gilt also für die Summe von m Vektoren $\boldsymbol{V}_1, \boldsymbol{V}_2, \ldots \boldsymbol{V}_m$ in R_3:

$$\boldsymbol{S} = \sum_1^m \boldsymbol{V} = \sum_1^m \boldsymbol{V}_x + \sum_1^m \boldsymbol{V}_y + \sum_1^m \boldsymbol{V}_z = \left\{ \sum_1^m V_x, \sum_1^m V_y, \sum_1^m V_z \right\}. \quad (2.12)$$

Daraus ableitend hat man für m Vektoren im n-dimensionalen Vektorraum R_n mit seinen Koordinatenachsen $e_1, e_2, \ldots, e_n$ die Vereinbarung getroffen:

$$\boldsymbol{S} = \sum_1^m \boldsymbol{V} = \sum_1^m \boldsymbol{V}_{e1} + \sum_1^m \boldsymbol{V}_{e2} + \ldots + \sum_1^m \boldsymbol{V}_{en}$$

$$= \left\{\sum_1^m V_{e1}, \sum_1^m V_{e2}, \ldots, \sum_1^m V_{en}\right\} \qquad (2.13)$$

2.2.20 Skalares Produkt zweier Vektoren

Als skalares Produkt $\boldsymbol{A} \cdot \boldsymbol{B}$ zweier Vektoren $\boldsymbol{A}$ und $\boldsymbol{B}$ bezeichnet man entspr. *Abb. 2.21* das Produkt aus den Größen A und B der beiden Vektoren und dem Kosinuswert des Winkels zwischen diesen beiden Vektoren. Als „Winkel zwischen zwei Vektoren" ist dabei der kleinere,

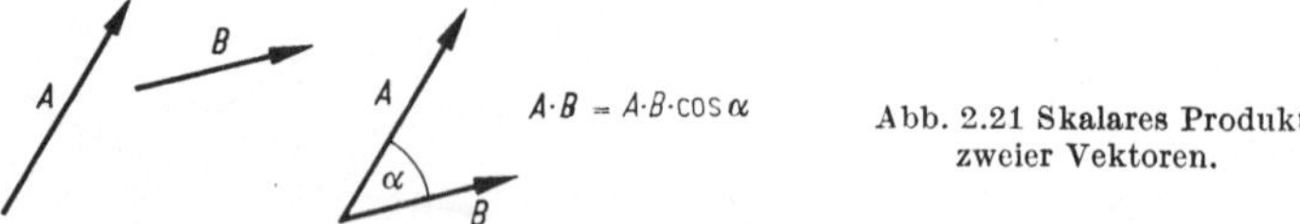

Abb. 2.21 Skalares Produkt zweier Vektoren.

also zwischen 0° und 180° gelegene Winkel gemeint, der entstehen würde, wenn man die Vektoren durch Parallelverschiebung in einen gemeinsamen Anfangspunkt bringt.

Aus der Geometrie des dreidimensionalen Raumes läßt sich nun für $\boldsymbol{A} = \{A_x, A_y, A_z\}$ und $\boldsymbol{B} = \{B_x, B_y, B_z\}$ ableiten:

$$\boldsymbol{A} \cdot \boldsymbol{B} = A \cdot B \cdot \cos\alpha = A_x \cdot B_x + A_y \cdot B_y + A_z \cdot B_z, \qquad \textbf{(2.14)}$$

so daß man in einfacher Weise den Winkel zwischen zwei Vektoren aus ihren Koordinaten bestimmen kann:

$$\cos\alpha = \frac{\boldsymbol{A} \cdot \boldsymbol{B}}{A \cdot B} = \frac{A_x \cdot B_x + A_y \cdot B_y + A_z \cdot B_z}{\sqrt{(A_x^2 + A_y^2 + A_z^2) \cdot (B_x^2 + B_y^2 + B_z^2)}}. \qquad (2.15)$$

2.2.21 Vektorprodukt zweier Vektoren

Manche Aufgaben verlangen es, einen Vektor $\boldsymbol{V}$ zu bestimmen, dessen Absolutbetrag V dem Flächeninhalt eines Parallelogramms gleich ist, das sich aus zwei Vektoren $\boldsymbol{A}$ und $\boldsymbol{B}$ bilden läßt, und der sowohl auf $\boldsymbol{A}$ als auch auf $\boldsymbol{B}$ senkrecht steht. Als Kurzbezeichnung dieser in Abb. *2.22* verdeutlichten Beziehungen hat man die Form

$$\boldsymbol{V} = \boldsymbol{A} \times \boldsymbol{B}$$

gewählt, und bezeichnet dabei $\boldsymbol{V}$ als das Vektorprodukt der beiden Vektoren $\boldsymbol{A}$ und $\boldsymbol{B}$.

Dabei gilt folgende Regelung: Der Richtungssinn des Vektorproduktes $\boldsymbol{V}$ ist so festzulegen, daß eine Drehung des zuerst angeschriebenen Vektors in die Richtung des an zweiter Stelle stehenden Vektors im Uhrzeigersinn um $\boldsymbol{V}$ erfolgt, wenn man in Pfeilrichtung von $\boldsymbol{V}$ blickt

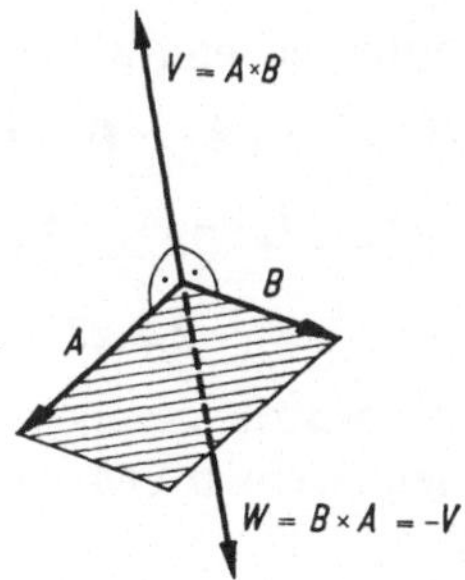

Abb. 2.22 Vektorprodukt zweier Vektoren.

und die Drehung auf dem kürzesten Weg durchführt. Das heißt: In der Reihenfolge erster Faktor, zweiter Faktor, Produkt, bilden die drei Vektoren ein Rechtssystem. Aufgrund dieser Vereinbarung ergibt sich dann auch:

$$\boldsymbol{A} \times \boldsymbol{B} = -\boldsymbol{B} \times \boldsymbol{A}.$$

Für die Koordinaten des Vektors $\boldsymbol{V} = \boldsymbol{A} \times \boldsymbol{B}$ liefert die Geometrie des dreidimensionalen Raumes die Ausdrücke:

$$V_x = A_y \cdot B_z - A_z \cdot B_y, \qquad V_y = A_z \cdot B_x - A_x \cdot B_z, \qquad (2.16)$$
$$V_z = A_x \cdot B_y - A_y \cdot B_x.$$

2.2.22 Spatprodukt

Als Spatprodukt dreier Vektoren bezeichnet man die mit Vorzeichen behaftete Maßzahl des Rauminhaltes von dem durch sie gebildeten Parallelepipeds. Sind die drei Vektoren mit $\boldsymbol{A}$, $\boldsymbol{B}$, $\boldsymbol{C}$ und ihr Spatprodukt mit V bezeichnet, dann gilt die abgekürzte Schreibweise

$$V = \boldsymbol{A} \cdot \boldsymbol{B} \cdot \boldsymbol{C}.$$

Die darin enthaltene Rechenanweisung ergibt sich aus *Abb. 2.23.* Die Maßzahl der Grundfläche des Spates folgt zu $|\boldsymbol{A} \times \boldsymbol{B}|$ entsprechend

Abb. 2.23 Spatprodukt.

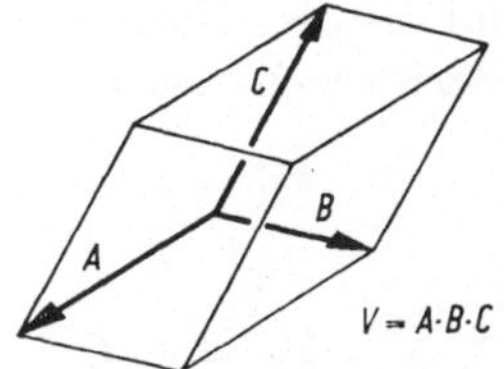

der unter 2.2.21 getroffenen Vereinbarung. Die Maßzahl der zugehörigen Höhe ergibt sich zu $|\boldsymbol{C}| \cdot \cos\gamma$, wobei mit γ der Winkel zwischen den beiden Vektoren $\boldsymbol{A} \times \boldsymbol{B}$ und $\boldsymbol{C}$ gemeint ist. Damit erhält man zunächst

$$\boldsymbol{A} \cdot \boldsymbol{B} \cdot \boldsymbol{C} = |\boldsymbol{A} \times \boldsymbol{B}| \cdot |\boldsymbol{C}| \cdot \cos\gamma$$

und dann entsprechend 2.2.20:

$$\begin{aligned} \boldsymbol{A} \cdot \boldsymbol{B} \cdot \boldsymbol{C} = (\boldsymbol{A} \times \boldsymbol{B}) \cdot \boldsymbol{C} &= (A_y \cdot B_z - A_z B_y) \cdot C_x \\ &+ (A_z \cdot B_x - A_x \cdot B_z) \cdot C_y + (A_x \cdot B_y - A_y \cdot B_x) \cdot C_z. \end{aligned} \tag{2.17}$$

2.2.23 Zerlegen eines Vektors

In 2.2.19 wurde gezeigt, wie man beliebig viele Vektoren addiert und als Ergebnis einen Vektor erhält, den man als Summe dieser Vektoren bezeichnet.

Ebenso häufig ergibt sich auch die Aufgabe, eine bekannte Gesamtwirkung in Einzelwirkungen aufzulösen. Man hat dann einen Vektor als Vektorsumme aufzufassen und die zugehörigen Summanden zu suchen.

a) Zerlegen eines Vektors nach drei Richtungen. Ein Vektor $\boldsymbol{V} = \{V_x, V_y, V_z\}$ sei in drei Komponenten $\boldsymbol{V_A}$, $\boldsymbol{V_B}$, $\boldsymbol{V_C}$ zu zerlegen, die in Richtung der drei Vektoren

$$\boldsymbol{A} = \{A_x, A_y, A_z\}, \qquad \boldsymbol{B} = \{B_x, B_y, B_z\}, \qquad \boldsymbol{C} = \{C_x, C_y, C_z\}$$

weisen.

Da $\boldsymbol{V_A} \parallel \boldsymbol{A}$, $\boldsymbol{V_B} \parallel \boldsymbol{B}$ und $\boldsymbol{V_C} \parallel \boldsymbol{C}$ ist, kann man mit drei Zahlen a, b und c nach 2.2.18 auch schreiben:

$$\boldsymbol{V} = a \cdot \boldsymbol{A} + b \cdot \boldsymbol{B} + c \cdot \boldsymbol{C}.$$

In dieser Vektorgleichung sind drei unbekannte Skalare enthalten, zu deren Bestimmung drei skalare Gleichungen erforderlich werden. Diese erhält man, wenn man die Vektoren durch ihre Koordinaten

$$\begin{aligned} V_x &= a \cdot A_x + b \cdot B_x + c \cdot C_x, \\ V_y &= a \cdot A_y + b \cdot B_y + c \cdot C_y, \\ V_z &= a \cdot A_z + b \cdot B_z + c \cdot C_z \end{aligned}$$

ausdrückt.

Daraus sind die drei Unbekannten a, b, c zu ermitteln, und die gesuchten Komponenten ergeben sich zu:

$$\begin{aligned} \boldsymbol{V_A} &= a \cdot \boldsymbol{A} = \{a \cdot A_x, a \cdot A_y, a \cdot A_z\}, \\ \boldsymbol{V_B} &= b \cdot \boldsymbol{B} = \{b \cdot B_x, b \cdot B_y, b \cdot B_z\}, \\ \boldsymbol{V_C} &= c \cdot \boldsymbol{C} = \{c \cdot C_x, c \cdot C_y, c \cdot C_z\}. \end{aligned}$$

b) Zerlegen eines Vektors nach zwei Richtungen. Ist ein in der z-Ebene liegender Vektor $\boldsymbol{V} = \{V_x, V_y\}$ in zwei Komponenten in Richtung der Vektoren $\boldsymbol{A} = \{A_x, A_y\}$ und $\boldsymbol{B} = \{B_x, B_y\}$ zu zerlegen, dann hat man analog dem Vorhergehenden aus

$$V_x = a \cdot A_x + b \cdot B_x,$$
$$V_y = a \cdot A_y + b \cdot B_y$$

die beiden Unbekannten a und b zu ermitteln und erhält die gesuchten Komponenten zu:

$$\boldsymbol{V_A} = a \cdot \boldsymbol{A} = \{a \cdot A_x, a \cdot A_y\},$$
$$\boldsymbol{V_B} = b \cdot \boldsymbol{B} = \{b \cdot B_x, b \cdot B_y\}.$$

2.2.24 Radiusvektor

Die Lage eines Punktes im Raum läßt sich auch beschreiben, indem man ihn als Endpunkt eines Vektors auffaßt, dessen Anfangspunkt im Koordinatenursprung liegt. Einen solchen, einem Punkt lediglich zur Lagebestimmung zugeordneten Vektor bezeichnet man als dessen Radiusvektor $\boldsymbol{r}$. Hat der Punkt i die Koordinaten x_i, y_i, z_i, dann sind das nach *Abb. 2.24* auch die Koordinaten seines Radiusvektors:

$$\boldsymbol{r}_i = \{x_i, y_i, z_i\}.$$

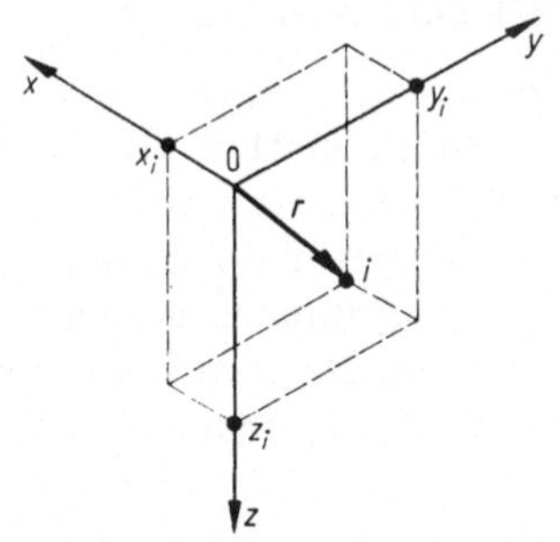

Abb. 2.24 Radiusvektor $\boldsymbol{r}_i$ eines Punktes i.

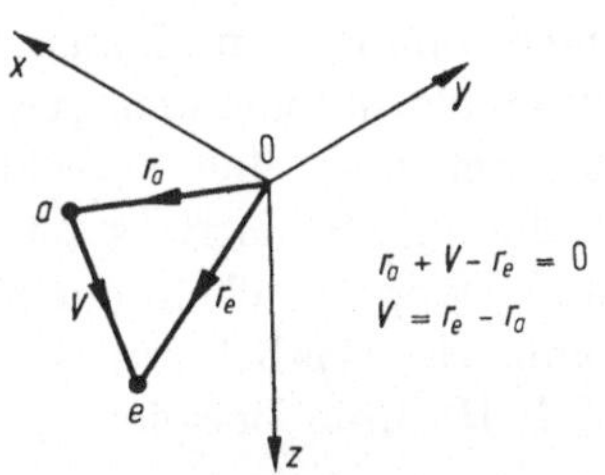

Abb. 2.25 Vektorkoordinaten aus Anfangs- und Endpunkt.

2.2.25 Bestimmung der Vektorkoordinaten aus Anfangs- und Endpunkt

Gegeben seien der Anfangspunkt a und der Endpunkt e eines Vektors $\boldsymbol{V}$ durch die Radiusvektoren

$$\boldsymbol{r}_a = \{x_a, y_a, z_a\}, \qquad \boldsymbol{r}_e = \{x_e, y_e, z_e\}$$

und daraus die Koordinaten von $\boldsymbol{V}$ zu bestimmen. Aus *Abb. 2.25* ergibt sich dann:

$$\boldsymbol{V} = \boldsymbol{r}_e - \boldsymbol{r}_a = \{x_e - x_a, y_e - y_a, z_e - z_a\}. \tag{2.18}$$

2.2.26 Verschieben des Koordinatensystems

Diese schon in 2.1.3 durchgeführte Operation stellt sich bei vektorieller Betrachtungsweise folgendermaßen dar: Mit

$$\boldsymbol{r}_i = \{x_i, y_i, z_i\}, \qquad \boldsymbol{a} = \{a_x, a_y, a_z\}$$

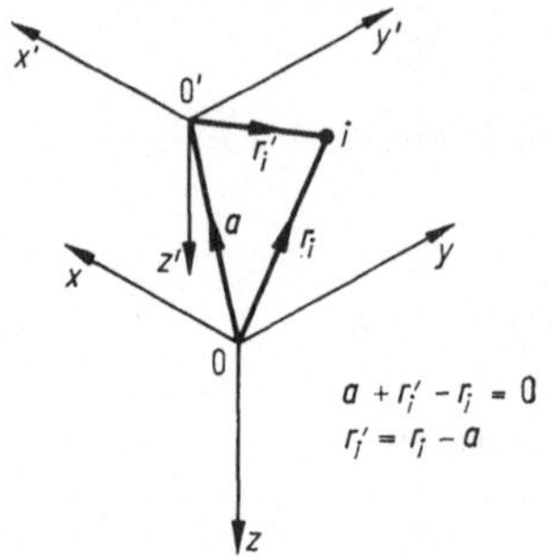

Abb. 2.26
Verschieben des Koordinatensystems.

ergibt sich aus *Abb. 2.26*:

$$\boldsymbol{r}'_i = \boldsymbol{r}_i - \boldsymbol{a} = \{x_i - a_x, y_i - a_y, z_i - a_z\}, \tag{2.19}$$

2.3 Matrizen

[1, 13, 14]

2.3.1 Begriff, Darstellung und Elemente einer Matrix

Als Matrix bezeichnet man eine in Zeilen und Spalten angeordnete Zusammenstellung von Zahlen, die nicht durch mathematische Operationssymbole miteinander verknüpft sind, aber deren Stellung innerhalb des Schemas eine ausschlaggebende Bedeutung zukommt. Zur Kennzeichnung als Matrix setzt man die Zahlengruppe zwischen Klammern aus Doppelstrichen (auch andere Klammerformen sind üblich) und wählt als Symbol für den Gesamtausdruck halbfette Großbuchstaben (**A**, **B**). Zum Beispiel:

$$\begin{Vmatrix} a_{11} & a_{12} & \cdots & a_{1n} \\ a_{21} & a_{22} & \cdots & a_{2n} \\ \cdots & \cdots & \cdots & \cdots \\ a_{m1} & a_{m2} & \cdots & a_{mn} \end{Vmatrix} = \boldsymbol{A}$$

Die eine Matrix bildenden Größen a_{11}, a_{12}, …, a_{mn} nennt man die Elemente der Matrix, und die Indici der Elemente kennzeichnen deren Stellung innerhalb der Matrix. Dabei gibt immer die erste Indexziffer die Nummer der Zeile und die zweite Indexziffer die Nummer der Spalte an, in der das Element steht. Das Element a_{23} ist demnach in der 2. Zeile und 3. Spalte, das Element a_{ik} in der Zeile i und der Spalte k und das

Element a_{ki} in der Zeile k und der Spalte i angeordnet. Die Buchstaben i und k hat man als allgemeine Indexziffern für ein beliebiges Element gewählt, während die Buchstaben m und n als allgemeine Indexziffern für die Elemente der letzten Zeile bzw. letzten Spalte vorbehalten bleiben.

Will man nur allgemein angeben, daß eine Matrix $\boldsymbol{A}$ aus mit zwei Indexziffern versehenen Elementen a_{ik} besteht, dann schreibt man:

$$\boldsymbol{A} = \| a_{ik} \| .$$

2.3.2 Rechteckige Matrix

Hat eine Matrix m Zeilen und n Spalten, dann bildet die Umrandung ihrer Elemente ein Rechteck und man spricht von einer mn-Matrix. Die Anzahl der Zeilen ist auch hierbei immer an erster und die der Spalten an zweiter Stelle anzuführen.

2.3.3 Quadratische Matrix

Stimmt bei einer Matrix die Zeilenzahl m mit der Spaltenanzahl n überein ($m = n$), dann handelt es sich um eine sogenannte quadratische Matrix, und man bezeichnet sie entsprechend ihrer n Zeilen und n Spalten als quadratische Matrix n-ter Ordnung.

2.3.4 Zeilenmatrix, Spaltenmatrix

Eine Zeilenmatrix (z. B. $\boldsymbol{B}$) hat man dann vor sich, wenn die gesamte Matrix nur aus in einer Zeile angeordneten Elementen besteht ($m = 1$). Sind dagegen alle Matrixelemente nur in einer Spalte angeordnet ($n = 1$), dann spricht man von einer Spaltenmatrix (z. B. $\boldsymbol{C}$)

$$\boldsymbol{B} = \| b_k \| = \| b_1 \; b_2 \cdots b_n \| .$$

$$\boldsymbol{C} = \| c_i \| = \begin{Vmatrix} c_1 \\ c_2 \\ \cdots \\ c_m \end{Vmatrix} .$$

2.3.5 Symmetrische Matrix

Eine symmetrische Matrix stellt denjenigen Sonderfall einer quadratischen Matrix dar, bei dem die zur Hauptdiagonalen spiegelbildlich liegenden Elemente einander gleich sind. Die Diagonalelemente selbst können beliebiger Größe sein. Unter Hauptdiagonale versteht man dabei die gedachte Linie, auf der die Elemente mit je zwei gleichen Indexziffern ($a_{11}, a_{22}, \ldots, a_{nn}$) liegen.

Soll die quadratische Matrix $\boldsymbol{A} = \|a_{ik}\|$ symmetrisch sein, dann muß für alle Elemente mit $i \neq k$ gelten:

$$a_{ik} = a_{ki}. \tag{2.20}$$

Das heißt jeweils die beiden Elemente mit gleichen, aber in der Reihenfolge vertauschten Indexziffern müssen einander gleich sein. Zum Beispiel:

$$\boldsymbol{A} = \begin{Vmatrix} +2 & -1 & +5 \\ -1 & +3 & -4 \\ +5 & -4 & -6 \end{Vmatrix}.$$

2.3.6 Antimetrische Matrix

Eine antimetrische Matrix liegt als Sonderfall einer quadratischen Matrix dann vor, wenn gleichzeitig für alle Elemente mit $i \neq k$ die Bedingung

$$a_{ik} = -a_{ki}, \tag{2.21}$$

und für die Elemente mit $i = k$ die Bedingung

$$a_{ii} = 0 \tag{2.22}$$

erfüllt ist. Wenn also alle Diagonalelemente Null sind und die zur Hauptdiagonalen spiegelbildlich liegenden Elemente bei gleichem Absolutbetrag entgegengesetztes Vorzeichen aufweisen. Zum Beispiel:

$$\boldsymbol{A} = \begin{Vmatrix} 0 & -1 & +5 \\ +1 & 0 & -4 \\ -5 & +4 & 0 \end{Vmatrix}.$$

2.3.7 Diagonalmatrix

Haben bei einer quadratischen Matrix alle Elemente außerhalb der Hauptdiagonalen den Wert Null, die Diagonalelemente selbst aber beliebige und unterschiedliche Werte, dann hat man eine Diagonalmatrix $\boldsymbol{D}$ vor sich. Bezeichnet man die Diagonalelemente von links oben nach rechts unten mit $d_1, d_2, \ldots, d_n$, dann schreibt man:

$$\boldsymbol{D} = \begin{Vmatrix} d_1 & 0 \cdots 0 \\ 0 & d_2 \cdots 0 \\ \cdot & \cdot\;\cdot\;\cdot \\ 0 & 0 \cdots d_n \end{Vmatrix} = \operatorname{Diag} \|d_i\|.$$

2.3.8 Skalarmatrix

Eine Skalarmatrix $\boldsymbol{K}$ stellt den Sonderfall derjenigen Diagonalmatrix dar, bei der die Diagonalelemente alle gleich sind. Zum Beispiel:

$$\boldsymbol{K} = \left\| \begin{matrix} k & 0 \cdots 0 \\ 0 & k \cdots 0 \\ \cdot & \cdot\;\cdot\;\cdot \\ 0 & 0 \cdots k \end{matrix} \right\| = \text{Diag}\,\|k\|.$$

2.3.9 Einsmatrix

Die Einsmatrix $\boldsymbol{E}$ stellt denjenigen Sonderfall einer Diagonalmatrix dar, bei der alle Diagonalelemente den Wert 1 haben:

$$\boldsymbol{E} = \left\| \begin{matrix} 1 & 0 \cdots 0 \\ 0 & 1 \cdots 0 \\ \cdot & \cdot\;\cdot\;\cdot \\ 0 & 0 \cdots 1 \end{matrix} \right\| = \text{Diag}\,\|1\|.$$

2.3.10 Nullmatrix

Haben in einer Matrix alle Elemente den Wert Null, dann wird sie Nullmatrix genannt. Man schreibt:

$$\boldsymbol{A} = \left\| \begin{matrix} 0 & 0 \cdots 0 \\ 0 & 0 \cdots 0 \\ \cdot & \cdot\;\cdot\;\cdot \\ 0 & 0 \cdots 0 \end{matrix} \right\| = \|0\| = 0.$$

2.3.11 Zeilenvektor und Spaltenvektor

Innerhalb der Matrizenrechnung möge man den Begriff Vektor immer in der verallgemeinerten Form nach 2.2.11 auffassen, also als Bezeichnung für n Zahlen, die nach einem festen Schema in einer Zeile (Zeilenvektor) oder Spalte (Spaltenvektor) ohne verbindende Operationssymbole angeordnet sind. Damit stellt ein Vektor dann nichts anderes dar als eine Zeilenmatrix oder Spaltenmatrix.

Außerdem ist vereinbart, daß ein Vektor in der Schreibweise

$$\boldsymbol{a} = \{a_1 \;\; a_2 \cdots a_n\}$$

sowohl einen Zeilenvektor

$$\boldsymbol{a} = \|a_1 \;\; a_2 \cdots a_n\|$$

als auch einen Spaltenvektor

$$a = \begin{Vmatrix} a_1 \\ a_2 \\ \cdots \\ a_n \end{Vmatrix}$$

darstellen kann.

Auch die Zeilen und Spalten einer Matrix $A = \|a_{ik}\|$ lassen sich als Vektoren auffassen. Zur Kenntlichmachung, ob es sich um einen Zeilen- oder Spaltenvektor handelt, verwendet man hierbei für Zeilenvektoren hochgestellte und für Spaltenvektoren tiefgestellte Indici. Der Index selbst entspricht der Zeilen- bzw. Saltennummer, also:

$$a^i = \|a_{i1}\, a_{i2} \cdots a_{in}\| = \text{i-ter Zeilenvektor},$$

$$a_k = \begin{Vmatrix} a_{1k} \\ a_{2k} \\ \cdots \\ a_{mk} \end{Vmatrix} = \text{k-ter Spaltenvektor}.$$

Damit kann man eine Matrix $A = \|a_{ik}\|$ auch mit Hilfe ihrer Zeilenvektoren $a^1, a^2, \ldots, a^I$ in der Form

$$A = \|a_{ik}\| = \begin{Vmatrix} a^1 \\ a^2 \\ \cdots \\ a^m \end{Vmatrix} = \|a^i\|$$

oder mit Hilfe ihrer Spaltenvektoren $a_1, a_2, \ldots, a_n$ in der Form

$$a = \|a_{ik}\| = \|a_1\, a_2 \cdots a_n\| = \|a_k\|$$

schreiben.

2.3.12 Gleiche Matrizen

Zwei Matrizen werden einander gleich genannt, wenn sie außer gleicher Reihen- und Spaltenanzahl auch gleiche Werte ihrer Elemente aufweisen. Für zwei Matrizen $A = \|a_{ik}\|$ und $B = \|b_{ik}\|$ muß bei $A = B$ also gelten:

$$a_{ik} = b_{ik} \tag{2.23}$$

2.3.13 Matrizen vom gleichen Typ

Haben mehrere Matrizen die gleiche Anzahl m von Zeilen und die gleiche Anzahl n von Spalten, dann bezeichnet man sie als Matrizen vom gleichen Typ.

2.3.14 Transponierte Matrix

Unter dem Transponieren einer Matrix versteht man das Bilden einer neuen Matrix, deren Zeilen aus den Spalten der ursprünglichen Matrix in der dort gegebenen Reihenfolge bestehen. Aus einer Matrix $\boldsymbol{A} = \|a_{ik}\|$ entsteht ihre transponierte und mit $\boldsymbol{A}^t$ bezeichnete Matrix damit nach dem Gesetz:

$$a_{ik}^t = a_{ki}, \tag{2.24}$$

z. B.:

$$\boldsymbol{A} = \begin{Vmatrix} 1 & 2 & 3 & 4 \\ 5 & 6 & 7 & 8 \end{Vmatrix}, \qquad \boldsymbol{A}^t = \begin{Vmatrix} 1 & 5 \\ 2 & 6 \\ 3 & 7 \\ 4 & 8 \end{Vmatrix}.$$

2.3.15 Matrizen - Addition

Nur Matrizen vom gleichen Typ können addiert oder subtrahiert werden. Als die Summe von zwei und mehr Matrizen versteht man dann eine neue Matrix, bei der jedes Element aus der Summe der entsprechenden Elemente der zu addierenden Matrizen besteht.

Soll die Matrix $\boldsymbol{C} = \|c_{ik}\|$ die Summe der Matrizen $\boldsymbol{A} = \|a_{ik}\|$ und $\boldsymbol{B} = \|b_{ik}\|$ darstellen, dann schreibt man

$$\boldsymbol{C} = \boldsymbol{A} + \boldsymbol{B}$$

und es muß gelten:

$$c_{ik} = a_{ik} + b_{ik}. \tag{2.25}$$

Zum Beispiel:

$$\begin{Vmatrix} +1 & -2 \\ +3 & +4 \\ -1 & -5 \end{Vmatrix} + \begin{Vmatrix} +2 & +3 \\ 0 & -1 \\ +4 & +2 \end{Vmatrix} - \begin{Vmatrix} -1 & +1 \\ +2 & +3 \\ -4 & +5 \end{Vmatrix} = \begin{Vmatrix} +4 & 0 \\ +1 & 0 \\ +7 & -8 \end{Vmatrix}.$$

2.3.16 Produkt aus Matrix und Skalar

Soll aus einer Matrix $\boldsymbol{B} = \|b_{ik}\|$ eine Matrix $\boldsymbol{A} = \|a_{ik}\|$ gebildet werden, bei der jedes Element λ-mal so groß wie das entsprechende von $\boldsymbol{B}$

ist, wenn also

$$a_{ik} = \lambda \cdot b_{ik} \tag{2.26}$$

sein soll, dann schreibt man:

$$\boldsymbol{A} = \lambda \cdot \boldsymbol{B} \quad \text{oder} \quad \boldsymbol{A} = \boldsymbol{B} \cdot \lambda.$$

Ein Beispiel mit $\lambda = -2$ wäre:

$$-2 \cdot \begin{Vmatrix} +2 & -1 \\ +3 & +4 \\ 0 & -5 \end{Vmatrix} = \begin{Vmatrix} -4 & +2 \\ -6 & -8 \\ 0 & +10 \end{Vmatrix}.$$

2.3.17 Produkt aus zwei Matrizen

Unter dem Produkt $\boldsymbol{A} \cdot \boldsymbol{B}$ zweier Matrizen $\boldsymbol{A} = \|a_{ik}\|$ und $\boldsymbol{B} = \|b_{ik}\|$ versteht man eine neue Matrix $\boldsymbol{C} = \|c_{ik}\|$, bei der jedes Element c_{ik} das skalare Produkt aus dem i-ten Zeilenvektor $\boldsymbol{a}^i$ von $\boldsymbol{A}$, also der zuerst angeschriebenen Matrix, und dem k-ten Spaltenvektor $\boldsymbol{b}_k$ von $\boldsymbol{B}$, also der zweiten Matrix, darstellt. Nach dieser Regelung stellt demnach $\boldsymbol{A} \cdot \boldsymbol{B}$ grundsätzlich eine andere Matrix als $\boldsymbol{B} \cdot \boldsymbol{A}$ dar. Für $\boldsymbol{C} = \boldsymbol{A} \cdot \boldsymbol{B}$ lautet das Bildungsgesetz:

$$c_{ik} = \boldsymbol{a}^i \cdot \boldsymbol{b}_k. \tag{2.27}$$

Der Begriff des skalaren Produktes zweier Vektoren wurde schon im 2.2.20 angeführt und möge hier nochmals in allgemeiner Form wiederholt werden:

Das eine reelle Zahl (Skalar) darstellende skalare Produkt zweier n-dimensionaler Vektoren $\boldsymbol{a} = \{a_1\, a_2 \cdots a_n\}$ und $\boldsymbol{b} = \{b_1\, b_2 \cdots b_n\}$ bildet man nach dem Gesetz:

$$\boldsymbol{a} \cdot \boldsymbol{b} = a_1 \cdot b_1 + a_2 \cdot b_2 + \cdots + a_n \cdot b_n. \tag{2.28}$$

Da sich nur zwei Vektoren mit gleicher Elementenanzahl n skalar multiplizieren lassen, muß demnach bei einer Multiplikation zweier Matrizen die Spaltenanzahl der ersten Matrix mit der Zeilenanzahl der zweiten Matrix übereinstimmen.

Für die praktische Berechnung von $\boldsymbol{C} = \boldsymbol{A} \cdot \boldsymbol{B}$ empfiehlt es sich, die Matrizenelemente nach dem in *Abb. 2.27* dargestellten Schema anzuschreiben, wobei dann die Elemente c_{ik} jeweils im Kreuzungspunkt der i-ten Zeile von $\boldsymbol{A}$ und k-ten Spalte von $\boldsymbol{B}$ anzuordnen sind. Ein Beispiel zeigt *Abb. 2.28*.

Für die in 2.3.22 beschriebene Auflösung von Matrizengleichungen sei darauf hingewiesen, daß eine Matrix $\boldsymbol{A}$ durch Multiplikation mit der

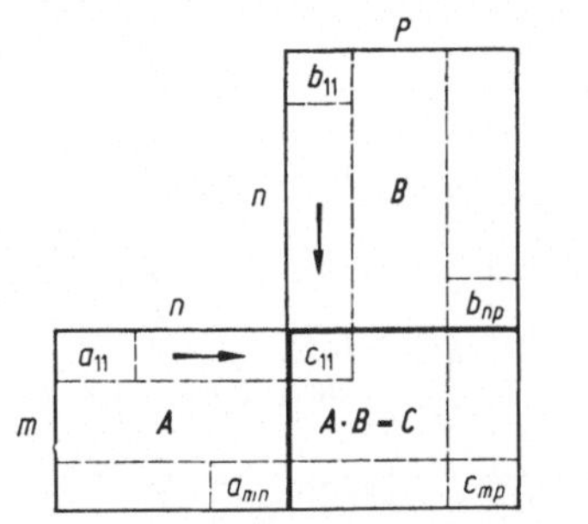

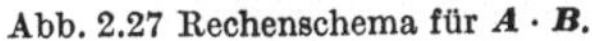
Abb. 2.27 Rechenschema für $\boldsymbol{A} \cdot \boldsymbol{B}$.

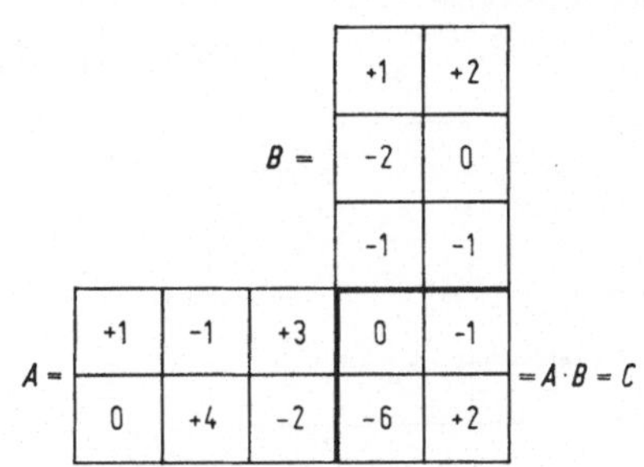

Abb. 2.28 Beispiel für $\boldsymbol{A} \cdot \boldsymbol{B}$.

Einsmatrix $\boldsymbol{E}$ nicht verändert wird, d. h.:

$$\boldsymbol{A} \cdot \boldsymbol{E} = \boldsymbol{E} \cdot \boldsymbol{A} = \boldsymbol{A}. \tag{2.29}$$

2.3.18 Produkt aus Matrix und Vektor

Das Produkt aus Matrix und Vektor ist indirekt schon über das Produkt zweier Matrizen definiert. Man braucht den Vektor nur als Zeilen- oder Spaltenmatrix aufzufassen.

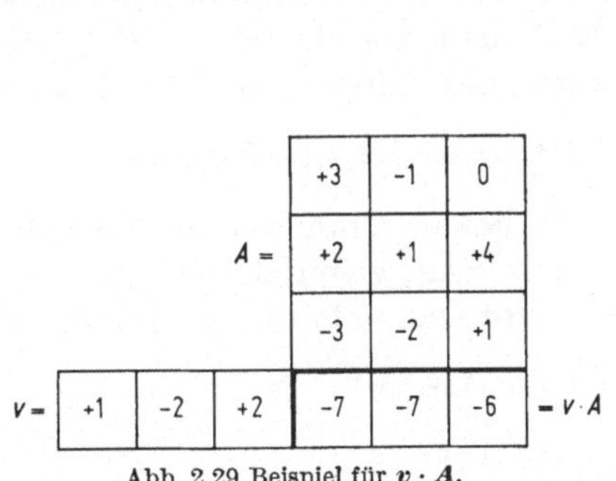

Abb. 2.29 Beispiel für $\boldsymbol{v} \cdot \boldsymbol{A}$.

				$v =$	
				+1	
				-2	
				+2	
$A =$	+3	-1	0	+5	
	+2	+1	+4	+8	$= A \cdot v$
	-3	-2	+1	+3	

Abb. 2.30 Beispiel für $\boldsymbol{A} \cdot \boldsymbol{v}$.

Die der Reihenfolge der Faktoren gegebene Bedeutung läßt nun Folgendes erkennen: Ist $\boldsymbol{A}$ eine mn-Matrix, dann muß der Vektor $\boldsymbol{v}$ in

$$\boldsymbol{v} \cdot \boldsymbol{A}$$

einen m-dimensionalen Zeilenvektor und in

$$\boldsymbol{A} \cdot \boldsymbol{v}$$

einen n-dimensionalen Spaltenvektor darstellen. *Abb. 2.29* zeigt ein Beispiel für $\boldsymbol{v} \cdot \boldsymbol{A}$ und *Abb. 2.30* für $\boldsymbol{A} \cdot \boldsymbol{v}$.

2.3.19 Produkt aus mehreren Matrizen

Das Matrizenprodukt $\boldsymbol{B}$ aus mehreren Matrizen $\boldsymbol{A}_1, \boldsymbol{A}_2, \ldots, \boldsymbol{A}_n$ in der Schreibweise

$$\boldsymbol{B} = \boldsymbol{A}_1 \cdot \boldsymbol{A}_2 \cdots \boldsymbol{A}_n$$

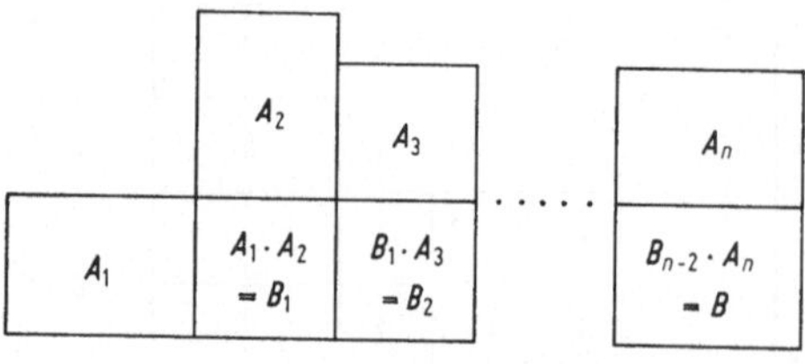

Abb. 2.31 Rechenschema für $\boldsymbol{A}_1 \cdot \boldsymbol{A}_2 \cdots \boldsymbol{A}_n$.

kann folgendermaßen ermittelt werden:

$$\begin{aligned} \boldsymbol{A}_1 \cdot \boldsymbol{A}_2 &= \boldsymbol{B}_1 \\ \boldsymbol{B}_1 \cdot \boldsymbol{A}_3 &= \boldsymbol{B}_2 \\ \boldsymbol{B}_2 \cdot \boldsymbol{A}_4 &= \boldsymbol{B}_3 \\ \cdot \quad \cdot \quad &\cdot \quad \cdot \quad \cdot \\ \boldsymbol{B}_{n-2} \cdot \boldsymbol{A}_n &= \boldsymbol{B}. \end{aligned}$$

Abb. 2.31 zeigt das entsprechende Rechenschema.

Die grundsätzlich einzuhaltende Reihenfolge der Faktoren bedingt aber keine bestimmte Reihenfolge der Einzelproduktbildung, denn wie bei der normalen Multiplikation darf man das Gesamtprodukt durch Setzen von Klammern in Produktgruppen unterteilen. Zum Beispiel:

$$\boldsymbol{A} \cdot \boldsymbol{B} \cdot \boldsymbol{C} \cdot \boldsymbol{D} = (\boldsymbol{A} \cdot \boldsymbol{B}) \cdot (\boldsymbol{C} \cdot \boldsymbol{D}) = \boldsymbol{A} \cdot [\boldsymbol{B} \cdot (\boldsymbol{C} \cdot \boldsymbol{D})] \quad \text{usw.}$$

Von dieser Möglichkeit wird man immer dann Gebrauch machen, wenn einer der Faktoren eines Mehrfachmatrizenproduktes als Vektor ($\boldsymbol{w}$) gegeben ist. Bei $\boldsymbol{A} \cdot \boldsymbol{B} \cdot \boldsymbol{C} \cdot \boldsymbol{w}$ wird man daher in der Reihenfolge

1. $\boldsymbol{C} \cdot \boldsymbol{w}$ (Vektor)
2. $\boldsymbol{B} \cdot (\boldsymbol{C} \cdot \boldsymbol{w})$ (Vektor)
3. $\boldsymbol{A} \cdot [\boldsymbol{B} \cdot (\boldsymbol{C} \cdot \boldsymbol{w})]$ (Vektor)

rechnen.

2.3.20 Lineares Gleichungssystem in Matrizenschreibweise

Ist ein System von m linearen Gleichungen in der allgemeinen Form

$$\begin{aligned} a_{11} \cdot x_1 + a_{12} \cdot x_2 + \cdots + a_{1n} \cdot x_n &= y_1 \\ a_{21} \cdot x_1 + a_{22} \cdot x_2 + \cdots + a_{2n} \cdot x_n &= y_2 \\ \cdot \quad \cdot \quad \cdot \quad \cdot \quad \cdot \quad \cdot \quad \cdot \quad &\cdot \quad \cdot \quad \cdot \\ a_{m1} \cdot x_1 + a_{m2} \cdot x_2 + \cdots + a_{mn} \cdot x_n &= y_m \end{aligned}$$

gegeben, dann lassen sich die Koeffizienten a_{ik} zu einer Matrix (Koeffizientenmatrix)

$$\boldsymbol{A} = \|a_{ik}\| = \left\| \begin{matrix} a_{11} & a_{12} \cdots a_{1n} \\ \cdot & \cdot \quad \cdot \quad \cdot \quad \cdot \\ a_{m1} & a_{m2} \cdots a_{mn} \end{matrix} \right\|,$$

die x- und y-Werte zu Spaltenvektoren

$$\boldsymbol{x} = \left\| \begin{matrix} x_1 \\ x_2 \\ \cdots \\ x_n \end{matrix} \right\|, \qquad \boldsymbol{y} = \left\| \begin{matrix} y_1 \\ y_2 \\ \cdots \\ y_m \end{matrix} \right\|$$

zusammenstellen, und man kann dann das Gleichungssystem in der kurzen Form

$$\boldsymbol{A} \cdot \boldsymbol{x} = \boldsymbol{y} \tag{2.30}$$

anschreiben. (Vgl. hierzu 2.3.18.)

2.3.21 Kehrmatrix

Unter der zu einer quadratischen Matrix $\boldsymbol{A} = \|a_{ik}\|$ gehörenden Kehrmatrix $\boldsymbol{A}^{-1} = \|\alpha_{ik}\|$ versteht man diejenige Matrix, mit der die

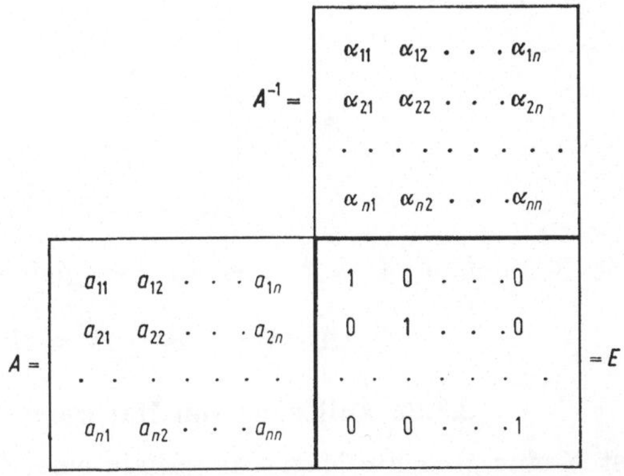

$$\begin{array}{r|c|c|l} & & \begin{matrix} \alpha_{11} & \alpha_{12} & \cdot\;\cdot\;\cdot & \alpha_{1n} \\ \alpha_{21} & \alpha_{22} & \cdot\;\cdot\;\cdot & \alpha_{2n} \\ \cdot & \cdot & \cdot\;\cdot\;\cdot & \cdot \\ \alpha_{n1} & \alpha_{n2} & \cdot\;\cdot\;\cdot & \alpha_{nn} \end{matrix} & \\ & & A^{-1} = & \\ \hline A = & \begin{matrix} a_{11} & a_{12} & \cdot\;\cdot\;\cdot & a_{1n} \\ a_{21} & a_{22} & \cdot\;\cdot\;\cdot & a_{2n} \\ \cdot & \cdot & \cdot\;\cdot\;\cdot & \cdot \\ a_{n1} & a_{n2} & \cdot\;\cdot\;\cdot & a_{nn} \end{matrix} & \begin{matrix} 1 & 0 & \cdot\;\cdot\;\cdot & 0 \\ 0 & 1 & \cdot\;\cdot\;\cdot & 0 \\ \cdot & \cdot & \cdot\;\cdot\;\cdot & \cdot \\ 0 & 0 & \cdot\;\cdot\;\cdot & 1 \end{matrix} & = E \end{array}$$

Abb. 2.32 Schema für die Kehrmatrix-Bedingung $\boldsymbol{A} \cdot \boldsymbol{A}^{-1} = \boldsymbol{E}$.

Matrix $\boldsymbol{A}$ multipliziert werden muß, um die Einsmatrix $\boldsymbol{E}$ zu erhalten. Führt man diese durch $\boldsymbol{A} \cdot \boldsymbol{A}^{-1} = \boldsymbol{E}$ gegebene Anweisung mit Hilfe von *Abb. 2.32* aus, indem man $\boldsymbol{A}$ nacheinander mit der 1. bis n-ten Spalte von $\boldsymbol{A}^{-1}$ multipliziert, dann erhält man n Gleichungssysteme zu je n Gleichungen in der Form:

1) $\boldsymbol{A} \cdot \boldsymbol{a}_1 = \boldsymbol{e}_1$, d. h.:

$$\begin{aligned} a_{11} \cdot \alpha_{11} + a_{12} \cdot \alpha_{21} + \cdots + a_{1n} \cdot \alpha_{n1} &= 1 \\ a_{21} \cdot \alpha_{11} + a_{22} \cdot \alpha_{21} + \cdots + a_{2n} \cdot \alpha_{n1} &= 0 \\ \cdots\cdots\cdots\cdots\cdots\cdots & \\ a_{n1} \cdot \alpha_{11} + a_{n2} \cdot \alpha_{21} + \cdots + a_{nn} \cdot \alpha_{n1} &= 0. \end{aligned}$$

2) $\boldsymbol{A} \cdot \boldsymbol{a}_2 = \boldsymbol{e}_2$, d. h.:

$$\begin{aligned} a_{11} \cdot \alpha_{12} + a_{12} \cdot \alpha_{22} + \cdots + a_{1n} \cdot \alpha_{n2} &= 0 \\ a_{21} \cdot \alpha_{12} + a_{22} \cdot \alpha_{22} + \cdots + a_{2n} \cdot \alpha_{n2} &= 1 \\ \cdots\cdots\cdots\cdots\cdots\cdots & \\ a_{n1} \cdot \alpha_{12} + a_{n2} \cdot \alpha_{22} + \cdots + a_{nn} \cdot \alpha_{n2} &= 0 \end{aligned}$$

. . . .

n) $\boldsymbol{A} \cdot \boldsymbol{a}_n = \boldsymbol{e}_n$, d. h.:

$$\begin{aligned} a_{11} \cdot \alpha_{1n} + a_{12} \cdot \alpha_{2n} + \cdots + a_{1n} \cdot a_{nn} &= 0 \\ a_{21} \cdot \alpha_{1n} + a_{22} \cdot \alpha_{2n} + \cdots + a_{2n} \cdot \alpha_{nn} &= 0 \\ \cdots\cdots\cdots\cdots\cdots\cdots & \\ a_{n1} \cdot \alpha_{1n} + a_{n2} \cdot \alpha_{2n} + \cdots + a_{nn} \cdot \alpha_{nn} &= 1. \end{aligned}$$

Aus jedem dieser Gleichungssysteme, die alle die gleiche Koeffizientenmatrix $\boldsymbol{A}$ aufweisen, lassen sich n der n^2 gesuchten α_{ik}-Werte ermitteln, und man erhält die Kehrmatrix zu

$$\boldsymbol{A}^{-1} = \begin{Vmatrix} \alpha_{11} & \alpha_{12} \cdots \alpha_{1n} \\ \alpha_{21} & \alpha_{22} \cdots \alpha_{2n} \\ \cdot & \cdot\ \cdot\ \cdot\ \cdot \\ a_{n1} & \alpha_{n2} \cdots \alpha_{nn} \end{Vmatrix}.$$

Da die Bedingung $\boldsymbol{A}^{-1} \cdot \boldsymbol{A} = \boldsymbol{E}$ zu dem gleichen Ergebnis führt, gilt:

$$\boldsymbol{A} \cdot \boldsymbol{A}^{-1} = \boldsymbol{A}^{-1} \cdot \boldsymbol{A} = \boldsymbol{E}. \tag{2.31}$$

2.3.22 Auflösung von Matrizengleichungen

Ist $\boldsymbol{X}$ eine gesuchte Matrix innerhalb einer Gleichung von Matrizen, die nur additiv verknüpft sind, dann darf man wie in der gewöhnlichen Algebra verfahren. Zum Beispiel:

$$\begin{aligned} \boldsymbol{A} + \boldsymbol{X} - \boldsymbol{B} &= \boldsymbol{C} \\ \boldsymbol{X} &= \boldsymbol{C} - \boldsymbol{A} + \boldsymbol{B}. \end{aligned}$$

Steht $\boldsymbol{X}$ dagegen in einer Gleichung mit multiplikativer Verknüpfung von Matrizen, dann erfolgt die Elimination von $\boldsymbol{X}$, indem man nicht wie in der gewöhnlichen Algebra dividiert, sondern mit der entsprechenden Kehrmatrix (von links oder rechts) multipliziert.

So ergibt sich $\boldsymbol{X}$ aus $\boldsymbol{A} \cdot \boldsymbol{X} = \boldsymbol{B}$ durch Multiplikation mit $\boldsymbol{A}^{-1}$ von links zu

$$\begin{aligned} \boldsymbol{A} \cdot \boldsymbol{X} &= \boldsymbol{B} \\ \boldsymbol{A}^{-1} \cdot \boldsymbol{A} \cdot \boldsymbol{X} &= \boldsymbol{A}^{-1} \cdot \boldsymbol{B} \\ \boldsymbol{E} \cdot \boldsymbol{X} &= \boldsymbol{A}^{-1} \cdot \boldsymbol{B} \\ \boldsymbol{X} &= \boldsymbol{A}^{-1} \cdot \boldsymbol{B} \end{aligned}$$

und aus $\boldsymbol{X} \cdot \boldsymbol{A} = \boldsymbol{B}$ durch Multiplikation mit $\boldsymbol{A}^{-1}$ von rechts zu

$$\begin{aligned} \boldsymbol{X} \cdot \boldsymbol{A} &= \boldsymbol{B} \\ \boldsymbol{X} \cdot \boldsymbol{A} \cdot \boldsymbol{A}^{-1} &= \boldsymbol{B} \cdot \boldsymbol{A}^{-1} \\ \boldsymbol{X} \cdot \boldsymbol{E} &= \boldsymbol{B} \cdot \boldsymbol{A}^{-1} \\ \boldsymbol{X} &= \boldsymbol{B} \cdot \boldsymbol{A}^{-1}. \end{aligned}$$

Das Gleiche gilt, wenn es sich bei $\boldsymbol{X}$ um einen Vektor und demzufolge bei $\boldsymbol{B}$ ebenfalls um einen Vektor handelt. Die Auflösung des in 2.3.20 durch $\boldsymbol{A} \cdot \boldsymbol{x} = \boldsymbol{y}$ dargestellten linearen Gleichungssystems erhält man damit zu

$$\boldsymbol{x} = \boldsymbol{A}^{-1} \cdot \boldsymbol{y} \tag{2.32}$$

und stellt sich in ausgeschriebener Form als

$$\begin{aligned} x_1 &= \alpha_{11} \cdot y_1 + \alpha_{12} \cdot y_2 + \cdots + \alpha_{1n} \cdot y_n \\ x_2 &= \alpha_{21} \cdot y_1 + \alpha_{22} \cdot y_2 + \cdots + \alpha_{2n} \cdot y_n \\ &\cdot \quad \cdot \quad \cdot \quad \cdot \quad \cdot \quad \cdot \quad \cdot \quad \cdot \quad \cdot \quad \cdot \quad \cdot \quad \cdot \quad \cdot \\ x_n &= \alpha_{n1} \cdot y_1 + \alpha_{n2} \cdot y_2 + \cdots + \alpha_{nn} \cdot y_n \end{aligned} \tag{2.32a}$$

dar. Gl. (2.32) bezeichnet man als „Auflösung in unbestimmter Form" von $\boldsymbol{A} \cdot \boldsymbol{x} = \boldsymbol{y}$. Wie Gl. (2.32a) zeigt, liegt dabei der Vorteil darin, daß man nun für beliebige y-Werte die zugehörigen x-Werte schnell ermitteln kann.

2.3.23 Begriff der Transformation

Der Ausdruck „Transformation" beinhaltet die Begriffe Umformung, Umgestaltung, Umänderung, Verwandlung usw. In der Mathematik spricht man von Transformation, wenn zwei Begriffe derart durch ein

Gesetz verknüpft werden, daß jedem Element des einen ein Element des anderen zugeordnet wird. Nach der Art der beiden Begriffen innewohnenden Gemeinsamkeiten trifft man Unterscheidungen nach Transformationsarten.

Allgemein zeigt sich eine Transformation in der Form

$$\boldsymbol{G} \cdot \boldsymbol{B} = \boldsymbol{B}',$$

worin $\boldsymbol{G}$ das (Transformations-)Gesetz darstellt, über das aus dem Begriff $\boldsymbol{B}$ der Begriff $\boldsymbol{B}'$ gewonnen wird.

Auch der in 2.3.20 angeführte Ausdruck $\boldsymbol{A} \cdot \boldsymbol{x} = \boldsymbol{y}$ stellt eine Transformation dar, nämlich eine Transformation des Vektors $\boldsymbol{x}$ in den Vektor $\boldsymbol{y}$ durch die Transformationsmatrix $\boldsymbol{A}$.

2.3.24 Transformation der Vektorkoordinaten beim Drehen des Koordinatensystems

Im Folgenden soll ermittelt werden, welche Koordinaten sich für einen (dreidimensionalen) Vektor ergeben, wenn das xyz-Koordinatensystem um seinen Ursprung gedreht wird. Hinsichtlich Sinn und Bezeichnung der Drehwinkel ψ gilt das unter 2.1.4 Gesagte. Für das ursprüngliche xyz-System sei der Vektor mit $\boldsymbol{v} = \{v_x, v_y, v_z\}$ und für das gedrehte $x'y'z'$-System mit $\boldsymbol{v}' = \{v'_x, v'_y, v'_z\}$ bezeichnet. Will man diese Transformation in der Form

$$\boldsymbol{v}' = \boldsymbol{T}_\psi \cdot \boldsymbol{v} \tag{2.33}$$

mit $\boldsymbol{T}_\psi$ als Transformationsmatrix für die Drehung schreiben, dann ergeben sich aus den Ergebnissen von 2.1.4 folgende Elemente für $\boldsymbol{T}_\psi$:

Bei Drehung um die x-Achse:

$$\boldsymbol{T}_{\psi x} = \begin{Vmatrix} 1 & 0 & 0 \\ 0 & \cos\psi_x & \sin\psi_x \\ 0 & -\sin\psi_x & \cos\psi_x \end{Vmatrix} \tag{2.34}$$

$$\boldsymbol{v}' = \boldsymbol{T}_{\psi x} \cdot \boldsymbol{v} = \{v_x,\ v_y \cdot \cos\psi_x + v_z \cdot \sin\psi_x,\ -v_y \cdot \sin\psi_x + v_z \cdot \cos\psi_x\}.$$

Bei Drehung um die y-Achse:

$$\boldsymbol{T}_{\psi y} = \begin{Vmatrix} \cos\psi_y & 0 & -\sin\psi_y \\ 0 & 1 & 0 \\ \sin\psi_y & 0 & \cos\psi_y \end{Vmatrix} \tag{2.35}$$

$$\boldsymbol{v}' = \boldsymbol{T}_{\psi y} \cdot \boldsymbol{v} = \{v_x \cdot \cos\psi_y - v_z \cdot \sin\psi_y,\ v_y,\ v_x \cdot \sin\psi_y + v_z \cdot \cos\psi_y\}.$$

Bei Drehung um die z-Achse:

$$\boldsymbol{T}_{\psi z} = \begin{Vmatrix} \cos\psi_z & \sin\psi_z & 0 \\ -\sin\psi_z & \cos\psi_z & 0 \\ 0 & 0 & 1 \end{Vmatrix} \tag{2.36}$$

$$\boldsymbol{v}' = \boldsymbol{T}_{\psi z} \cdot \boldsymbol{v} = \{v_x \cdot \cos\psi_z + v_y \cdot \sin\psi_z, - v_x \cdot \sin\psi_z + v_y \cdot \cos\psi_z, v_z\}.$$

Sind zwei Drehungen erforderlich, dann führt man sie wieder hintereinander durch. Durch die erste Drehung des xyz-Systems um eine seiner Achsen mit dem entsprechenden Drehwinkel ψ erhält man durch $\boldsymbol{T}_\psi \cdot \boldsymbol{v}$ den Vektor $\boldsymbol{v}'$ für das $x'y'z'$-System. Dieses System dann anschließend um eine seiner Achsen mit dem Drehwinkel ψ' in das $x''y''z''$-System gedreht, erfordert die Transformation

$$\boldsymbol{v}'' = \boldsymbol{T}_{\psi'} \cdot \boldsymbol{v}' = \boldsymbol{T}_{\psi'} \cdot \boldsymbol{T}_\psi \cdot \boldsymbol{v}.$$

Wird dann auch noch das $x''y''z''$-System um ψ'' gedreht, dann erhält man

$$\boldsymbol{v}''' = \boldsymbol{T}_{\psi''} \cdot \boldsymbol{v}'' = \boldsymbol{T}_{\psi''} \cdot \boldsymbol{T}_{\psi'} \cdot \boldsymbol{T}_\psi \cdot \boldsymbol{v}.$$

Als Rechenprobe dient u. a. die Bedingung, daß sich in allen Systemen für den Vektor der gleiche Absolutbetrag ergeben muß:

$$v = v' = v'' = v'''.$$

Für den weiteren Gebrauch seien auch die entsprechenden Kehrmatrizen angeführt:

$$\boldsymbol{T}_{\psi x}^{-1} = \begin{Vmatrix} 1 & 0 & 0 \\ 0 & \cos\psi_x & -\sin\psi_x \\ 0 & \sin\psi_x & \cos\psi_x \end{Vmatrix} \tag{2.37}$$

$$\boldsymbol{T}_{\psi y}^{-1} = \begin{Vmatrix} \cos\psi_y & 0 & \sin\psi_y \\ 0 & 1 & 0 \\ -\sin\psi_y & 0 & \cos\psi_y \end{Vmatrix} \tag{2.38}$$

$$\boldsymbol{T}_{\psi z}^{-1} = \begin{Vmatrix} \cos\psi_z & -\sin\psi_z & 0 \\ \sin\psi_z & \cos\psi_z & 0 \\ 0 & 0 & 1 \end{Vmatrix} \tag{2.39}$$

2.3.25 Transformation einer Transformationsmatrix beim Drehen des Koordinatensystems

Der Ausdruck $\boldsymbol{A} \cdot \boldsymbol{v} = \boldsymbol{w}$ möge die durch die Transformationsmatrix $\boldsymbol{A}$ beschriebene Beziehung zwischen zwei dreidimensionalen Vektoren $\boldsymbol{v}$ und $\boldsymbol{w}$ bei Bezug auf das xyz-Koordinatensystem darstellen. Es soll nun gefragt sein, wie sich diese Beziehung in einem zum ursprünglichen System gedrehten $x'y'z'$-Koordinatensystem darstellt.

Nach 2.3.24 gehen die beiden Vektoren $\boldsymbol{v}$ und $\boldsymbol{w}$ über in

$$\boldsymbol{v}' = \boldsymbol{T}_\psi \cdot \boldsymbol{v}, \qquad \boldsymbol{w}' = \boldsymbol{T}_\psi \cdot \boldsymbol{w}.$$

Durch Multiplikation mit $\boldsymbol{T}_\psi^{-1}$ von links lassen sich daraus $\boldsymbol{v}$ und $\boldsymbol{w}$ durch $\boldsymbol{v}'$ und $\boldsymbol{w}'$ ausdrücken:

$$\boldsymbol{T}_\psi^{-1} \cdot \boldsymbol{v}' = \boldsymbol{v}, \qquad \boldsymbol{T}_\psi^{-1} \cdot \boldsymbol{w}' = \boldsymbol{w}.$$

Diese Werte in $\boldsymbol{A} \cdot \boldsymbol{v} = \boldsymbol{w}$ eingesetzt, ergibt (immer noch für das ursprüngliche System):

$$\boldsymbol{A} \cdot \boldsymbol{T}_\psi^{-1} \cdot \boldsymbol{v}' = \boldsymbol{T}_\psi^{-1} \cdot \boldsymbol{w}'.$$

Um den Übergang auf das gedrehte System zu vollziehen, hat man nun beide einen Vektor (und zwar ein und denselben) darstellende Gleichungsseiten nach 2.3.24 von links mit $\boldsymbol{T}_\psi$ zu multiplizieren und erhält:

$$\boldsymbol{T}_\psi \cdot \boldsymbol{A} \cdot \boldsymbol{T}_\psi^{-1} \cdot \boldsymbol{v}' = \boldsymbol{w}'.$$

Bezeichnet man noch $\boldsymbol{T}_\psi \cdot \boldsymbol{A} \cdot \boldsymbol{T}_\psi^{-1}$ als $\boldsymbol{A}'$, dann erhält man folgende Regel:

Beim Drehen des xyz-Systems in das $x'y'z'$-System geht

$$\boldsymbol{A} \cdot \boldsymbol{v} = \boldsymbol{w}$$

über in

$$\boldsymbol{A}' \cdot \boldsymbol{v}' = \boldsymbol{w}'$$

mit

$$\boldsymbol{A}' = \boldsymbol{T}_\psi \cdot \boldsymbol{A} \cdot \boldsymbol{T}_\psi^{-1} \tag{2.40}$$

3. Grundbegriffe aus der Statik

[2,4,11]

3.1 Definition und Darstellung einer Kraft

Als Kraft hat man diejenige Wirkung bezeichnet, die einen freibeweglichen, mit Masse behafteten Körper gradlinig beschleunigt. Aus der Massengröße m und der Beschleunigungsgröße b definiert man die Kraftgröße P zu

$$P = m \cdot b.$$

Die technische Kraftgrößeneinheit war früher das Kilopond (kp), eine Kraft, die 1 kg Masse um 9,81 m/s² (g) bzw. 9,81 kg um 1 m/s² beschleunigen würde.

Im Jahre 1969 wurde in Deutschland das Kilopond durch die praktischere Einheit „Newton" ersetzt, eine Kraft, die 1 kg Masse um 1 m/s² beschleunigen würde.

Aus den beiden Vereinbarungen

$$1\,\text{kp} = 1\,\text{kg} \cdot 9{,}81\,\text{m/s}^2 = 9{,}81\,\text{kg} \cdot \text{m/s}^2$$

$$1\,\text{N} = 1\,\text{kg} \cdot 1\,\text{m/s}^2 = 1\,\text{kg} \cdot \text{m/s}^2$$

ergeben sich dann für Umrechnungen die Beziehungen

$$1\,\text{kp} = 9{,}81\,\text{N}, \qquad 1\,\text{N} = 1/9{,}81\,\text{kp}.$$

Als wegabhängige Größe zeigt sich die Beschleunigung als gerichtete Größe, d. h. als Vektor. Die Kraft als Produkt aus dem Skalar m und dem Vektor $\boldsymbol{b}$ ergibt sich damit ebenfalls als Vektor

$$\boldsymbol{P} = m \cdot \boldsymbol{b}, \tag{3.1}$$

dessen Richtung mit der Beschleunigungsrichtung übereinstimmt. Der Absolutbetrag P einer Kraft $\boldsymbol{P}$ gibt die Anzahl der in der Kraft enthaltenen Krafteinheiten an. Mit den in 2.2 getroffenen Vereinbarungen gilt demnach für die in *Abb. 3.1* im Punkt k angreifende Kraft:

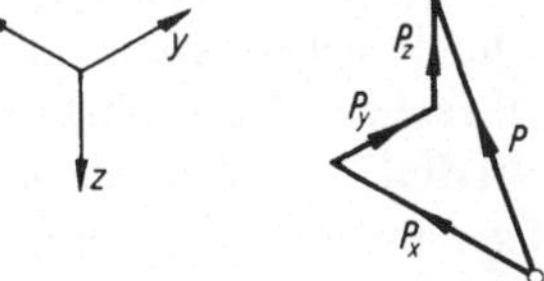

Abb. 3.1 Darstellung einer Kraft.

$$\begin{aligned} \boldsymbol{P} &= \boldsymbol{P}_x + \boldsymbol{P}_y + \boldsymbol{P}_z = \{P_x, P_y, P_z\}, \\ |\boldsymbol{P}| &= P = \sqrt{P_x^2 + P_y^2 + P_z^2}. \end{aligned} \tag{3.2}$$

3.2 Definition und Darstellung eines Momentes

In *Abb. 3.2* greift eine Kraft $\boldsymbol{P}$ an dem freien Ende k eines Hebels an, der im Punkt i fest eingespannt ist. Den Angriffspunkt k versucht die Kraft $\boldsymbol{P}$ lediglich zu verschieben, den Punkt i dagegen zu verschieben und zu drehen. Die die Drehung von i verursachende Wirkung der Kraft $\boldsymbol{P}$ nennt man das statische Moment (oder auch kurz nur Moment)

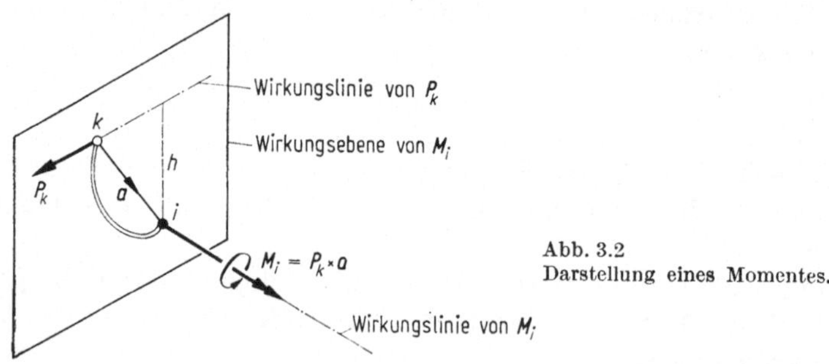

Abb. 3.2
Darstellung eines Momentes.

der Kraft $\boldsymbol{P}$ in bezug auf den Punkt i. Die Größe oder den Betrag M dieses ebenfalls eine gerichtete Größe darstellenden Momentes definiert man als das Produkt aus Kraftgröße und dem senkrechten Abstand h des Bezugspunktes i von der Wirkungslinie der Kraft:

$$M = P \cdot h. \tag{3.3}$$

Die Momentengrößeneinheit ist somit das Produkt aus der gewählten Kraftgrößeneinheit und der gewählten Längeneinheit, also z. B. kpm, Mpcm, Nm, Nmm usw.

Die durch die Wirkungslinie der Kraft und den Bezugspunkt für das Moment gelegte Ebene heißt Wirkungsebene des Momentes. Das Moment selbst stellt man als einen Vektor dar, dessen Wirkungslinie senkrecht auf der Wirkungsebene steht. Auf dieser Wirkungslinie richtet man den Vektor dann so, daß die durch $\boldsymbol{P}$ angestrebte Drehung im Uhrzeigersinn erfolgt, wenn man in Pfeilrichtung blickt. An dem Hebel ist das Wesentliche lediglich die Lage seines Anfangs- und Endpunktes, während seine Form auf das Moment keinerlei Einfluß hat. Man kann daher diesen Hebel als Vektor darstellen, der vom Kraftangriffspunkt k zum Bezugspunkt i gerichtet ist und bezeichnet ihn als Hebelarm $\boldsymbol{a}$. Hat i den Radiusvektor $\boldsymbol{r}_i$ und k den Radiusvektor $\boldsymbol{r}_k$, dann gilt:

$$\boldsymbol{a} = \{a_x, a_y, a_z\} = \boldsymbol{r}_i - \boldsymbol{r}_k$$

$$\boldsymbol{a} = \{x_i - x_k, y_i - y_k, z_i - z_k\}.$$

Rein formelmäßig könnte man das Produkt $P \cdot h$ auch als Flächeninhalt eines Parallelogramms der Grundseite P und Höhe h auffassen. Betrachtet man jetzt die Aussagen von 2.2.21, dann wird man erkennen, daß sich die Beziehung zwischen $\boldsymbol{M}$ und $\boldsymbol{P}$ in der kurzen Form

$$\boldsymbol{M}_i = \boldsymbol{P}_k \times \boldsymbol{a}. \tag{3.4}$$

ausdrücken läßt. Man erhält also das Moment für den Punkt i infolge der Kraft $\boldsymbol{P}_k$ zu

$$\boldsymbol{M}_i = \{M_{ix}, M_{iy}, M_{iz}\}$$

mit

$$\begin{aligned} M_{ix} &= P_{ky} \cdot (z_i - z_k) - P_{kz} \cdot (y_i - y_k), \\ M_{iy} &= P_{kz} \cdot (x_i - x_k) - P_{kx} \cdot (z_i - z_k), \\ M_{iz} &= P_{kx} \cdot (y_i - y_k) - P_{ky} \cdot (x_i - x_k) \end{aligned} \tag{3.5}$$

und der Größe:

$$|\boldsymbol{M}_i| = M_i = \sqrt{M_{ix}^2 + M_{iy}^2 + M_{iz}^2}.$$

Die Darstellung der Momentenvektoren mit Doppelpfeil dient zu ihrer Unterscheidung von Kraftvektoren.

3.3 Begriff und Wirkung eines Kräftepaares

Zwei einander entgegengerichtete Kräfte gleicher Größe bezeichnet man als Kräftepaar. Sollen z. B. die beiden Kräfte $\boldsymbol{P}_1$ und $\boldsymbol{P}_2$ ein Kräftepaar bilden, dann muß $P_1 = P_2$ und $\boldsymbol{P}_1 \uparrow\downarrow \boldsymbol{P}_2$ sein, was sich mit

$$\boldsymbol{P}_1 = -\boldsymbol{P}_2$$

ausdrücken läßt.

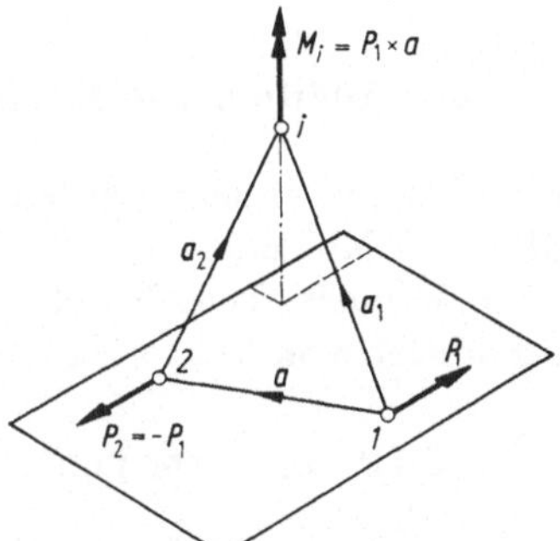

Abb. 3.3 Moment eines Kräftepaares.

Aus Abb. 3.2 ersieht man, daß eine Kraft auf jeden Punkt außerhalb ihrer Wirkungslinie die Wirkung einer Kraft und eines Momentes ausübt. Die Besonderheit eines Kräftepaares liegt nun darin, daß es auf jeden Punkt des Raumes nur die Wirkung eines Momentes, und zwar immer des gleichen, ausübt. Dies sei anhand der *Abb. 3.3* gezeigt. Für einen beliebigen Punkt i wird

$$\boldsymbol{M}_{i1} = \boldsymbol{P}_1 \times \boldsymbol{a}_1,$$

$$\boldsymbol{M}_{i2} = \boldsymbol{P}_2 \times \boldsymbol{a}_2 = -\boldsymbol{P}_1 \times \boldsymbol{a}_2 = \boldsymbol{P}_1 \times (-\boldsymbol{a}_2),$$

$$\boldsymbol{M}_i = \boldsymbol{M}_{i1} + \boldsymbol{M}_{i2} = \boldsymbol{P}_1 \times (\boldsymbol{a}_1 - \boldsymbol{a}_2).$$

Nun ist $\boldsymbol{a}_1 = \boldsymbol{r}_i - \boldsymbol{r}_1$ sowie $\boldsymbol{a}_2 = \boldsymbol{r}_i - \boldsymbol{r}_2$ und damit

$$\boldsymbol{a}_1 - \boldsymbol{a}_2 = (\boldsymbol{r}_i - \boldsymbol{r}_1) - (\boldsymbol{r}_i - \boldsymbol{r}_2) = \boldsymbol{r}_2 - \boldsymbol{r}_1.$$

Die Differenz $\boldsymbol{r}_2 - \boldsymbol{r}_1$ stellt einen Vektor mit dem Anfangspunkt 1 und dem Endpunkt 2 dar, der in Abb. 3.3 mit $\boldsymbol{a}$ bezeichnet ist. Damit erhält man dann als Wirkung des Kräftepaares für jeden Punkt i:

$$\boldsymbol{P}_i = \boldsymbol{P}_1 + \boldsymbol{P}_2 = \boldsymbol{P}_1 - \boldsymbol{P}_1 = 0,$$

$$\boldsymbol{M}_i = \boldsymbol{P}_1 \times \boldsymbol{a} = -\boldsymbol{P}_2 \times \boldsymbol{a}.$$

Die durch $\boldsymbol{P}_1$ und $\boldsymbol{P}_2$ gelegte Ebene ist die Wirkungsebene des Kräftepaarmomentes, dessen Vektor dann wieder mit dem vereinbarten Drehsinn darauf senkrecht steht.

Wirkt nun andererseits an einem Punkt ein Moment, so kann man es sich aus einem Kräftepaar entstanden denken und auch nach Belieben in ein entsprechendes Kräftepaar umwandeln. Demnach ist auch die Wirkung eines Momentes für jeden Punkt des Raumes immer die gleiche.

3.4 Addition von Kräften und Momenten

Im Folgenden soll gezeigt werden, wie man die Gesamtwirkung einzelner Kräfte und Momente ermittelt, wenn es sich um Gleichgewichtsbetrachtungen handelt. Die Grundlage hierfür bildet die in 2.2.19 beschriebene Addition von Vektoren.

3.4.1 An einem Punkt angreifende Kräfte

Mehrere an einem Punkt k angreifende Kräfte $\boldsymbol{P}_1, \boldsymbol{P}_2, \ldots, \boldsymbol{P}_n$ haben für alle Punkte die gleiche Wirkung wie eine einzelne in k angreifende Kraft $\boldsymbol{P}_R$, für die gilt

$$\boldsymbol{P}_R = \sum_1^n \boldsymbol{P} = \left\{ \sum_1^n P_x, \sum_1^n P_y, \sum_1^n P_z \right\}.$$

$\boldsymbol{P}_R$ bezeichnet man als die Resultierende der Kräfte $\boldsymbol{P}_1 \cdots \boldsymbol{P}_n$ und sie hat die Größe (vgl. *Abb. 3.4*):

$$P_R = \sqrt{\left(\sum_1^n P_x\right)^2 + \left(\sum_1^n P_y\right)^2 + \left(\sum_1^n P_z\right)^2}.$$

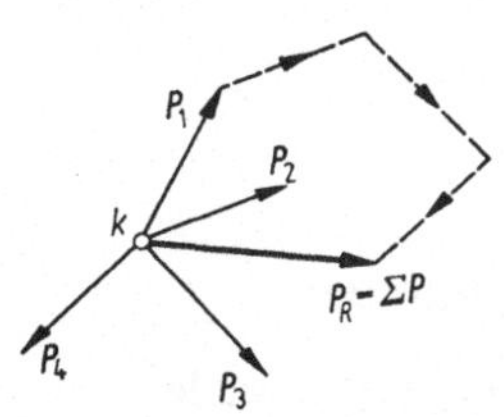

Abb. 3.4 Kräfte an einem Punkt.

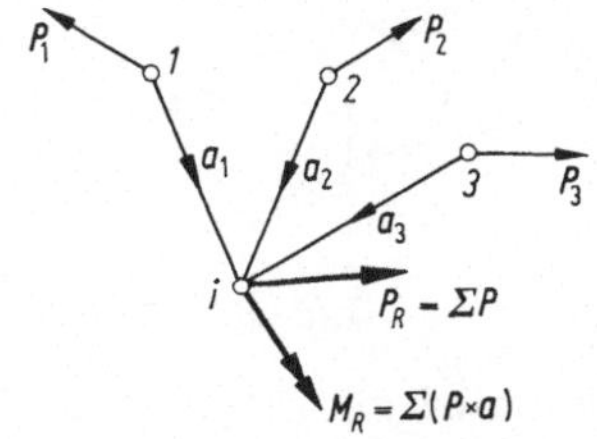

Abb. 3.5 Kräfte an mehreren Punkten.

3.4.2 An mehreren Punkten angreifende Kräfte

Die in den Punkten 1, 2, ..., n angreifenden Kräfte $\boldsymbol{P}_1, \boldsymbol{P}_2, \ldots, \boldsymbol{P}_n$ haben für einen Punkt i die gleiche Wirkung wie ihre in i angreifende resultierende Kraft

$$\boldsymbol{P}_R = \sum_1^n \boldsymbol{P} = \left\{\sum_1^n P_x, \sum_1^n P_y, \sum_1^n P_z\right\}$$

und ein in i angreifendes Moment (vgl. *Abb. 3.5*)

$$\boldsymbol{M}_R = \sum_1^n (\boldsymbol{P} \times \boldsymbol{a}) = \left\{\sum_1^n (P_y \cdot a_z) - \sum_1^n (P_z \cdot a_y), \right.$$

$$\left. \sum_1^n (P_z \cdot a_x) - \sum_1^n (P_x \cdot a_z), \sum_1^n (P_x \cdot a_y) - \sum_1^n (P_y \cdot a_x)\right\}.$$

3.4.3 An mehreren Punkten angreifende Momente

Mehrere an einem einzelnen oder an beliebig vielen Punkten angreifende Momente $\boldsymbol{M}_1, \boldsymbol{M}_2, \ldots, \boldsymbol{M}_n$ haben für alle Punkte des Raumes die gleiche Wirkung wie ein einzelnes Moment, für das gilt

$$\boldsymbol{M}_R = \sum_1^n \boldsymbol{M} = \left\{\sum_1^n M_x, \sum_1^n M_y, \sum_1^n M_z\right\}.$$

$\boldsymbol{M}_R$ ist die Resultierende der Momente $\boldsymbol{M}_1 \cdots \boldsymbol{M}_n$ und hat die Größe (vgl. *Abb. 3.6*):

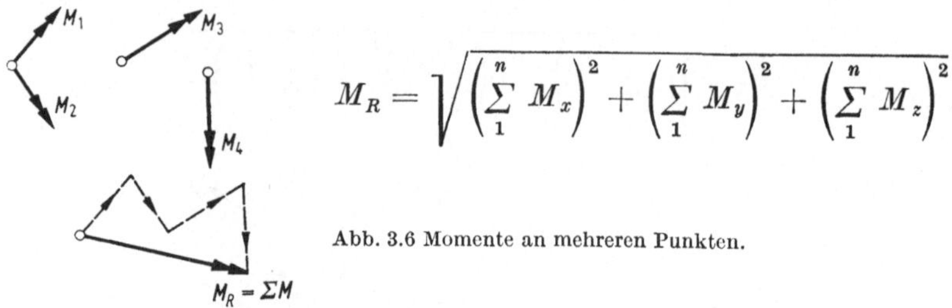

$$M_R = \sqrt{\left(\sum_1^n M_x\right)^2 + \left(\sum_1^n M_y\right)^2 + \left(\sum_1^n M_z\right)^2}.$$

Abb. 3.6 Momente an mehreren Punkten.

3.5 Gleichgewichtsbedingungen

Die Hauptaufgabe der Statik liegt darin, festzustellen, welche Bedingungen erfüllt sein müssen, damit eine Konstruktion oder Teile derselben im Zustand der Ruhe bleiben, wenn auf sie Kräfte und Momente einwirken. Die Bewegungsgesetze zeigen, daß dies nur der Fall sein kann, wenn sich alle angreifenden Kräfte und Momente in ihrer Gesamtwirkung aufheben. Man sagt dazu auch: „Es muß Gleichgewicht herrschen". Das läßt sich durch die beiden Vektorgleichungen

$$\sum \boldsymbol{P} = 0, \qquad \sum \boldsymbol{M} = 0 \tag{3.6}$$

ausdrücken, die dann für jeden beliebigen Punkt des Raumes (ganz gleich ob innerhalb oder außerhalb der Konstruktion) erfüllt sein müssen. Diese beiden Gleichungen besagen also:

Soll Gleichgewicht herrschen, dann muß sowohl die vektorielle Summe aller angreifenden Kräfte als auch die vektorielle Summe aller angreifenden (einschließlich der durch die Kräfte erzeugten) Momente Null sein.

Drückt man $\boldsymbol{P}$ und $\boldsymbol{M}$ durch ihre Koordinaten aus, dann erhält man die Gleichgewichtsbedingung in Form:

$$\begin{aligned} \sum P_x &= 0, & \sum M_x &= 0, \\ \sum P_y &= 0, & \sum M_y &= 0, \\ \sum P_z &= 0, & \sum M_z &= 0. \end{aligned} \tag{3.7}$$

3.6 Auflageraktionen und -Reaktionen, statisch bestimmte und unbestimmte Lagerung

Unter dem Begriff Auflager-Aktionen faßt man diejenigen Kräfte und Momente zusammen, die von einer Konstruktion her (infolge der sie belastenden Kräfte und Momente) auf ihre Auflager (Stützungen, Abstützungen) wirken.

Unter den Auflager-Reaktionen versteht man nun in umgekehrter Betrachtungsweise die von den Auflagern her auf die Konstruktion wirkenden Kräfte und Momente, die so groß wie die Auflageraktionen, aber ihnen entgegengerichtet sind. Bei der Bestimmung dieser Auflagerreaktionen geht man nun folgendermaßen vor:

Man denkt sich zunächst alle Auflager als nicht vorhanden. Für die nun frei im Raum schwebende Konstruktion ermittelt man nach 3.4.2 und 3.4.3 für einen beliebigen, aber rechnungsmäßig möglichst günstig gelegenen Punkt i die resultierende Kraft $\boldsymbol{P}_R = \sum \boldsymbol{P}$ und das resultierende Moment $\boldsymbol{M}_R = \sum \boldsymbol{M} + \sum (\boldsymbol{P} \times \boldsymbol{a})$ infolge der gesamten Konstruktionsbelastung.

Danach läßt man in jedem der Auflagerpunkte 1, 2, ..., n eine Kraft $\boldsymbol{A} = \{A_x, A_y, A_z\}$ sowie ein Moment $\boldsymbol{B} = \{B_x, B_y, B_z\}$ angreifen. Auf den gewählten Punkt i wirkt dadurch eine resultierende Kraft

$$\boldsymbol{A}_R = \sum \boldsymbol{A}$$

und ein resultierendes Moment

$$\boldsymbol{B}_R = \sum \boldsymbol{B} + \sum (\boldsymbol{A} \times \boldsymbol{a}).$$

Da die Konstruktion im Ruhezustand bleiben soll, müssen die Gleichgewichtsbedingungen erfüllt sein. Das ist entsprechend Gl. (3.6) der Fall, wenn gilt

$$\boldsymbol{A}_R + \boldsymbol{P}_R = 0 \quad \text{bzw.} \quad \boldsymbol{A}_R = -\boldsymbol{P}_R$$

$$\boldsymbol{B}_R + \boldsymbol{M}_R = 0 \qquad\qquad \boldsymbol{B}_R = -\boldsymbol{M}_R,$$

was entsprechend Gl. (3.7) durch die sechs skalaren Gleichungen

$$\sum_1^n A_x = -\sum P_x$$

$$\sum_1^n A_y = -\sum P_y$$

$$\sum_1^n A_z = -\sum P_z$$

$$\sum_1^n B_x + \sum_1^n (A_y \cdot a_z) - \sum_1^n (A_z \cdot a_y) = -\sum M_x$$

$$\sum_1^n B_y + \sum_1^n (A_z \cdot a_x) - \sum_1^n (A_x \cdot a_z) = -\sum M_y$$

$$\sum_1^n B_z + \sum_1^n (A_x \cdot a_y) - \sum_1^n (A_y \cdot a_x) = -\sum M_z$$

ausgedrückt wird. Bekannt sind in diesem Gleichungssystem nur die rechten Gleichungsseiten und die Hebelarmkoordinaten a, so daß $6 \cdot n$ Unbekannte zu bestimmen bleiben. Dafür benötigt man noch zusätzlich $6 \cdot n-6$ Bestimmungsgleichungen.

Kann man nun aufgrund der konstruktiven Ausbildung der n Auflager die Aussage machen, daß $6 \cdot n-6$ Komponenten der Auflagerreaktionen den Betrag Null aufweisen müssen, dann hätte man damit die fehlenden $6 \cdot n-6$ Bestimmungsgleichungen. Allerdings müssen dabei die 6 nicht Null werdenden Reaktionskomponenten nachfolgende Bedingungen erfüllen, da sich nur dann aus den 6 skalaren Gleichgewichtsbedingungen eindeutige Lösungen ergeben:

a) Es dürfen nur verschieden gerichtete und damit insgesamt nur maximal 3 Komponenten von Reaktionsmomenten vorhanden sein.

b) Es dürfen niemals zwei oder mehr Komponenten der Reaktionskräfte auf der gleichen Wirkungslinie liegen.

Es läßt sich auch erkennen, daß bei Erfüllung der Bedingungen a) und b) zur einwandfreien Abstützung einer Konstruktion nur 6 Auflagerreaktionskomponenten erforderlich sind, aber auch keinesfalls weniger.

Man spricht dann in solch einem Fall von einer statisch bestimmten Lagerung einer Konstruktion oder auch von einer äußerlich statisch bestimmten Konstruktion.

Läßt die Ausbildung der n Auflager nur weniger als $6 \cdot n-6$ Auflagerreaktionskomponenten Null werden, dann bezeichnet man die Konstruktion als statisch unbestimmt gelagert oder äußerlich statisch unbestimmt. Die fehlenden Bestimmungsgleichungen für die Auflagerreaktionen muß man in solchen Fällen, wie später bei den Rohrleitungssystemen beschrieben, aus den Komponenten der Verformungen gewinnen.

3.7 Konstruktionsformen und ihr System

Hinsichtlich der Form von Konstruktionen oder Konstruktionsteilen trifft man Unterscheidungen nachfolgender Arten:

a) Stabartige Konstruktionen. Ist die Abmessung eines Konstruktionsteiles in einer Richtung wesentlich größer als in den beiden anderen Richtungen, dann spricht man von einem Stab. Als Systemlinie eines Stabes oder als seine Achse bezeichnet man die Verbindungslinie der Schwerpunkte seiner Querschnittsflächen. Dabei ist mit Querschnittsfläche diejenige Fläche gemeint, die sich zeigen würde, wenn man den Stab senkrecht zu seiner Achse schneidet (vgl. *Abb. 3.7*). Die sogenannten stabartigen Konstruktionen können aus nur einem Stab bestehen oder sich auch aus mehreren Stäben zusammensetzen. Für viele Aufgaben genügt es, die Form einer Konstruktion zeichnerisch und rechnerisch durch ihr System, d. h. die Achsen ihrer Stäbe, zu erfassen. *Abb. 3.8* zeigt als Beispiel das System einer Rohrleitung.

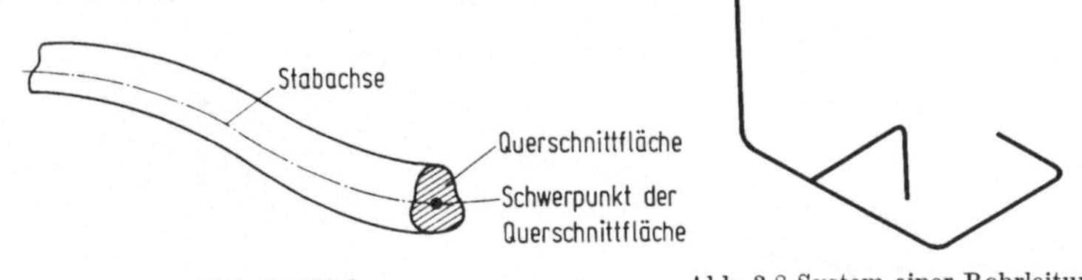

Abb. 3.7 Stab.

Abb. 3.8 System einer Rohrleitung.

b) Platten und Schalen. Bauteile, deren Abmessung nach zwei Richtungen im Verhältnis zur Abmessung in der dritten Richtung (Dicke, Stärke) groß sind, also annähernd flächenartige Konstruktionen, bezeichnet man als Platten oder Schalen. Platten weisen dabei ebene Begrenzungsflächen und Schalen räumlich gekrümmte Begrenzungsflächen auf. Als System wählt man hier die in der Mitte der beiden Begrenzungsflächen liegende Fläche.

3.8 Schnittlasten eines Stabes und Begriff der innerlichen statischen Bestimmtheit

Nach Ermittlung der Auflagerreaktionen lassen sich bei den innerlich statisch bestimmten Systemen die Schnittlasten für alle Stellen allein mit Hilfe der Gleichgewichtsbedingungen ermitteln. Reichen die Gleichgewichtsbedingungen dagegen trotz bekannter Auflagerreaktionen nicht zur Bestimmung aller Schnittlasten aus, dann handelt es sich um ein innerlich statisch unbestimmtes System. Wie bei statisch unbestimmter Lagerung muß man dann auch hier zusätzliche Aussagen über Verformungen machen.

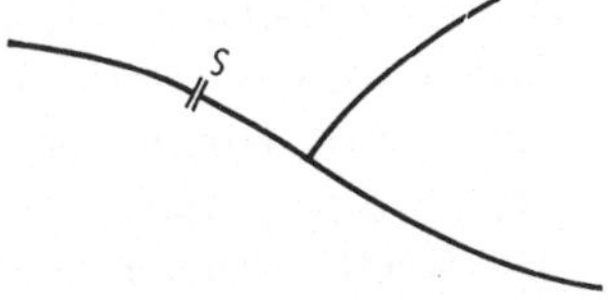

Abb. 3.9 System mit Schnittstelle.

Soll man die Schnittlasten für eine beliebige Stelle, z. B. s in *Abb. 3.9*, eines Stabes ermitteln, dann denkt man sich den Stab an dieser Stelle senkrecht zu seiner Achse durchgeschnitten. Damit zerfällt das System in zwei Teile, und man kann nun nach Belieben für die weitere Betrachtung den einen oder anderen Teil wählen. Für den Schwerpunkt der Schnittfläche ermittelt man dann nach 3.4 die resultierende Kraft $\boldsymbol{P}_s$ und das resultierende Moment $\boldsymbol{M}_s$ aller an dem betrachteten Teil angreifenden Kräfte und Momente (also einschließlich aller an diesem Teil vorhandenen Auflagerreaktionen). Da man nun weiß, daß sich der betrachtete Systemteil vor dem Schneiden im Gleichgewichtszustand befand, kann man aussagen, daß von dem anderen Systemteil her an der Schnittstelle eine Kraft $-\boldsymbol{P}_s$ und ein Moment $-\boldsymbol{M}_s$ wirken muß. $-\boldsymbol{P}_s$ und $-\boldsymbol{M}_s$ stellen dann die Schnittlasten für den betrachteten Teil dar und demzufolge dann $\boldsymbol{P}_s$ und $\boldsymbol{M}_s$ diejenigen für den anderen Teil. Bei

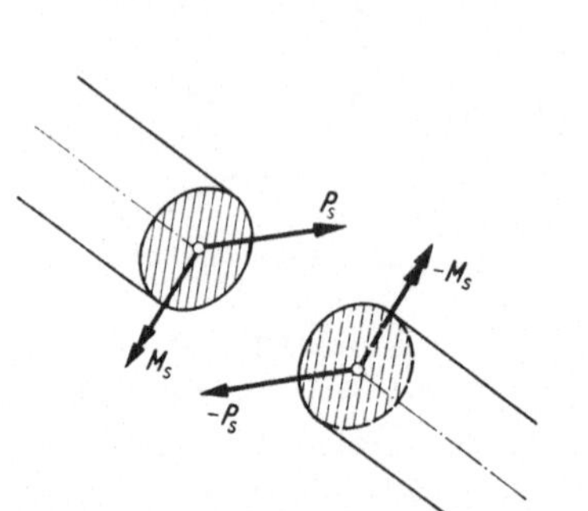

Abb. 3.10 Schnittstelle mit Schnittlasten.

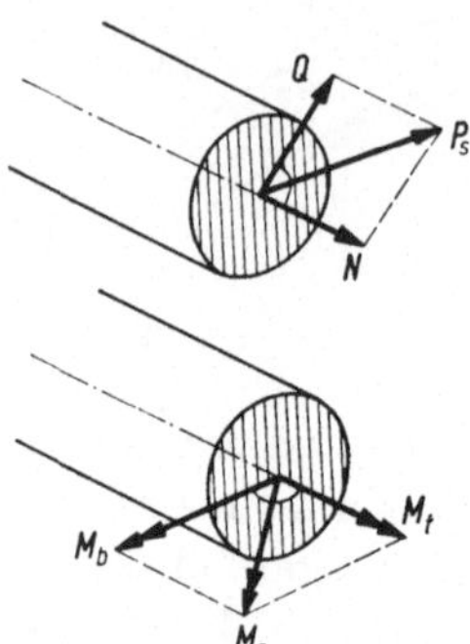

Abb. 3.11 Komponenten der Schnittlasten.

den in *Abb. 3.10* eingezeichneten Schnittlasten handelt es sich demnach bei $\boldsymbol{P}_s$ und $\boldsymbol{M}_s$ um die resultierenden Kraftwirkungen aller Belastungen und Auflagerreaktionen des rechten und bei $-\boldsymbol{P}_s$ und $-\boldsymbol{M}_s$ um die des linken Systemteiles.

Bei der später angeführten Spannungsermittlung wird es erforderlich, zwischen Normal- und Schubspannungen zu unterscheiden. Normalspannungen werden durch Kräfte erzeugt, deren Vektor senkrecht zur Schnittebene steht, und durch Momente, deren Vektor parallel zur Schnittebene liegt. Schubspannungen dagegen rufen Kräfte hervor, deren Vektor parallel zur Schnittebene liegt, sowie Momente, deren Vektor senkrecht zur Schnittebene steht.

Daher wird es erforderlich, die Schnittkraft und das Schnittmoment jeweils in zwei Komponenten zu zerlegen, von denen die eine senkrecht und die andere parallel zur Schnittebene wirkt.

Die Kraftkomponente senkrecht zur Schnittebene heißt Normalkraft ($\boldsymbol{N}$) und die Kraftkomponente parallel zur Schnittebene Querkraft ($\boldsymbol{Q}$).

Die Momentenkomponente parallel zur Schnittfläche bezeichnet man als Biegemoment ($\boldsymbol{M}_b$) und die Momentenkomponente senkrecht zur Schnittebene als Torsionsmoment ($\boldsymbol{M}_t$).

Die für die Schnittkraft $\boldsymbol{P}_s$ und das Schnittmoment $\boldsymbol{M}_s$ gesondert in *Abb. 3.11* gezeigten Skizzen sollen diese Bezeichnungen verdeutlichen.

Nun kann aber ein Außenstehender aus den Koordinaten der Schnittlasten allein nicht entnehmen, für welche der beiden Schnittflächen die Richtungen gelten sollen, so daß hierfür noch eine besondere Vereinbarung erforderlich wird.

Die einfachste Regelung ergibt sich, wenn man auch der Reihenfolge, in der man die Schnittlasten anschreibt, einen Sinn beimißt. Es ist vereinbart, daß die Schnittlasten jeweils für die abliegende Schnittfläche gelten, wenn man in Richtung von dem zuvor angeschriebenen Punkt zum betrachteten Punkt blickt.

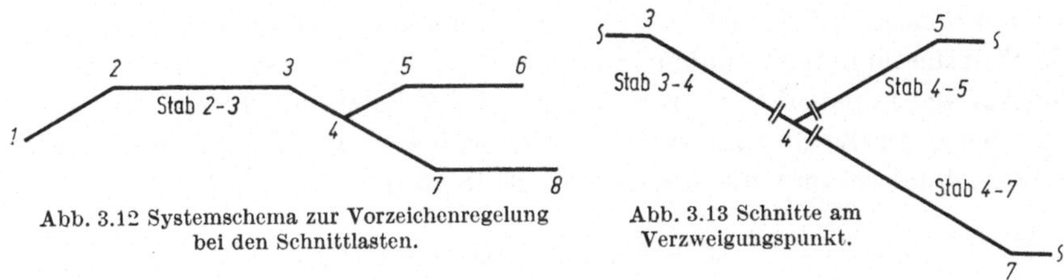

Abb. 3.12 Systemschema zur Vorzeichenregelung bei den Schnittlasten.

Abb. 3.13 Schnitte am Verzweigungspunkt.

Sind für das in *Abb. 3.12* dargestellte System, das bei *1*, *6* und *8* gelagert sein möge, die Schnittlasten in der Reihenfolge *1*, *2*, *3*, *4*; *4*, *5*, *6*; *4*, *7*, *8* angegeben, dann gelten also z. B. bei Punkt *2* die Schnittlasten für die Schnittfläche an dem Stab *2—3* (und nicht an dem Stab *1—2*). Die Schnittlasten bei *1* würden gleichzeitig die dortigen Auflagerreaktionen, dagegen bei *6* und *8* die Auflageraktionen darstellen. Der Verzweigungspunkt *4* erscheint entsprechend der Anzahl der hier zusammengeführten Stäbe dreimal. Das erste Mal für einen Schnitt durch den Stab *3—4*, das zweite Mal für einen Schnitt durch den Stab *4—5* und das dritte Mal für einen Schnitt durch den Stab *4—7*. Diese drei Schnitte liegen dabei, wie in *Abb. 3.13* verdeutlicht, jeweils ganz dicht bei *4*.

3.9 Stützbedingungen und Auflager-Freiheitsgrade

Unter den Stützbedingungen versteht man die an den Auflagern aufgrund ihrer konstruktiven Ausbildung gegebenen Möglichkeiten zur Aufnahme von Kräften und Momenten. Nun wäre es recht umständlich und für Rechenprogramme unbrauchbar, in der Form von Sätzen auszudrücken, daß an einem Auflager Kraft- und Momentenkomponenten in dieser und jener Richtung aufgenommen bzw. nicht aufgenommen werden können. Wesentlich einfacher und praktischer ist es dagegen, diese Bedingungen in der knappen Form mathematischer Ausdrücke anzugeben. Dazu muß man sich zunächst darüber im klaren sein, daß der Nichtaufnehmbarkeit einer Kraft- bzw. Momentenkomponente immer eine Verschiebungs- bzw. Drehungsmöglichkeit entspricht. Man hat also insgesamt für jedes Auflager 12 Aussagemöglichkeiten, nämlich über die

3 Kraftkoordinaten $P_x\ P_y\ P_z$
3 Momentenkoordinaten $M_x\ M_y\ M_z$
3 Verschiebungskoordinaten $\delta_x\ \delta_y\ \delta_z$
3 Drehungskoordinaten $\varphi_x\ \varphi_y\ \varphi_z$.

Über 6 dieser 12 Werte muß man nun konkrete Aussagen machen, um die Stützbedingungen eindeutig zu formulieren. Da diese sich allein auf die Auflagerkonstruktion, nicht aber auf die Belastungen beziehen, hat man bei einer Kraft- und Momentenkoordinate, die hier allgemein mit A bezeichnet sei, nur die Aussagemöglichkeiten

$$A = 0 \quad \text{oder} \quad A = u\,,$$

wobei u einen unbestimmten Wert (Funktion der Belastung) darstellt. Für eine Verschiebungs- oder Drehungskoordinate W kann ein von der Belastung unabhängiger Wert a vorgegeben sein (Bergsenkung, Wärmedehnung), so daß man hierbei die Aussagemöglichkeiten

$$W = a \quad \text{oder} \quad W = u$$

hat, wobei a auch den Wert Null einschließt.

In *Tab. 3.1* sind zur Erläuterung zwei Beispiele angeführt. Auflager 1 kann dabei keinerlei Verschiebungen oder Drehungen ausführen. Auflager 2 ist vollständig drehbar ausgeführt, kann vom System her nicht verschoben werden, erfährt aber von außen her eine Verschiebung von 30 mm in negativer z-Richtung. (Statt u wurde in der Tabelle aus Übersichtsgründen ein Strich gesetzt.)

Tabelle 3.1 Beispiel für Stützbedingungen

Auflager	Kräfte			Momente			Verschiebungen (m)			Drehungen (rad)		
Nr.	P_x	P_y	P_z	M_x	M_y	M_z	δ_x	δ_y	δ_z	φ_x	φ_y	φ_z
1	–	–	–	–	–	–	0	0	0	0	0	0
2	–	–	–	0	0	0	0	0	–0,03	–	–	–

Da nun eine bestimmte Angabe über eine Verschiebung bzw. Drehung immer einschließt, daß die entsprechende Kraft- bzw. Momentenkoordinate unbestimmt ist, und einer unbestimmten Verschiebungs- bzw. Drehungsangabe eine entsprechende Kraft- bzw. Momentenkoordinate mit dem Wert Null gegenübersteht, kann man sich auf die Angabe der δ- und φ-Werte beschränken.

Es sei betont, daß es sich hier um die Auflagerlasten und nicht um die Schnittlasten handelt. Während nämlich Verschiebungen und Drehungen der Auflager mit denen des Stabes an dieser Stelle identisch sind, trifft das für die Auflager- und Schnittlasten nicht zu. Der Zusammenhang zwischen Auflagerlastkoordinate A und Schnittlastkoordinaten S_v bzw. S_n vor bzw. nach dem Auflager läßt sich folgendermaßen darstellen:

wenn $A = 0$ dann $S_v = S_n$,

wenn $A = u$ dann $S_v \neq S_n$.

Als Bezeichnung für eine Verschiebungs- oder Drehungsmöglichkeit des Auflagers in Richtung einer Koordinatenachse hat man den Ausdruck „Freiheitsgrad" gewählt. Demnach hat das erste in Tab. 3.1 angeführte Auflager keinen und das zweite drei Freiheitsgrade. Maximal kann ein Auflager nur fünf Freiheitsgrade aufweisen.

4. Bezeichnungen am Stabquerschnitt

Bei der Ermittlung von Spannungen und Verformungen tauchen immer wieder lediglich von der Form des Stabquerschnittes abhängige Faktoren in bestimmter Zusammenstellung auf, denen man aus Übersichtsgründen eine eigene Begriffsbezeichnung gegeben hat.

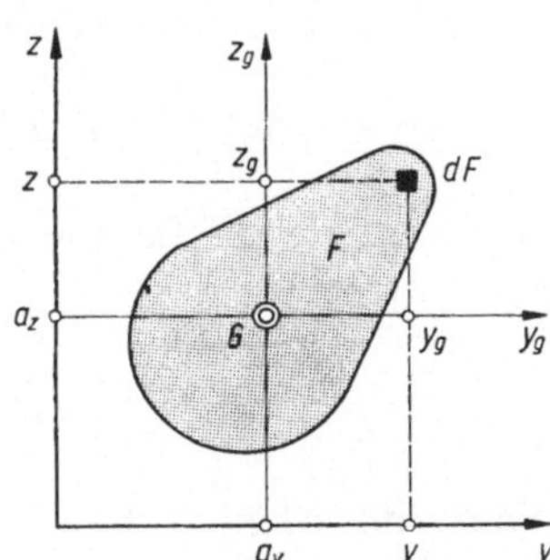

Abb. 4.1 Bezeichnungen am Stabquerschnitt.

Abb. 4.1 zeigt einen beliebig geformten Stabquerschnitt und ein ebenes Bezugskoordinatensystem. Die Gesamtquerschnittfläche der Größe F denke man sich aus unendlich vielen Flächenelementen dF zusammengesetzt, so daß gilt:

$$F = \int dF. \tag{4.1}$$

Zu einem beliebigen Flächenelement dF mögen die Koordinaten y und z gehören.

4.1 Statisches Flächenmoment, Schwerpunkt, Schwerachsen

Als „statisches Moment S“ einer Fläche für eine Bezugsachse bezeichnet man die Summe aller Produkte aus den Flächenelementen dF und deren senkrechten Abstand von der Bezugsachse.

So erhält man die statischen Momente S_y für die y-Achse und S_z für die z-Achse der Fläche F in Abb. 4.1 zu

$$S_y = \int z \cdot dF, \qquad S_z = \int y \cdot dF. \tag{4.2}$$

Für jede Fläche gibt es nun unendlich viele in der Querschnittsebene beliebig gerichtete Achsen, für die das auf sie bezogene statische Flächenmoment Null wird. Das sind die sogenannten „Schwerachsen g“. Alle diese Schwerachsen haben den sogenannten „Schwerpunkt G“ als gemeinsamen Schnittpunkt.

Für die in Abb. 4.1 den Bezugsachsen y und z gleichgerichteten Schwerachsen y_g und z_g gilt demnach für die auf sie bezogenen statischen Flächenmomente S_{yg} und S_{zg}:

$$S_{yg} = \int z_g \cdot dF = 0, \qquad S_{zg} = \int y_g \cdot dF = 0. \tag{4.3}$$

Bezeichnet man die Schwerpunktkoordinaten für das yz-System mit a_y und a_z, dann gilt nach Abb. 4.1:

$$S_y = \int z \cdot dF = \int (a_z + z_g) \cdot dF = a_z \cdot \int dF + \int z_g \cdot dF = a_z \cdot F + 0,$$
$$S_z = \int y \cdot dF = \int (a_y + y_g) \cdot dF = a_y \cdot \int dF + \int y_g \cdot dF = a_y \cdot F + 0.$$

Daraus folgt für die Schwerpunktkoordinaten:

$$a_y = \frac{S_z}{F}, \qquad a_z = \frac{S_y}{F}. \tag{4.4}$$

Andererseits erkennt man, daß sich die statischen Momente einer Fläche in einfacher Weise zu

$$S_y = F \cdot a_z, \qquad S_z = F \cdot a_y \tag{4.5}$$

ermitteln lassen, sobald die Lage ihres Schwerpunktes bekannt ist.

In der Praxis kann man fast immer Gl. (4.5) anwenden, da einmal jede Symmetrieachse auch Schwerachse ist, und andererseits die Querschnittfläche meist eine einfache geometrische Form aufweist oder sich in solche zerlegen läßt, für die man aus den entsprechenden Tabellenwerken die Schwerpunktlagen entnehmen kann.

So findet man z. B. für das Querschnittprofil nach *Abb. 4.2* mit der Längeneinheit cm (vgl. *Tab. 4.1*):

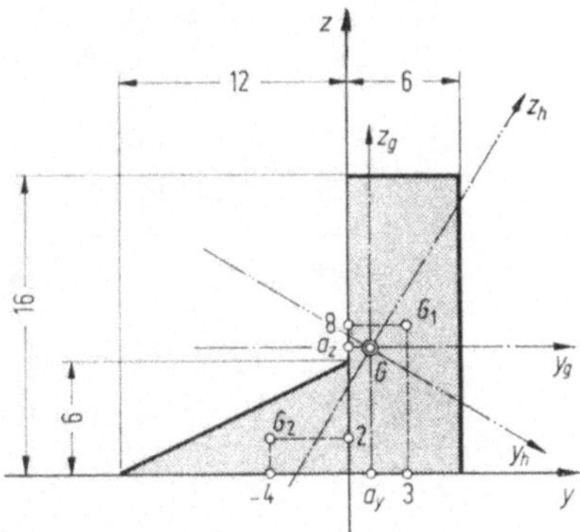

Abb. 4.2 Beispiel eines Stabquerschnittes.

Tabelle 4.1 Querschnittwerte

Querschnittform	Flächeninhalt	Axiales Trägheitsmoment
Rechteck (h, $h/2$, b, g)	$F = b \cdot h$	$I_g = \frac{b \cdot h^3}{12}$
Dreieck (h, $h/3$, b, g)	$F = \frac{b \cdot h}{2}$	$I_g = \frac{b \cdot h^3}{36}$
Kreis ($2r$, r, g)	$F = \pi \cdot r^2$	$I_g = \frac{\pi \cdot r^4}{4}$
Halbkreis ($\frac{4r}{3\pi}$, $2r$, g)	$F = \frac{\pi \cdot r^2}{2}$	$I_g = r^4 \cdot \left(\frac{\pi}{8} - \frac{8}{9 \cdot \pi}\right)$
Kreisring ($2r_a$, $2r_i$, g)	$F = \pi \, (r_a^2 - r_i^2)$	$I_g = \frac{\pi}{4} \cdot (r_a^4 - r_i^4)$
Kreisausschnitt ($\frac{4 \cdot r \cdot \sin\frac{\alpha}{2}}{3 \cdot \operatorname{arc}\alpha}$, α, r, g)	$F = \frac{r^2 \cdot \operatorname{arc}\alpha}{2}$	$I_g = r^4 \cdot \left(\frac{\operatorname{arc}\alpha + \sin\alpha}{8} - \frac{8 \cdot \sin^2\alpha/2}{9 \cdot \operatorname{arc}\alpha}\right)$

$$\begin{aligned} F_1 &= 6 \cdot 16 = 96\ \text{cm}^2 \\ F_2 &= 0{,}5 \cdot 12 \cdot 6 = 36\ \text{cm}^2 \\ \hline F &= \ldots\ldots\ 132\ \text{cm}^2 \end{aligned}$$

$$\begin{aligned} S_{y1} &= F_1 \cdot z_1 = 96 \cdot 8 = 768\ \text{cm}^3 \\ S_{y2} &= F_2 \cdot z_2 = 36 \cdot 2 = 72\ \text{cm}^3 \\ \hline S_y &= \ldots\ldots\ 840\ \text{cm}^3 \end{aligned}$$

$$\begin{aligned} S_{z1} &= F_1 \cdot y_1 = 96 \cdot 3 = 288\ \text{cm}^3 \\ S_{z2} &= F_2 \cdot y_2 = 36 \cdot (-4) = -144\ \text{cm}^3 \\ \hline S_z &= \ldots\ldots\ 144\ \text{cm}^3 \end{aligned}$$

$$a_y = \frac{S_z}{F} = \frac{144}{132} = 1{,}09\ \text{cm}$$

$$a_z = \frac{S_y}{F} = \frac{840}{132} = 6{,}36\ \text{cm}$$

4.2 Axiales Flächen-Trägheitsmoment

Als „axiales Trägheitsmoment I" (oder kurz: Trägheitsmoment) einer Fläche für eine Bezugsachse bezeichnet man die Summe aller Produkte aus den Flächenelementen dF und den Quadraten ihres senkrechten Abstandes von der Bezugsachse.

So erhält man die axialen Trägheitsmomente I_y für die y-Achse und I_z für die z-Achse der Fläche F in Abb. 4.1 zu

$$I_y = \int z^2 \cdot dF, \quad I_z = \int y^2 \cdot dF. \tag{4.6}$$

Für die axialen Trägheitsmomente I_{yg} und I_{zg} in bezug auf die Schwerachsen y_g und z_g ergibt sich dann

$$I_{yg} = I_y - \frac{S_y^2}{F} = I_y - F \cdot a_z^2, \quad I_{zg} = I_z - \frac{S_z^2}{F} = I_z - F \cdot a_y^2 \tag{4.7}$$

und daraus wiederum:

$$I_y = I_{yg} + \frac{S_y^2}{F} = I_{yg} + F \cdot a_z^2, \quad I_z = I_{zg} + \frac{S_z^2}{F} = I_{zg} + F \cdot a_y^2. \tag{4.8}$$

Mit Hilfe der in Tab. 4.1 für die häufigsten Querschnittflächen angegebenen Werte erhält man für das Beispiel nach Abb. 4.2 unter Verwendung der in 4.1 ermittelten Werte:

$$I_{y1} = 6 \cdot 16^3/12 + 96 \cdot 8^2 = 8192 \text{ cm}^4$$
$$I_{y2} = 12 \cdot 6^3/36 + 36 \cdot 2^2 = 216 \text{ cm}^4$$

$$I_y = \ldots\ldots\ldots 8408 \text{ cm}^4$$

$$I_{z1} = 16 \cdot 6^3/12 + 96 \cdot 3^2 = 1152 \text{ cm}^4$$
$$I_{z2} = 6 \cdot 12^3/36 + 36 \cdot (-4)^2 = 864 \text{ cm}^4$$

$$I_z = \ldots\ldots\ldots 2016 \text{ cm}^4$$

$$I_{yg} = I_y - S_y^2/F = 8408 - 840^2/132 = 3063 \text{ cm}^4$$
$$I_{zg} = I_z - S_z^2/F = 2016 - 144^2/132 = 1859 \text{ cm}^4.$$

4.3 Polares Flächen-Trägheitsmoment

Als „polares Trägheitsmoment I_p" einer Fläche für einen Bezugspunkt in der Querschnittsebene bezeichnet man die Summe aller Produkte aus den Flächenelementen dF und den Quadraten ihres Abstandes r von dem Bezugspunkt. Das heißt:

$$I_p = \int r^2 \cdot dF. \tag{4.9}$$

Wird für die Fläche F in Abb. 4.1 der Ursprung des yz-Systems als Bezugspunkt gewählt, dann gilt

$$I_p = \int r^2 \cdot dF = \int (y^2 + z^2) \cdot dF = \int y^2 \cdot dF + \int z^2 \cdot dF$$

und damit entsprechend Gl. (4.6):

$$I_p = I_y + I_z. \tag{4.10}$$

Für Umrechnungen vom und zum Schwerpunkt gelten somit dann wieder die Gln. (4.7) und (4.8).

4.4 Flächen-Zentrifugalmoment

Unter dem „Zentrifugalmoment" einer Fläche für zwei zueinander senkrecht stehende Achsen versteht man die Summe aller Produkte aus den Flächenelementen dF und deren senkrechten Abständen von den beiden Bezugsachsen.

Das Zentrifugalmoment I_{yz} der Fläche F in Abb. 4.1 für die Achsen y und z ergibt sich also zu:

$$I_{yz} = \int y \cdot z \cdot dF. \tag{4.11}$$

Für das Zentrifugalmoment I_{ygzg} in bezug auf die Schwerachsen y_g und z_g erhält man:

$$I_{ygzg} = I_{yz} - \frac{S_y \cdot S_z}{F} = I_{yz} - F \cdot a_y \cdot a_z,$$
$$I_{yz} = I_{ygzg} + \frac{S_y \cdot S_z}{F} = I_{ygzg} + F \cdot a_y \cdot a_z. \tag{4.12}$$

Aus *Abb. 4.3* wird man erkennen, daß das auf die Schwerpunktachsen y_g und z_g bezogene Zentrifugalmoment I_{ygzg} Null wird, sobald auch nur eine der Schwerachsen gleichzeitig Symmetrieachse ist. Zu

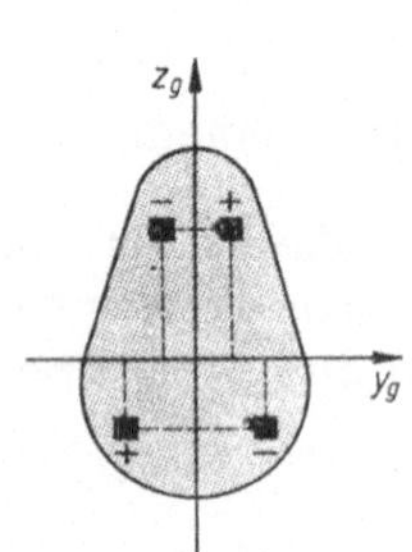

Abb. 4.3
Schwerachse als Symmetrieachse.

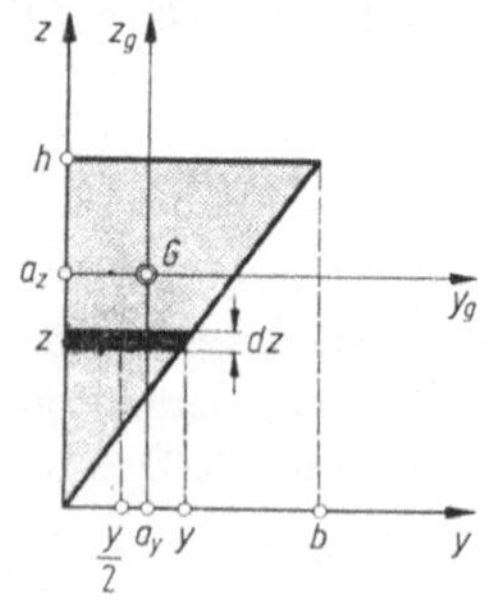

Abb. 4.4 Beispiel zur Ermittlung des Zentrifugalmomentes.

jedem positiven Produkt $y_g \cdot z_g \cdot dF$ findet sich dann nämlich immer ein gleichgroßes negatives.

Für unsymmetrische Querschnittflächen findet man selten Angaben über das auf ihren Schwerpunkt bezogene Zentrifugalmoment. Um den Weg zu zeigen, sei für ein rechtwinkliges Dreieck nach *Abb. 4.4* die Ableitung angeführt.

Für einen Flächenstreifen $dF = y \cdot dz$ wird das auf seine zur y- und z-Achse parallelen Schwerpunktachsen bezogene Zentrifugalmoment nach dem Vorhergehenden Null. Der Schwerpunkt von dF hat für das yz-System die Koordinaten $y/2$ und z, so daß dafür gilt:

$$dI_{yz} = \frac{y}{2} \cdot z \cdot dF = \frac{y^2}{2} \cdot z \cdot dz.$$

Mit $y = z \cdot b/h$ ergibt die Summe aller Zentrifugalmomente dI_{yz}:

$$\int dI_{yz} = I_{yz} = \int_{z=0}^{h} \frac{z^3 \cdot b^2}{2 \cdot h^2} \cdot dz = \frac{b^2}{2 \cdot h^2} \cdot \left[\frac{z^4}{4}\right]_{z=0}^{h} = \frac{b^2 \cdot h^2}{8}.$$

Nach Gl. (4.12) wird dann mit

$$F = \frac{b \cdot h}{2}, \quad a_y = \frac{b}{3}, \quad a_z = \frac{2 \cdot h}{3}$$

für den Schwerpunkt des Dreiecks:

$$I_{ygzg} = I_{yz} - F \cdot a_y \cdot a_z = \frac{b^2 \cdot h^2}{8} - \frac{b \cdot h}{2} \cdot \frac{b}{3} \cdot \frac{2 \cdot h}{3} = \frac{b^2 \cdot h^2}{72}.$$

Für das Beispiel nach Abb. 4.2 ergibt sich bei Verwendung der schon in 4.1 ermittelten Werte:

$$I_{yz1} = 0 + 96 \cdot 3 \cdot 8 = \quad 2304 \text{ cm}^4$$
$$I_{yz2} = 12^2 \cdot 6^2/72 + 36 \cdot (-4) \cdot 2 = -\ 216 \text{ cm}^4$$

$$I_{yz} = \ldots\ldots\ldots\ldots\ldots 2088 \text{ cm}^4$$
$$I_{ygzg} = 2088 - 840 \cdot 144/132 = 1172 \text{ cm}^4.$$

4.5 Trägheitsradius

Als „Trägheitsradius i_s" einer Fläche in bezug auf eine Achse s bezeichnet man den Ausdruck

$$i_s = \sqrt{\frac{I_s}{F}},$$

wobei F wieder den Inhalt der Querschnittsfläche und I_s das auf die Achse s bezogene Trägheitsmoment darstellt. Durch Umstellung erhält man:

$$I_s = F \cdot i_s^2.$$

Für die in Abb. 4.1 eingezeichneten Achsen gilt demnach:

$$\begin{aligned} i_y &= \sqrt{\frac{I_y}{F}} = \sqrt{i_{yg}^2 + a_z^2}, \quad i_z = \sqrt{\frac{I_z}{F}} = \sqrt{i_{zg}^2 + a_y^2}, \\ i_{yg} &= \sqrt{\frac{I_{yg}}{F}} = \sqrt{i_y^2 - a_z^2}, \quad i_{zg} = \sqrt{\frac{I_{zg}}{F}} = \sqrt{i_z^2 - a_y^2}. \end{aligned} \tag{4.13}$$

Die Querschnittfläche nach Abb. 4.2 hätte für die Schwerachse y_g dann z. B. einen Trägheitsradius von:

$$i_{yg} = \sqrt{\frac{I_{yg}}{F}} = \sqrt{\frac{3063}{132}} = 4{,}83 \text{ cm}.$$

4.6 Flächenmomente für ein gedrehtes Koordinatensystem

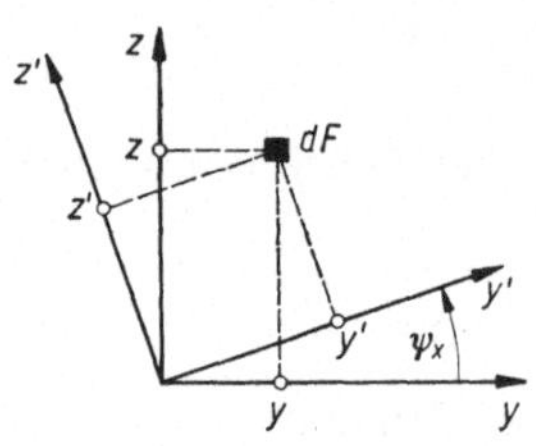

Abb. 4.5 Drehen des Bezugsystems.

Mit den im 2.1.4 für ein um die x-Achse gedrehtes Koordinatensystem abgeleiteten Beziehungen gilt nach *Abb. 4.5* für den Übergang vom yz-System in das dazu um ψ_x gedrehte $y'z'$-System:

$$y' = y \cdot \cos\psi_x + z \cdot \sin\psi_x,$$

$$z' = -y \cdot \sin\psi_x + z \cdot \cos\psi_x.$$

Damit ergibt sich für die axialen Trägheits- und Zentrifugalmomente folgender Zusammenhang:

$$I_{y'} = \int z'^2 \cdot dF = I_y \cdot \cos^2\psi_x + I_z \cdot \sin^2\psi_x - 2 \cdot I_{yz} \cdot \sin\psi_x \cdot \cos\psi_x,$$

$$I_{z'} = \int y'^2 \cdot dF = I_y \cdot \sin^2\psi_x + I_z \cdot \cos^2\psi_x + 2 \cdot I_{yz} \cdot \sin\psi_x \cdot \cos\psi_x,$$

$$I_{y'z'} = \int y' \cdot z' \cdot dF = (I_y - I_z) \cdot \sin\psi_x \cdot \cos\psi_x + I_{yz} \cdot (\cos^2\psi_x - \sin^2\psi_x). \tag{4.14}$$

Aus Gl. (4.14) folgt auch die für jede Größe von ψ_x gültige Beziehung:

$$I_{y'} + I_{z'} = I_y + I_z, \qquad I_{y'z'}^2 - I_{y'} \cdot I_{z'} = I_{yz}^2 - I_y \cdot I_z. \tag{4.15}$$

4.7 Hauptachsen und Hauptträgheitsmomente

Unter den Hauptachsen y_h und z_h einer Fläche versteht man diejenigen aufeinander senkrecht stehenden Schwerachsen dieser Fläche, für die das Zentrifugalmoment Null wird. Somit ist auch jede Symmetrieachse zugleich Hauptachse.

Die auf diese Hauptachsen bezogenen Trägheitsmomente nennt man „Hauptträgheitsmomente“. Von allen auf eine der unendlich vielen Schwerachsen bezogenen Trägheitsmomente weist das eine Hauptträgheitsmoment den größten Wert ($I_{\max}$) und das andere den kleinsten Wert auf ($I_{\min}$).

Sind für zwei senkrecht zueinander stehende Schwerachsen y_g und z_g die Trägheitsmomente I_{yg}, I_{zg} und das Zentrifugalmoment I_{ygzg} bekannt, dann folgt aus Gl. (4.15) mit $I_{y'z'} = I_{yhzh} = 0$:

$$I_{\max} = \frac{I_{yg} + I_{zg}}{2} + \sqrt{\left(\frac{I_{yg} - I_{zg}}{2}\right)^2 + I_{ygzg}^2},$$
$$I_{\min} = \frac{I_{yg} + I_{zg}}{2} - \sqrt{\left(\frac{I_{yg} - I_{zg}}{2}\right)^2 + I_{ygzg}^2}. \qquad (4.16)$$

Der Winkel ψ_x, um den das $y_h z_h$-System gegen das $y_g z_g$-System gedreht ist, folgt gemäß der dritten Gleichung von (4.14) aus:

$$\tan 2\psi_x = \frac{2 \cdot I_{ygzg}}{I_{zg} - I_{yg}}. \qquad (4.17)$$

Für den Querschnitt nach Abb. 4.2 mit

$$I_{yg} = 3063 \text{ cm}^4, \quad I_{zg} = 1859 \text{ cm}^4, \quad I_{ygzg} = 1172 \text{ cm}^4$$

ergibt sich dann z. B.:

$$I_{\max} = \frac{3063 + 1859}{2} + \sqrt{\left(\frac{3063 - 1859}{2}\right)^2 + 1172^2}$$
$$= 2461 + 1318 = 3779 \text{ cm}^4,$$
$$I_{\min} = 2461 - 1318 = 1143 \text{ cm}^4,$$
$$\tan 2\psi_x = \frac{2 \cdot 1172}{1859 - 3063} = -1{,}947,$$
$$2\psi_x = -62{,}8°, \quad \psi_x = -31{,}4°.$$

Um nun festzustellen, auf welche der Hauptachsen sich die Werte $I_{\max}$ und $I_{\min}$ beziehen, bildet man die sich aus den beiden ersten Gleichungen von (4.14) ergebende Differenz:

$$D = I_{yh} - I_{zh} = (I_{yg} - I_{zg}) \cdot \cos 2\psi_x - 2 \cdot I_{ygzg} \cdot \sin 2\psi_x \qquad (4.18)$$

Zeigt dabei D einen positiven Wert, dann ist $I_{yh} > I_{zh}$ und demzufolge $I_{yh} = I_{\max}$. Bei negativem D wird dagegen $I_{zh} = I_{\max}$.

Für das Beispiel mit

$$\cos 2\psi_x = \cos(-62{,}8°) = +0{,}4571, \quad \sin 2\psi_x = \sin(-62{,}8°) = -0{,}8894$$

wird

$$D = (3063 - 1859) \cdot 0{,}4571 - 2 \cdot 1172 \cdot (-0{,}8894) = + \cdots.$$

Demnach gilt hier:

$$I_{yh} = I_{\max} = 3779 \text{ cm}^4, \qquad I_{zh} = I_{\min} = 1143 \text{ cm}^4.$$

4.8 Widerstandsmoment

Dividiert man das auf eine Hauptachse der betrachteten Querschnittfläche bezogene axiale Trägheitsmoment durch den Abstand des von der Hautpachse am weitesten entfernt liegenden Querschnittrandpunktes, dann erhält man das sogenannte „Widerstandsmoment W“ der Querschnittfläche für diese Achse, also

$$\text{Widerstandsmoment} = \frac{\text{Hauptträgheitsmoment}}{\text{max. Randabstand}}.$$

5. Spannungsarten

Die Ermittlung von Spannungen an einer gedachten Schnittstelle infolge der hierfür ermittelten Schnittlasten verlangt das gleichzeitige Betrachten von Gleichgewichtsbedingungen und Verformungen. Daraus ergibt sich die Erkenntnis, daß die Spannungen nur in Sonderfällen über den ganzen Querschnitt von gleicher Größe sind, und man muß grundsätzlich entsprechend *Abb. 5.1* annehmen, daß jedem Element dF einer Querschnittfläche eine ihm eigene

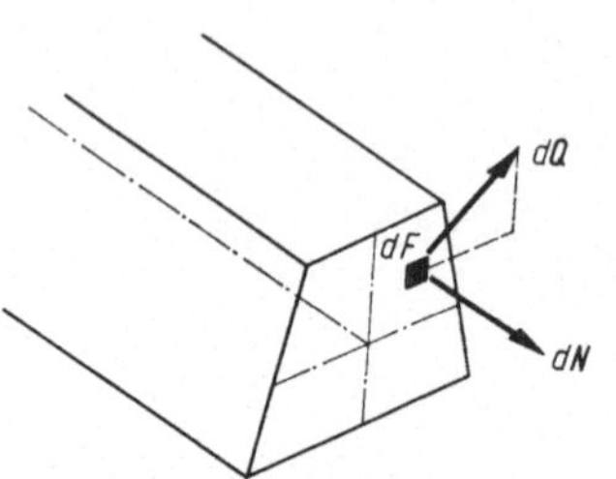

Abb. 5.1 Flächenelement dF mit Normalkraft dN und Querkraft dQ.

$$\text{Normalspannung } \sigma = \frac{dN}{dF} \tag{5.1}$$

infolge des auf dF entfallenden Normalkraftanteiles $d\boldsymbol{N}$ der Größe dN und eine ihm eigene

$$\text{Schubspannung } \tau = \frac{dQ}{dF} \tag{5.2}$$

infolge des auf dF entfallenden Querkraftanteiles $d\boldsymbol{Q}$ der Größe dQ zukommt. Als Quotient aus Krafteinheit und Quadrat der Längeneinheit zeigt sich die Spannungseinheit z. B. als kp/mm², Mp/cm², N/m² usw.

Weist $d\boldsymbol{N}$ von der Querschnittfläche weg, dann stellt σ den Betrag einer Zugspannung dar. Weist $d\boldsymbol{N}$ zur Querschnittfläche hin, dann handelt es sich bei σ um den Betrag einer Druckspannung. Demnach ist außer der Spannungsgröße auch die Richtung von Interesse. Dieser Zusammenhang läßt sich am einfachsten beschreiben, indem man die Begriffe

$$\text{Normalspannungsvektor} \quad \boldsymbol{\sigma} = \frac{d\boldsymbol{N}}{dF} \tag{5.3}$$

und

$$\text{Schubspannungsvektor} \quad \boldsymbol{\tau} = \frac{d\boldsymbol{Q}}{dF} \tag{5.4}$$

einführt. Die Resultierende von $\boldsymbol{\sigma}$ und $\boldsymbol{\tau}$ gibt dann den

$$\text{Spannungsvektor} \quad \boldsymbol{s} = \boldsymbol{\sigma} + \boldsymbol{\tau}\,. \tag{5.5}$$

Zur vollständigen Erfassung des Spannungszustandes an einem Querschnittspunkt muß man grundsätzlich außer der Querschnittfläche auch die beiden dazu senkrechten Ebenen untersuchen, so daß man es prinzipiell mit drei Spannungsvektoren zu tun hat.

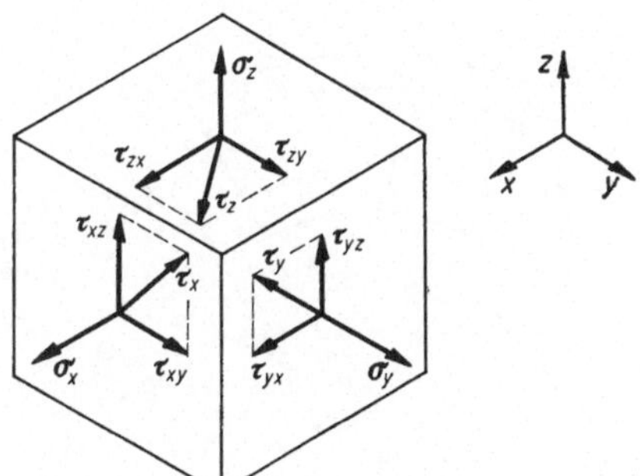

Abb. 5.2 Komponenten der Spannungsvektoren.

Zur Unterscheidung versieht man deshalb die Spannungsvektoren, Normalspannungsvektoren und Schubspannungsvektoren mit dem Index der zugehörigen Ebene. Für die Komponenten der Schubspannungsvektoren wird dann ein Doppelindex erforderlich, wobei der erste die Ebene und der zweite die Richtung angibt.

Entsprechend *Abb. 5.2* gilt hinsichtlich der Benennung also folgende Regelung:

$$\begin{aligned} \boldsymbol{s}_x &= \boldsymbol{\sigma}_x + \boldsymbol{\tau}_x = \{\sigma_x, \tau_{xy}, \tau_{xz}\}, \\ \boldsymbol{s}_y &= \boldsymbol{\sigma}_y + \boldsymbol{\tau}_y = \{\tau_{xy}, \sigma_y, \tau_{yz}\}, \\ \boldsymbol{s}_z &= \boldsymbol{\sigma}_z + \boldsymbol{\tau}_z = \{\tau_{zx}, \tau_{zy}, \sigma_z\}. \end{aligned} \tag{5.6}$$

5.1 Normalspannung durch mittige Normalkraft

Als mittige Normalkraft bezeichnet man eine im Schwerpunkt der betrachteten Querschnittfläche angreifende Kraft N, deren Wirkungslinie senkrecht zur Querschnittfläche steht. Sie erzeugt eine über den ganzen Querschnitt gleichbleibende Normalspannung

$$\sigma_m = \frac{N}{F}. \tag{5.7}$$

5.2 Normalspannung durch Biegemoment

Entsprechend *Abb. 5.3* sei vorausgesetzt, daß sich ein Stabelement bei Einwirkung eines über die Länge L_0 gleichbleibenden Biegemomentes kreisförmig verformt, die Stabquerschnitte eben bleiben, weiterhin

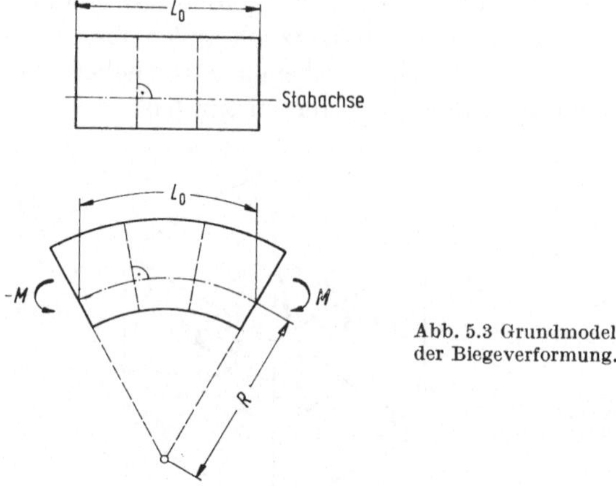

Abb. 5.3 Grundmodell der Biegeverformung.

senkrecht zur gekrümmten Stabachse stehen und der Werkstoff dem Hookeschen Gesetz $\varepsilon = \sigma/E$ für Proportionalität zwischen Dehnung und Spannung gehorcht.

Zur Klärung des Zusammenhanges zwischen Biegemoment und Spannung sei von einer gegebenen Krümmung ausgegangen, aus den dabei auftretenden Dehnungen die Spannungen ermittelt und dann das zur Erzeugung der Spannungen erforderliche Biegemoment bestimmt.

Offensichtlich werden die zur Krümmungsaußenseite liegenden Fasern gestreckt ($\varepsilon > 0$) und die zur Krümmungsinnenseite liegenden Fasern gestaucht ($\varepsilon < 0$) werden. Dazwischen muß dann eine Faser liegen, die keine Längenänderung erfährt ($\varepsilon = 0$) und deshalb als „neutrale Faser“ oder „Nullinie“ bezeichnet wird.

Zunächst sei nach *Abb. 5.4* lediglich eine Krümmung in der y-Ebene angenommen und den dafür abgeleiteten Beziehungen der Index 1 zugewiesen.

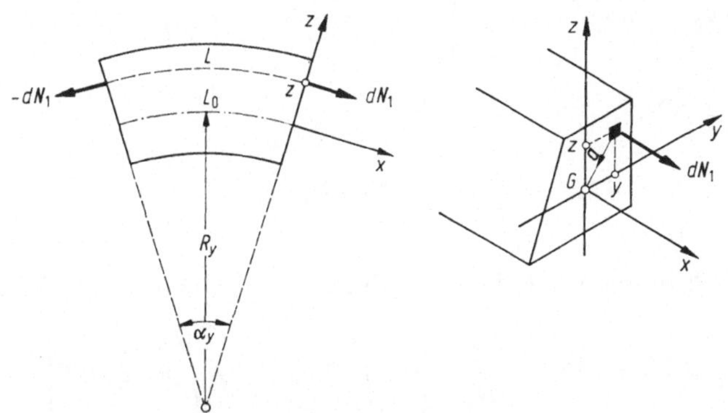

Abb. 5.4 Krümmung in der y-Ebene.

Für die Dehnung einer Faser mit der Ordinate z fordert die Geometrie:

$$\varepsilon_1 = \frac{\Delta L}{L_0} = \frac{L - L_0}{L} = \frac{(R_y + z) \cdot \alpha_y - R_y \cdot \alpha_y}{R_y \cdot \alpha_y} = \frac{z}{R_y}.$$

Dieser Dehnung entspricht eine Normalspannung

$$\sigma_1 = E \cdot \varepsilon_1 = \frac{E \cdot z}{R_y}.$$

Auf einem Flächenelement dF wirkt dadurch eine Normalkraft

$$d\boldsymbol{N}_1 = \boldsymbol{\sigma}_1 \cdot dF = \frac{E}{R_y} \cdot \{z \cdot dF, 0, 0\}.$$

Die Summe dieser Normalkräfte gibt:

$$\int d\boldsymbol{N}_1 = \boldsymbol{N}_1 = \frac{E}{R_y} \cdot \left\{\int z \cdot dF, 0, 0\right\}.$$

Sollen die Spannungen insgesamt nur ein Biegemoment, aber keine Normalkraft erzeugen, dann muß $\boldsymbol{N}_1 = 0$ sein. Das ist der Fall, wenn

$$\int z \cdot dF = S_y = 0$$

wird und setzt nach 4.1 voraus, daß die Nullinie durch den Schwerpunkt der Querschnittfläche geht. Damit ist die Spannungsverteilung über den ganzen Querschnitt bekannt, und es läßt sich das Moment der $d\boldsymbol{N}_1$

bestimmen. Wählt man als Bezugspunkt den im Querschnittschwerpunkt liegenden Koordinatenursprung, dann gilt entsprechend 3.2 mit $\boldsymbol{a} = -\boldsymbol{r}$

$$d\boldsymbol{M}_1 = d\boldsymbol{N}_1 \times \boldsymbol{a} = \frac{E}{R_y} \cdot \{z \cdot dF, 0, 0\} \times \{0, -y, -z\},$$

was nach 2.2.21

$$d\boldsymbol{M}_1 = \frac{E}{R_y} \cdot \{0, z^2 \cdot dF, -y \cdot z \cdot dF\}$$

ergibt. Die Summe der $d\boldsymbol{M}_1$ liefert dann das Moment aller $d\boldsymbol{N}_1$ zu

$$\int d\boldsymbol{M}_1 = \boldsymbol{M}_1 = \frac{E}{R_y} \cdot \left\{0, \int z^2 \cdot dF, -\int y \cdot z \cdot dF\right\},$$

was sich mit den in 4.2 und 4.4 definierten Begriffen als

$$\boldsymbol{M}_1 = \frac{E}{R_y} \cdot \{0, I_y, -I_{yz}\}$$

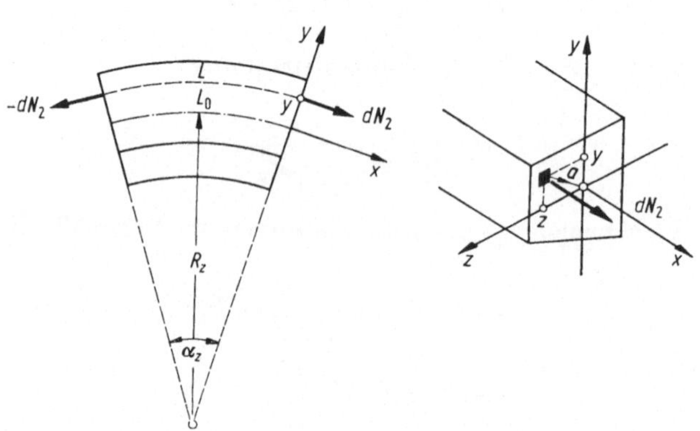

Abb. 5.5 Krümmung in der z-Ebene.

schreiben läßt. Setzt man dann noch aus der oben angeführten Beziehung $\sigma_1 = E \cdot z/R_y$ für E/R_y den Wert σ_1/z ein, so ergibt sich

$$\boldsymbol{M}_1 = \left\{0, \frac{\sigma_1 \cdot I_y}{z}, -\frac{\sigma_1 \cdot I_{yz}}{z}\right\}.$$

Setzt man nun nach *Abb. 5.5* lediglich eine Krümmung in der z-Ebene voraus, dann erhält man bei analoger Betrachtungsweise das zugehörige Moment $\boldsymbol{M}_2$ zu:

$$\boldsymbol{M}_2 = \frac{E}{R_z} \cdot \{0, I_{yz}, -I_z\} = \left\{0, \frac{\sigma_2 \cdot I_{yz}}{y}, -\frac{\sigma_2 \cdot I_z}{y}\right\}.$$

Um nun beide Krümmungen gleichzeitig hervorzurufen, wird offensichtlich ein Moment

$$\boldsymbol{M} = \boldsymbol{M}_1 + \boldsymbol{M}_2$$

benötigt, das dann die Koordinaten

$$M_x = 0,$$

$$M_y = \frac{\sigma_1 \cdot I_y}{z} + \frac{\sigma_2 \cdot I_{yz}}{y},$$

$$M_z = -\frac{\sigma_1 \cdot I_{yz}}{z} - \frac{\sigma_2 \cdot I_z}{y}$$

aufweist. Als Summe der aus den beiden letzten Gleichungen ermittelten Teilspannungen σ_1 und σ_2 ergibt sich dann endgültig die durch ein Biegemoment $\boldsymbol{M}_b = \{0, M_y, M_z\}$ erzeugte Normalspannung als sogenannte „Biegespannung σ_b" zu:

$$\sigma_b = \frac{(I_z \cdot z - I_{yz} \cdot y) \cdot M_y - (I_y \cdot y - I_{yz} \cdot z) \cdot M_z}{I_y \cdot I_z - I_{yz}^2}. \qquad (5.8)$$

Gl. (5.8) vereinfacht sich wesentlich, wenn die y- und z-Achse nicht nur Schwerachsen, sondern auch Hauptachsen sind. Wegen $I_{yhzh} = 0$ gilt dann:

$$\sigma_b = \frac{M_{yh} \cdot z_h}{I_{yh}} - \frac{M_{zh} \cdot y_h}{I_{zh}}. \qquad (5.9)$$

Für den hier hauptsächlich interessierenden Fall des kreisrunden Rohres erhält man entsprechend *Abb. 5.6* mit

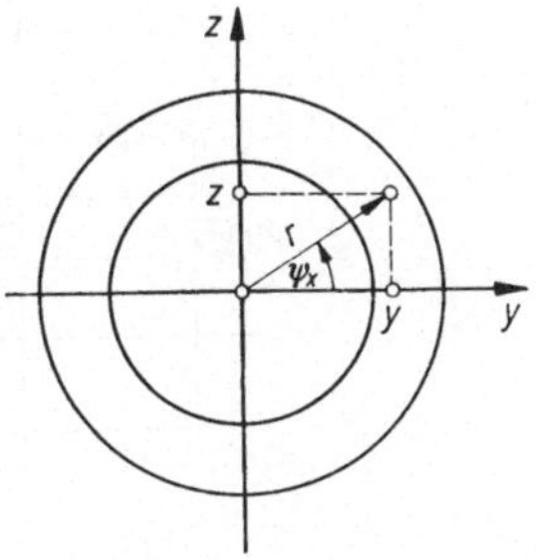

Abb. 5.6 Spannungsort am Rohrquerschnitt.

$$I_y = I_z = I, z = r \cdot \sin \psi_x \text{ und } y = r \cdot \cos \psi_x:$$

$$\sigma_b = \frac{r}{I} \cdot (M_y \cdot \sin \psi_x - M_z \cdot \cos \psi_x). \qquad (5.10)$$

Dabei ergeben sich aus $\dfrac{d\sigma_b}{d\psi_x} = 0$ die Extremwerte für σ_b bei

$$\tan\psi_x = -\frac{M_y}{M_z},$$

wo sie den Wert

$$\sigma_{b\min}^{\max} = \pm\frac{r}{I}\cdot\sqrt{M_y^2 + M_z^2} \tag{5.11}$$

aufweisen.

5.3 Schubspannungen durch Querkraft

Das in *Abb. 5.7* nur mit den eingezeichneten Kräften und Momenten belastete Stabelement der Länge Δ_x ist als Ganzes offensichtlich im

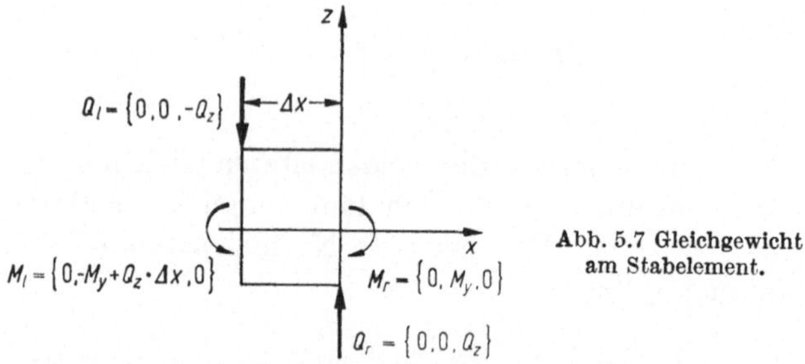

Abb. 5.7 Gleichgewicht am Stabelement.

Gleichgewicht. Unter der Voraussetzung, daß die y- und z-Achse Hauptachsen sind, erhält man eine Biegespannungsverteilung nach *Abb. 5.8.*

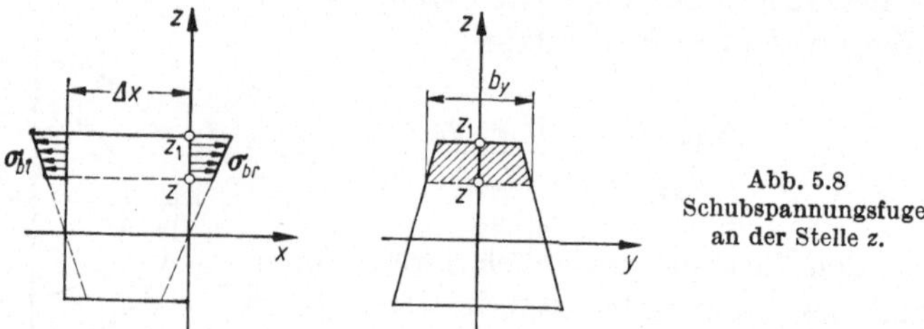

Abb. 5.8 Schubspannungsfuge an der Stelle z.

Bei Bezug auf das in die rechte Querschnittseite gelegte Koordinatensystem gilt für die rechte Querschnittseite

$$\sigma_{br} = \frac{My\cdot z}{Iy}$$

und für die linke Querschnittseite

$$\sigma_{bl} = \frac{-My + Qz \cdot \Delta x}{I_y} \cdot z .$$

Die Summe der Biegespannungen auf der linken und rechten Seite in der Höhe z wird demnach nicht Null, sondern es verbleibt eine Spannungsdifferenz

$$\Delta \sigma_b = \sigma_{br} - \sigma_{bl} = \frac{Q_z \cdot \Delta x \cdot z}{I_y} .$$

Dadurch ergibt sich für einen in Abb. 5.8 oberhalb z liegenden Stabteil eine Normalkraftdifferenz

$$\Delta \boldsymbol{P} = \left\{ \frac{Q_z \cdot \Delta x}{I_y} \cdot \int\limits_z^{z_1} z \cdot dF,\ 0,\ 0 \right\},$$

die den oberen Stabteil gegen den unteren Teil in der Fuge z in x-Richtung zu verschieben sucht. Soll diese Verschiebung nicht eintreten, dann muß auf den oberen Teil in der Fuge z eine Schubkraft

$$\boldsymbol{T} = \{T_x, 0, 0\}$$

wirken, die $\Delta \boldsymbol{P}$ entgegengerichtet ist. Also

$$\boldsymbol{T} = -\Delta \boldsymbol{P} = \left\{ -\frac{Q_z \cdot \Delta x}{I_y} \cdot \int\limits_z^{z_1} z \cdot dF,\ 0,\ 0 \right\}.$$

Setzt man eine gleichmäßige Verteilung von $\boldsymbol{T}$ über den Querschnitt $\Delta x \cdot b_y$ voraus, wobei mit b_y die Stabbreite in y-Richtung in der Höhe z gemeint sei, dann resultiert aus $\boldsymbol{T}$ eine Schubspannung

$$\tau_{zx} = -\frac{Q_z}{I_y \cdot b_y} \cdot \int\limits_{z_1}^{z} z \cdot dF .$$

Der Ausdruck $\int\limits_z^{z_1} z \cdot dF$ stellt nach 4.1 das statische Moment des Querschnittflächenteiles oberhalb z für die y-Achse dar und sei mit $S_{y(z)}$ bezeichnet. Damit erhält man dann für die Schubspannungen in Stabachsrichtung (für die in der Höhe z liegende z-Ebene) den Ausdruck

$$\tau_{zx} = -\frac{Q_z \cdot S_{y(z)}}{I_y \cdot b_y},$$

der seinen Maximalwert in der neutralen Faser aufweist (also bei $z = 0$), da hier auch $S_{y(z)}$ seinen Höchstwert aufweist.

Für die eigentliche Querschnittebene erhält man die Schubspannungen aus einer einfachen Gleichgewichtsbetrachtung. Man denkt sich

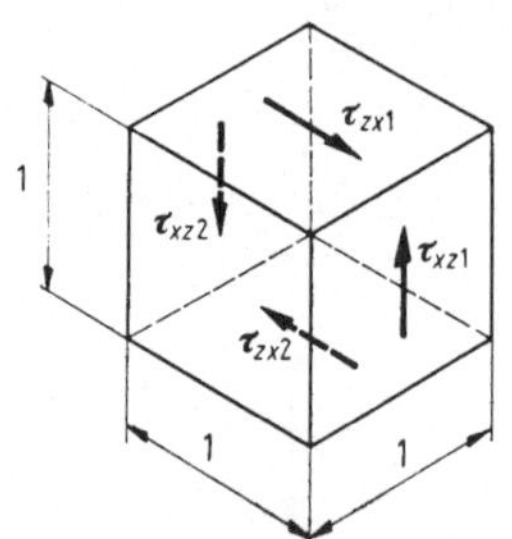

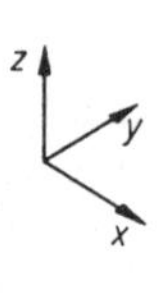

Abb. 5.9
Schubspannungs-Gleichgewicht.

dazu nach *Abb. 5.9* einen kleinen Würfel der Kantenlänge 1 aus dem Balken in Höhe der neutralen Faser, wo die Biegespannungen den Wert Null haben, herausgeschnitten. Um die Gleichgewichtsbedingungen

$$\Sigma P_x = 0, \quad \Sigma P_z = 0, \quad \Sigma M_y = 0$$

zu erfüllen, muß dann offensichtlich gelten:

$$\tau_{zx1} = -\tau_{zx2} = \tau_{xz1} = -\tau_{xz2}.$$

Führt man in entsprechender Weise die Ableitung für eine Querkraft Q_y durch, dann erhält man die endgültigen Zusammenhänge zwischen den Schubspannungen und der sie erzeugenden Querkraft

$$\underset{\sim}{Q} = \{0, Q_y, Q_z\}$$

für einen Stab, dessen Achse parallel zur x-Achse liegt, zu

$$\tau_{xz} = \tau_{zx} = \frac{Q_z \cdot S_{y(z)}}{I_y \cdot b_y}, \quad \tau_{xy} = \tau_{yx} = \frac{Q_y \cdot S_{z(y)}}{I_z \cdot b_z}. \tag{5.12}$$

5.4 Schubspannungen durch Torsionsmoment

Während man mit Gl. (5.8) einen für beliebige Querschnittformen gültigen Ausdruck zur Ermittlung der Biegespannungen gefunden hat, ist das bisher für die sich aus einem Torsionsmoment ergebenden Schubspannungen in einer ähnlich allgemeinen Form nicht gelungen. Das soll aber nicht heißen, daß sich diese Schubspannungen bei den gebräuchlichen Querschnittformen nicht mit genügender Genauigkeit angeben lassen. Nur muß man bei den nachfolgend angeführten und recht unterschiedlich aufgebauten Querschnittwerten beachten, daß sie jeweils nur für die betreffende Querschnittgruppe gelten.

Wählt man als Spannungsformel den Ausdruck

$$\tau = \frac{M_t}{W_t}, \tag{5.13}$$

wobei M_t den Betrag des Torsionsmomentes $\boldsymbol{M_t}$ darstellt, dessen Vektor senkrecht zur Querschnittebene steht, dann hat man entsprechend der Querschnittform die in *Tab. 5.1* angeführten Werte für das „Torsionswiderstandsmoment W_t" einzusetzen.

Tabelle 5.1 Torsionswiderstandsmomente W_t und Torsionsträgheitsmomente I_t

Querschnitt	Formeln
Kreis und Kreisring	$W_t = \frac{2 \cdot I}{r}$ $\quad I_t = 2 \cdot I$ I = axiales Trägheitsmoment τ_{max} bei $r = r_a$
Dünnwandiger Hohlquerschnitt	$W_t = 2 \cdot F_m \cdot s$ $\quad I_t = 4 \cdot F_m^2 : \int_{l=0}^{u} \frac{dl}{s}$ F_m = durch mittlere Mantellinie begrenzte Fläche u = Umfang der mittleren Mantellinie τ_{max} bei $s = s_{min}$
Rechteck	$W_{t1} = k_1 \cdot h \cdot b^2$ $\quad W_{t2} = k_2 \cdot h \cdot b^2$ $\quad I_t = k \cdot h \cdot b^3$ (Beiwerte siehe nachstehende Tabelle) $\tau_{max} = \tau_1$ $\quad$ in den Ecken wird $\tau = 0$
Offenes Profil aus schmalen Rechtecken	$W_t = \frac{\Sigma(h \cdot b^3)}{3 \cdot b}$ $\quad I_t = \frac{\Sigma(h \cdot b^3)}{3}$ τ_{max} im Rechteck mit $b = b_{max}$
Dünnwandiges Rohrsegment	$W_t = \frac{r_m \cdot s^2 \cdot \text{arc}\,\alpha}{3}$ $\quad I_t = \frac{r_m \cdot s^3 \cdot \text{arc}\,\alpha}{3}$
Beliebiges offenes, dünnwandiges Profil	$W_t = \frac{1}{3 \cdot s} \cdot \int_{l=0}^{L} s_l^3 \cdot dl$ $\quad I_t = \frac{1}{3} \cdot \int_{l=0}^{L} s_l^3 \cdot dl$ τ_{max} bei $s = s_{max}$

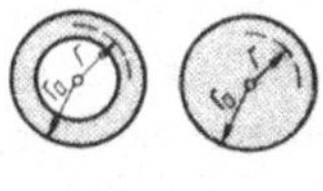

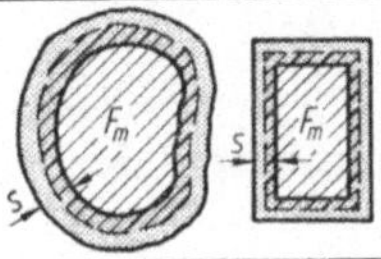

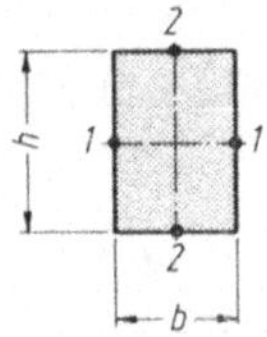

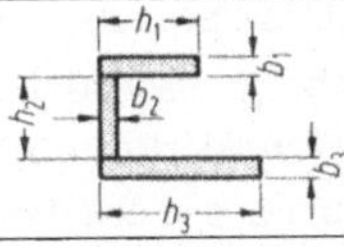

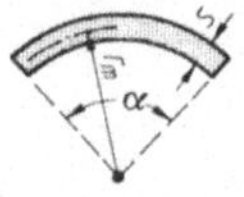

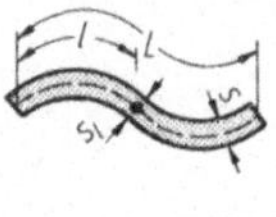

h/b	1	1,5	2	3	4	6	8	10	∞
k_1	0,208	0,231	0,246	0,267	0,282	0,299	0,307	0,313	0,333
k_2	0,208	0,269	0,309	0,355	0,379	0,402	0,413	0,421	0,448
k	0,140	0,196	0,229	0,263	0,281	0,299	0,307	0,313	0,333

Um die für den Rohrquerschnitt angegebene Formel abzuleiten, seien entsprechend *Abb. 5.10* zwei benachbarte, um den Abstand $L = 1$ auseinanderliegende Querschnitte betrachtet. Durch das Torsionsmoment M_t mögen diese beiden Querschnitte um den Winkel ϑ zu-

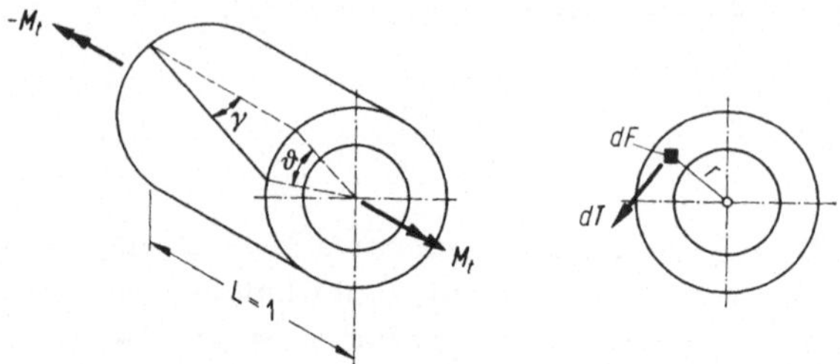

Abb. 5.10 Torsionsmoment am Rohr.

einander verdreht worden sein. Ein im Abstand r von der Rohrachse entfernt liegendes Stabelement mit dem Querschnitt dF und der Länge $L = 1$ weist dann eine Schiebung $\gamma = r \cdot \vartheta$ auf. Dem entspricht wegen der durch $\gamma = \tau/G$ gegebenen Proportionalität zwischen Schiebung und Schubspannung (G = Schubmodul) hier eine Schubspannung

$$\tau = \gamma \cdot G = r \cdot \vartheta \cdot G,$$

so daß auf dem Flächenelement dF eine Schubkraft der Größe

$$dT = \tau \cdot dF = r \cdot \vartheta \cdot G \cdot dF$$

wirkt. In Bezug auf den Querschnittmittelpunkt übt die Summe der dT dann ein Moment der Größe

$$M_t = \int r \cdot dT = \vartheta \cdot \gamma \cdot \int r^2 \cdot dF$$

aus. Der Ausdruck $\int r^2 \cdot dF$ stellt nach 4.3 das polare Trägheitsmoment der Querschnittfläche dar, welches beim Rohrquerschnitt nach Gl. (4.10) dann den Wert $I_p = 2I$ aufweist. Auf Grund der obigen Beziehung $\tau = r \cdot \vartheta \cdot \gamma$ kann man dann noch $\vartheta \cdot \gamma$ durch τ/r ersetzen, erhält

$$M_t = \frac{\tau \cdot 2I}{r}$$

und nach Umstellung dann endgültig:

$$\tau = \frac{M_t \cdot r}{2 \cdot I} = \frac{M_t}{W_t}.$$

Wie schon für die Querkraftschubspannungen gezeigt, treten die nach Gl. (5.13) ermittelten Schubspannungen nicht nur in der Querschnittebene, sondern auch in der zugehörigen Längsschnittebene des Stabes auf.

5.5 Zugeordnete Schubspannungen

In Verallgemeinerung der in 5.3 anhand der Abb. 5.9 hergeleiteten Beziehungen erhält man den Satz der zugeordneten Schubspannungen:

„Das für ein würfelförmiges Volumenelement zu fordernde Einhalten der Gleichgewichtsbedingungen $\sum \boldsymbol{P} = 0$ und $\sum \boldsymbol{M} = 0$ bedingt, daß in zwei senkrecht zueinander stehenden Ebenen die zwei senkrecht zur gemeinsamen Kante weisenden Schubspannungskomponenten (also die mit gleichen Indici) gleichgroß sind und entweder beide zur Kante hin oder beide von der Kante weg gerichtet sind."

Mit den Bezeichnungen nach Abb. 5.2 gilt also:

$$\tau_{xy} = \tau_{yx}, \qquad \tau_{xz} = \tau_{zx}, \qquad \tau_{yz} = \tau_{zy}. \tag{5.14}$$

5.6 Spannungszustände

Hinsichtlich Richtung und Anzahl der das betrachtete Volumenelement belastenden Spannungsvektoren trifft man Unterscheidungen nach sogenannten Spannungszuständen.

Bei dem in *Abb. 5.11* dargestellten Fall, in welchem drei Spannungsvektoren auftreten, deren Komponenten sich alle von Null unterscheiden, spricht man von dem „allgemeinen Spannungszustand".

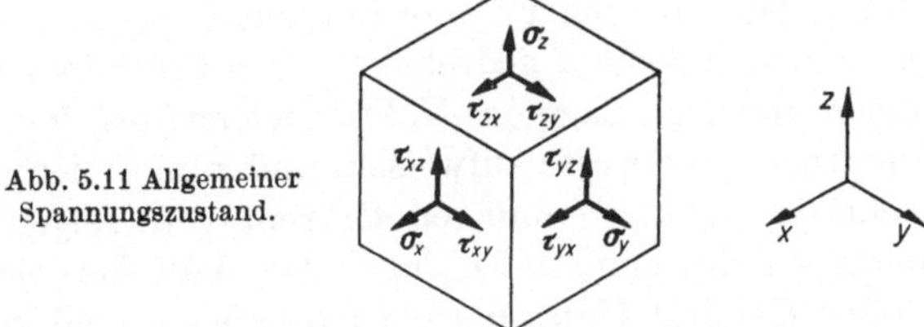

Abb. 5.11 Allgemeiner Spannungszustand.

Wird einer der Spannungsvektoren Null, dann hat man es mit einem sogenannten „ebenen Spannungszustand" zu tun. *Abb. 5.12* zeigt die drei Möglichkeiten eines ebenen Spannungszustandes.

Weisen die Spannungsvektoren nur Normalspannungskomponenten auf, dann bezeichnet man diesen Zustand entsprechend deren Anzahl als einachsigen, zweiachsigen oder dreiachsigen Spannungszustand.

Abb. 5.13 zeigt diese drei Fälle, wobei aus den im nächsten Abschnitt angeführten Gründen die Bezugsachsen mit 1, 2, 3 bezeichnet wurden.

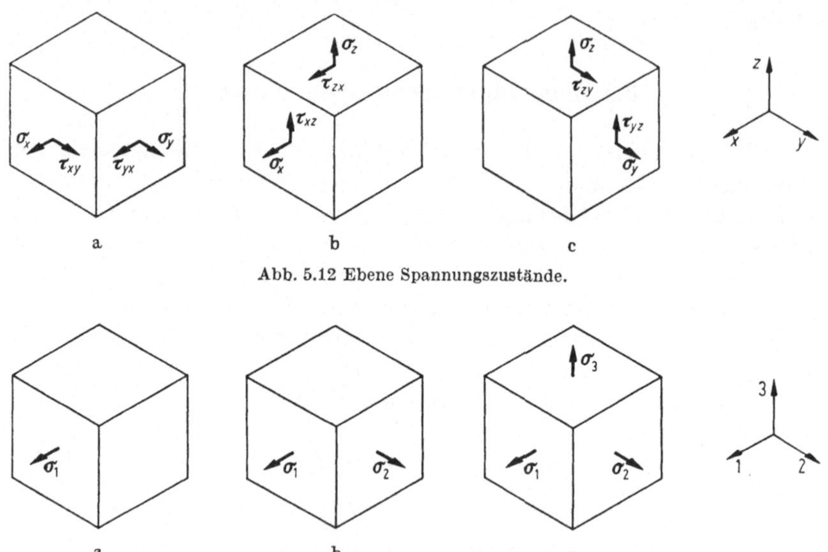

Abb. 5.12 Ebene Spannungszustände.

Abb. 5.13 a) Einachsiger, b) zweiachsiger, c) dreiachsiger Spannungszustand.

5.7 Hauptspannungen

Hat man an einem Querschnittpunkt die Spannungsvektoren für ein nach dem xyz-Koordinatensystem ausgerichtetes Volumenelement ermittelt, dann lassen sich daraus auch die Spannungsvektoren für jedes andere Volumenelement bestimmen, das zwar an der gleichen Querschnittstelle liegt, aber nach einem Koordinatensystem ausgerichtet ist, das gegenüber dem xyz-System gedreht ist. Von besonderem Interesse ist nun zum einen diejenige Lage des Volumenelementes, für welche die Normalspannungen Extremwerte aufweisen, und zum anderen diejenige Lage, für welche die Schubspannungen Extremwerte zeigen. Aus Abkürzungsgründen spricht man dabei im ersten Fall von den Hauptspannungen, oder genauer Hauptnormalspannungen, und im zweiten Fall von den Hauptschubspannungen.

Während man die zum allgemeinen Spannungszustand gehörenden Achsen mit x, y und z bezeichnet, ist es üblich, die zu den Hauptnormalspannungen gehörenden Achsen mit den Ziffern 1, 2, 3 und demzufolge die Hauptnormalspannungen mit σ_1, σ_2 und σ_3 zu bezeichnen.

Ein nach den Hauptspannungsachsen 1, 2, 3 ausgerichtetes Volumenelement zeigt außer der Tatsache, daß die Normalspannungen Extremwerte aufweisen, noch die Besonderheit, daß alle Seiten frei von Schubspannungen sind. Somit haben die zu den Hauptspannungen gehörenden Spannungsvektoren die Form:

$$\mathbf{s}_1 = \{\sigma_1, 0, 0\}, \quad \mathbf{s}_2 = \{0, \sigma_2, 0\}, \quad \mathbf{s}_3 = \{0, 0, \sigma_3\}. \qquad \textbf{(5.15)}$$

Man erkennt aus Gl. (5.15) auch, daß man erst nach Ermittlung der Hauptspannungen beurteilen kann, ob der Spannungszustand ein-, zwei- oder dreiachsig ist (vgl. Abb. 5.13).

Aus Gleichgewichtsbetrachtungen leitet sich zur Ermittlung der Hauptspannungen aus den Komponenten der Spannungsvektoren des allgemeinen Spannungszustandes (Abb. 5.11) folgende Formel ab:

$$\sigma^3 - a \cdot \sigma^2 + b \cdot \sigma - c = 0, \qquad (5.16)$$

wobei

$$a = \sigma_x + \sigma_y + \sigma_z,$$

$$b = \sigma_x \cdot \sigma_y + \sigma_x \cdot \sigma_z + \sigma_y \cdot \sigma_z - \tau_{xy}^2 - \tau_{yz}^2 - \tau_{zx}^2,$$

$$c = \sigma_x \cdot \sigma_y \cdot \sigma_z + 2 \cdot \tau_{xy} \cdot \tau_{yz} \cdot \tau_{zx} - \sigma_x \cdot \tau_{yz}^2 - \sigma_y \cdot \tau_{zx}^2 - \sigma_z \cdot \tau_{xy}^2.$$

Die drei Wurzeln, die sich bei der Auflösung der Gl. (5.16) nach σ ergeben, sind dann die drei Hauptspannungen σ_1, σ_2, σ_3. Grafisch läßt sich Gl. (5.16) lösen, indem man in einem σy-Koordinatensystem die Schnittpunkte der Kurve

$$y = \sigma^3 - a \cdot \sigma^2 + b \cdot \sigma - c$$

mit der σ-Achse ermittelt.

Zwischen den Hauptnormalspannungen σ_1, σ_2, σ_3 und den mit τ_{12}, τ_{23}, τ_{31} bezeichneten Hauptschubspannungen besteht der einfache Zusammenhang:

$$\tau_{12} = \frac{\sigma_1 - \sigma_2}{2}, \quad \tau_{23} = \frac{\sigma_2 - \sigma_3}{2}, \quad \tau_{31} = \frac{\sigma_3 - \sigma_1}{2}.$$

Bezeichnet man dabei die hauptsächlich interessierende, dem Betrag nach größte der drei Hauptschubspannungen mit τ_h, dann erhält man dafür den Ausdruck:

$$\tau_h = \frac{\sigma_{\max} - \sigma_{\min}}{2}. \qquad (5.17)$$

Dabei bedeutet $\sigma_{\max}$ die größte und $\sigma_{\min}$ die kleinste der drei Hauptspannungen.

Liegt einer der drei in Abb. 5.12 gezeigten ebenen Spannungszustände vor, dann ergeben sich zur Ermittlung der Hauptspannungen die wesentlich einfacheren Beziehungen:

$$\sigma_{1,2} = \frac{\sigma_x + \sigma_y}{2} \pm \sqrt{\left(\frac{\sigma_x - \sigma_y}{2}\right)^2 + \tau_{xy}^2} \quad \text{für Abb. 5.12a,}$$

$$\sigma_{1,2} = \frac{\sigma_x + \sigma_z}{2} \pm \sqrt{\left(\frac{\sigma_x - \sigma_z}{2}\right)^2 + \tau_{xz}^2} \quad \text{für Abb. 5.12b,} \qquad \textbf{(5.18)}$$

$$\sigma_{1,2} = \frac{\sigma_y + \sigma_z}{2} \pm \sqrt{\left(\frac{\sigma_y - \sigma_z}{2}\right)^2 + \tau_{yz}^2} \quad \text{für Abb. 5.12c.}$$

Bei Ermittlung von τ_h nach Gl. (5.17) ist zu beachten, daß die dritte Hauptspannung den Wert Null aufweist ($\sigma_3 = 0$) und bei gleichem Vorzeichen von σ_1 und σ_2 als σ_{max} oder σ_{min} infrage kommt. Aus den in

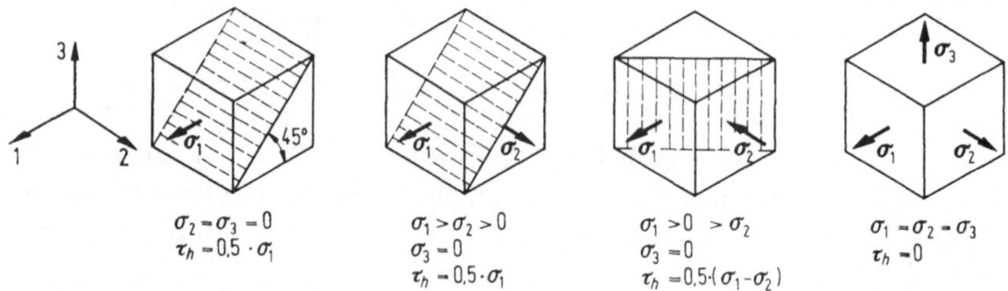

Abb. 5.14 Hauptspannungs-Sonderfälle mit eingezeichneter Wirkungsebene der größten Hauptschubspannung τ_h.

Abb. 5.14 dargestellten Sonderfällen ist dieser Zusammenhang gut zu erkennen. In den dort strichlierten Ebenen innerhalb des Volumenelementes wirkt τ_h.

5.8 Vergleichsspannungen

Um einen mehrachsigen Spannungszustand mit den aus einachsiger Beanspruchung ermittelten Werkstoffkennwerten (Streckgrenze, Bruchgrenze usw.) vergleichen zu können, wird eine sogenannte „Vergleichsspannung σ_v" gebildet.

5.8.1 Die Gestaltänderungsenergiehypothese

Die Gestaltänderungsenergiehypothese, kurz GE-Hypothese genannt, beruht auf der Annahme, daß zwei verschiedene Spannungszustände die gleiche Werkstoffbeanspruchung hervorrufen, wenn die Gestaltänderungsenergiedichte in beiden Fällen gleich groß ist.

Bei einem durch die Hauptspannungen σ_1, σ_2, σ_3 gegebenen dreiachsigen Spannungszustand nimmt hierbei die Vergleichsspannung σ_v den Wert

$$\sigma_v = \sqrt{0{,}5 \cdot [(\sigma_1 - \sigma_2)^2 + (\sigma_2 - \sigma_3)^2 + (\sigma_3 - \sigma_1)^2]} \qquad (5.19)$$

an und vereinfacht sich beim zweiachsigen Spannungszustand mit $\sigma_3 = 0$ zu

$$\sigma_v = \sqrt{\sigma_1^2 + \sigma_2^2 - \sigma_1 \cdot \sigma_2}\,. \qquad (5.20)$$

Mit den Komponenten des allgemeinen Spannungszustandes geht Gl. (5.19) dann in

$$\sigma_v = \sqrt{0{,}5 \cdot [(\sigma_x - \sigma_y)^2 + (\sigma_y - \sigma_z)^2 + (\sigma_z - \sigma_x)^2] + 3 \cdot (\tau_{xy}^2 + \tau_{xz}^2 + \tau_{yz}^2)} \qquad (5.21)$$

über und vereinfacht sich bei den ebenen Spannungszuständen zu:

$$\begin{aligned} \sigma_v &= \sqrt{\sigma_x^2 + \sigma_y^2 - \sigma_x \cdot \sigma_y + 3 \cdot \tau_{xy}^2} && \text{für Abb. 5.12a,} \\ \sigma_v &= \sqrt{\sigma_x^2 + \sigma_z^2 - \sigma_x \cdot \sigma_z + 3 \cdot \tau_{xz}^2} && \text{für Abb. 5.12b,} \qquad (5.22) \\ \sigma_v &= \sqrt{\sigma_y^2 + \sigma_z^2 - \sigma_y \cdot \sigma_z + 3 \cdot \tau_{yz}^2} && \text{für Abb. 5.12c.} \end{aligned}$$

Für den Fall der reinen Schubbeanspruchung ($\sigma_x = \sigma_y = \sigma_z = 0$, $\tau_{xy} = \tau$, $\tau_{xz} = \tau_{yz} = 0$) ergibt die GE-Hypothese $\sigma_v = \tau \cdot \sqrt{3}$.

5.8.2 Die Schubspannungshypothese

Die Schubspannungshypothese sagt aus, daß zwei verschiedene Spannungszustände dann gleichwertig sind, wenn die größten Hauptschubspannungen den gleichen Betrag aufweisen.

Da im einachsigen Spannungszustand $\tau = 0{,}5 \cdot \sigma$ wird, gilt für die Vergleichsspannung demnach dann unter Heranziehung von Gl. (5.17):

$$\sigma_v = 2 \cdot \tau_h = \sigma_{\max} - \sigma_{\min}\,. \qquad (5.23)$$

Nach der heutigen Erkenntnis gibt die GE-Hypothese das verformungsmäßige Werkstoffverhalten besser wieder. Trotzdem wird Gl. (5.23) bei bekanntem Hauptspannungszustand wegen ihres einfacheren Aufbaues häufig anstelle von Gl. (5.19) verwendet. Weist die dritte Hauptspannung den gleichen Wert wie $\sigma_{\max}$ oder wie $\sigma_{\min}$ auf, dann erhält man für σ_v sowohl nach der GE- als auch nach der Schubspannungshypothese den gleichen Betrag. In den anderen Fällen gibt die Schubspannungshypothese größere σ_v-Werte.

5.8.3 Die Normalspannungshypothese

Die Normalspannungshypothese zieht zur Beurteilung der Anstrengung nur die dem Absolutbetrag nach größte der Hauptspannungen σ_1, σ_2, σ_3 heran. Bezeichnet man diese mit σ_h, dann gilt also:

$$\sigma_v = \sigma_h . \tag{5.24}$$

Bezüglich des verformungsmäßigen Versagens stimmt diese Annahme mit der Wirklichkeit nicht überein. Dagegen füllt die Normalspannungshypothese die hinsichtlich des Trennbruches bei der GE- sowie Schubspannungshypothese vorhandene Lücke aus, denn sowohl Gl. (5.19) als auch Gl. (5.23) liefern bei $\sigma_1 = \sigma_2 = \sigma_3$ den Wert $\sigma_v = 0$. Nun stimmt es zwar mit Versuchen überein, daß durch Aufbringen drei gleich großer Normalspannungen keine plastische Verformung zu erreichen ist, aber es zeigt sich andererseits, daß ein Bruch eintritt, sobald σ_h die Trennfestigkeit erreicht.

6. Dehnungsarten

6.1 Dehnung, Querdehnung und Elastizitätsmodul

Infolge einer Zugspannung σ zeigt der in *Abb. 6.1* dargestellte Stabteil eine Vergrößerung der Länge l um Δl sowie eine Verkürzung der Seiten a und b um Δa und Δb. Das Verhältnis $\Delta l/l$ wird als „Dehnung ε"

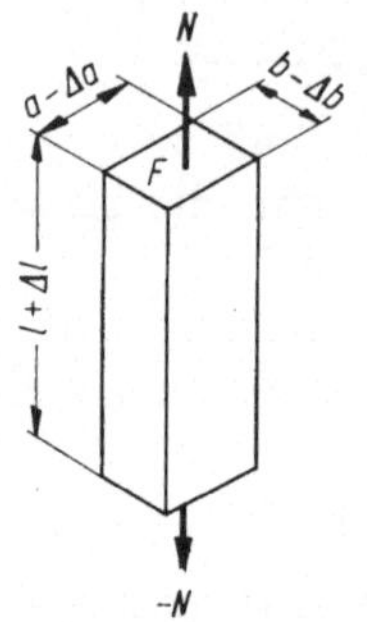

Abb. 6.1 Verformung infolge $\sigma = N/F$.

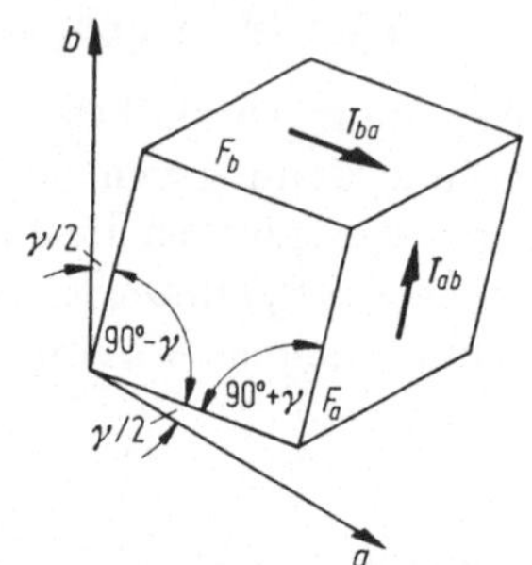

Abb. 6.2 Verformung infolge $\tau = T_{ab}/F_a = T_{ba}/F_b$.

und das für beide Seiten gleiche Verhältnis $\Delta a/a = \Delta b/b$ als „Querdehnung ε_q" bezeichnet. Das die „Querzahl ν" genannte absolute Verhältnis von Querdehnung zu Längsdehnung weist bei Stählen den Mittelwert 0,3 auf. Das im Proportionalitätsbereich gleichbleibende Verhältnis von Dehnung zu Spannung stellt den sich mit der Dimension einer

Spannung ergebenden „Elastizitätsmodul E“ dar. Damit gilt:

$$\varepsilon = \frac{\Delta l}{l} = \frac{\sigma}{E}, \tag{6.1}$$

$$\varepsilon_q = -\nu \cdot \varepsilon = -\frac{\nu \cdot \sigma}{E}. \tag{6.2}$$

Anhaltswerte für die temperaturabhängige Größe des Elastizitätsmoduls gibt *Abb. 6.3.*

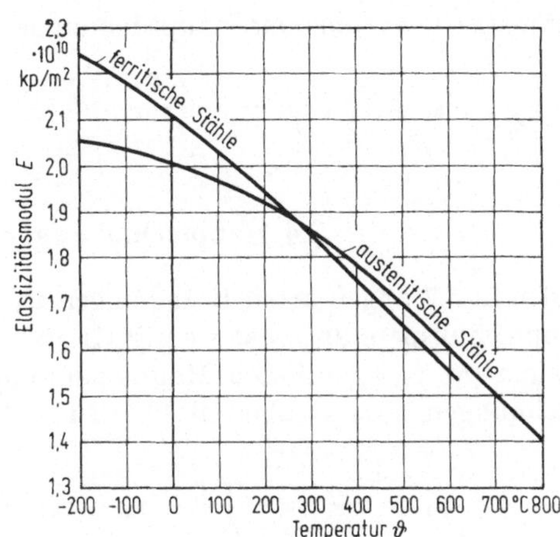

Abb. 6.3 Elastizitätsmodul von ferritischen und austenitischen Stählen in Abhängigkeit von der Temperatur.

6.2 Schiebung und Schubmodul

Bei Einwirkung einer Schubspannung τ ändern sich die Winkel des in *Abb. 6.2* gezeigten Volumenelementes. Der im Bogenmaß angegebene Betrag dieser Winkeländerung wird als „Schiebung γ“ und das im Proportionalitätsbereich gleichbleibende Verhältnis von Schubspannung zu Schiebung als „Schubmodul G“ bezeichnet.

Da zwischen Elastizitätsmodul E und Schubmodul G der Zusammenhang

$$G = \frac{E}{2 \cdot (1 + \nu)} \tag{6.3}$$

besteht, gilt demnach:

$$\gamma = \frac{\tau}{G} = \frac{2 \cdot (1 + \nu) \cdot \tau}{E}. \tag{6.4}$$

6.3 Hauptdehnungen

Als Hauptdehnungen bezeichnet man die in Richtung der Hauptspannungen verlaufenden Dehnungen. Aus den Hauptspannungen σ_1, σ_2, σ_3 ergeben sich dann die zugehörigen Hauptdehnungen ε_1, ε_2, ε_3 aus den Gln. (6.1) und (6.2) zu:

$$\varepsilon_1 = \frac{\sigma_1 - \nu(\sigma_2 + \sigma_3)}{E}, \quad \varepsilon_2 = \frac{\sigma_2 - \nu \cdot (\sigma_1 + \sigma_3)}{E}, \quad \varepsilon_3 = \frac{\sigma_3 - \nu \cdot (\sigma_1 + \sigma_2)}{E}. \tag{6.5}$$

Die arithmetische Summe der Hauptdehnungen folgt daraus zu:

$$\varepsilon_1 + \varepsilon_2 + \varepsilon_3 = \frac{1 - 2\nu}{E} \cdot (\sigma_1 + \sigma_2 + \sigma_3). \tag{6.6}$$

6.4 Hauptschiebungen

Mit den in 5.7 angeführten Beziehungen zwischen Hauptspannungen und Hauptschubspannungen sowie mit Gl. (6.3) ergeben sich die Hauptschiebungen γ_1, γ_2, γ_3 aus den Hauptspannungen σ_1, σ_2, σ_3 bzw. den Hauptdehnungen ε_1, ε_2, ε_3 über Gl. (6.5) zu:

$$\begin{aligned} \gamma_1 &= \frac{\tau_{23}}{G} = \frac{1 + \nu}{E} \cdot (\sigma_2 - \sigma_3) = \varepsilon_2 - \varepsilon_3, \\ \gamma_2 &= \frac{\tau_{31}}{G} = \frac{1 + \nu}{E} \cdot (\sigma_3 - \sigma_1) = \varepsilon_3 - \varepsilon_1, \\ \gamma_3 &= \frac{\tau_{12}}{G} = \frac{1 + \nu}{E} \cdot (\sigma_1 - \sigma_2) = \varepsilon_1 - \varepsilon_2. \end{aligned} \tag{6.7}$$

Aus Gl. (6.7) folgt weiter die wichtige Beziehung:

$$\frac{\varepsilon_1 - \varepsilon_2}{\sigma_1 - \sigma_2} = \frac{\varepsilon_2 - \varepsilon_3}{\sigma_2 - \sigma_3} = \frac{\varepsilon_3 - \varepsilon_1}{\sigma_3 - \sigma_1} = \frac{1 + \nu}{E}. \tag{6.8}$$

6.5 Vergleichsdehnungen

Sinn und Definition der Vergleichsdehnung ε_v sind analog denen der Vergleichsspannung σ_v und es gilt:

$$\varepsilon_v = \frac{\sigma_v}{E} \quad \text{bzw.} \quad \sigma_v = E \cdot \varepsilon_v. \tag{6.9}$$

Mit der Vergleichsdehnung arbeitet man hauptsächlich, wenn statt der Spannungen die Hauptdehnungen ε_1, ε_2, ε_3 gegeben sind. Entsprechend den verschiedenen Vergleichsspannungshypothesen ergibt sich dann:

a) *Nach der GE-Hypothese*:

$$\varepsilon_v = \frac{1}{(1+\nu)\cdot\sqrt{2}}\cdot\sqrt{(\varepsilon_1-\varepsilon_2)^2+(\varepsilon_2-\varepsilon_3)^2+(\varepsilon_3-\varepsilon_1)^2}\,. \tag{6.10}$$

Diese Gleichung erhält man durch Einsetzen der betreffenden Werte von Gl. (6.8) in Gl. (5.19). Entsprechend ergibt sich aus Gl. (5.20) für den ebenen Spannungszustand mit $\sigma_3 = 0$ $(\varepsilon_3 \neq 0!)$:

$$\varepsilon_v = \frac{1}{1-\nu^2}\cdot\sqrt{(1+\nu^2-\nu)\cdot(\varepsilon_1^2+\varepsilon_2^2)+(4\nu-\nu^2-1)\cdot\varepsilon_1\cdot\varepsilon_2}\,. \tag{6.11}$$

b) *Nach der Schubspannungshypothese*: Mit der Bezeichnung ε_{max} für die größte und ε_{min} für die kleinste der drei Hauptdehnungen folgt durch Einsetzen der Beziehungen von Gl. (6.8) in Gl. (5.23) für den räumlichen Spannungszustand:

$$\varepsilon_v = \frac{\varepsilon_{max}-\varepsilon_{min}}{1+\nu}, \tag{6.12}$$

Für den ebenen Spannungszustand mit $\sigma_3 = 0$ wird bei gleichen Vorzeichen von ε_1 und ε_2 wegen $\varepsilon_3 = -\nu\cdot(\varepsilon_1+\varepsilon_2)$ und unter der Voraussetzung $|\varepsilon_1| > |\varepsilon_2|$:

$$\varepsilon_v = \varepsilon_1 + \frac{\nu}{1+\nu}\cdot\varepsilon_2\,. \tag{6.13}$$

Haben ε_1 und ε_2 verschiedene Vorzeichen, dann gilt dagegen:

$$\varepsilon_v = \frac{\varepsilon_1-\varepsilon_2}{1+\nu}\,. \tag{6.14}$$

c) *Nach der Normalspannungshypothese*: Mit ε_h als der dem Absolutbetrag nach größten der drei Hauptdehnungen folgt für den räumlichen Spannungszustand

$$\varepsilon_v = \frac{1}{1+\nu}\cdot\left[\varepsilon_h + \frac{\nu}{1-2\nu}\cdot(\varepsilon_1+\varepsilon_2+\varepsilon_3)\right] \tag{6.15}$$

und für den ebenen Spannungszustand mit $\sigma_3 = 0$ und $|\varepsilon_1| > |\varepsilon_2|$:

$$\varepsilon_v = \frac{\varepsilon_1+\nu\cdot\varepsilon_2}{1-\nu^2}\,. \tag{6.16}$$

6.6 Wärmedehnzahl und Wärmedehnung

Bekanntlich dehnen sich Stoffe bei Erwärmung aus und ziehen sich bei Abkühlung zusammen. Diese Formänderung ist dreidimensional und bei den hier zu behandelnden Werkstoffen in jeder Raumrichtung pro Längeneinheit gleich groß.

Die aus Längenmessungen ermittelte „Wärmedehnzahl α_ϑ" (linearer Wärmeausdehnungskoeffizient) gibt nun an, um welchen Betrag pro

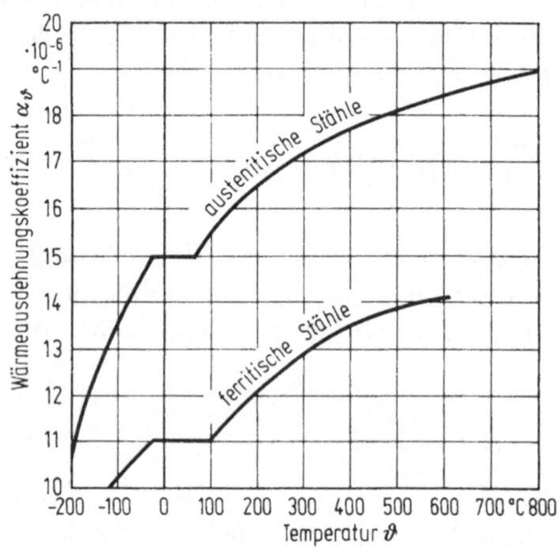

Abb. 6.4 Mittlerer linearer Wärmeausdehnungskoeffizient α_ϑ bei Änderung der Temperatur von 20 °C auf die Temperatur ϑ.

Längeneinheit sich die Länge eines Stabes ändert, wenn man seine Temperatur um eine Temperatureinheit ändert. Bei Bezug auf die Celsius-Temperatur-Skala hat α_ϑ dann die Dimension $(°C)^{-1}$.

Der Betrag von α_ϑ ist sowohl von der Art des Werkstoffes als auch von seiner Temperatur abhängig. Anhaltswerte für eine Ausgangstemperatur von 20 °C können aus *Abb. 6.4* entnommen werden.

Wird die Temperatur von der Anfangstemperatur ϑ_a auf die Endtemperatur ϑ_e geändert, dann ergibt sich die „Wärmedehnung ε_ϑ" als reine Verhältniszahl zu

$$\varepsilon_\vartheta = \alpha_\vartheta \cdot (\vartheta_e - \vartheta_a) = \alpha_\vartheta \cdot \Delta\vartheta \tag{6.17}$$

die dann bei Erwärmung positives und bei Abkühlung negatives Vorzeichen aufweist.

In umgekehrter Weise erhält man aus der Längenänderung ΔL_ϑ eines Stabes der Länge L infolge der Temperaturdifferenz $\Delta\vartheta = \vartheta_e - \vartheta_a$ die Wärmedehnung zu

$$\varepsilon_\vartheta = \frac{\Delta L_\vartheta}{L}. \tag{6.18}$$

7. Elastische Verformungen

Mit den Gln. (6.1) bis (6.4) ist der grundlegende Zusammenhang zwischen Spannungen und elastischer Verformung gegeben, so daß man damit die geometrische Form beschreiben kann, die unter Spannung stehende elastische Körper einnehmen werden.

7.1 Verformung des Volumenelementes

Liegt der in 5.6 beschriebene allgemeine Spannungszustand vor, dann werden sich an einem Volumenelement nach Abb. 5.2 folgende Dehnungen und Schiebungen ergeben:

$$\begin{aligned}
\varepsilon_x &= \varepsilon_{(\sigma x)} + \varepsilon_{q(\sigma y)} + \varepsilon_{q(\sigma z)} = \frac{\sigma_x - \nu \cdot (\sigma_y + \sigma_z)}{E}, \\
\varepsilon_y &= \varepsilon_{(\sigma y)} + \varepsilon_{q(\sigma x)} + \varepsilon_{q(\sigma z)} = \frac{\sigma_y - \nu \cdot (\sigma_x + \sigma_z)}{E}, \\
\varepsilon_z &= \varepsilon_{(\sigma z)} + \varepsilon_{q(\sigma x)} + \varepsilon_{q(\sigma y)} = \frac{\sigma_z - \nu \cdot (\sigma_x + \sigma_y)}{E}, \\
\gamma_x &= \gamma_{(\tau_{yz})} = \frac{\tau_{yz}}{G} = \frac{2 \cdot (1 + \nu) \cdot \tau_{yz}}{E}, \\
\gamma_y &= \gamma_{(\tau_{xz})} = \frac{\tau_{xz}}{G} = \frac{2 \cdot (1 + \nu) \cdot \tau_{xz}}{E}, \\
\gamma_z &= \gamma_{(\tau_{xy})} = \frac{\tau_{xy}}{G} = \frac{2 \cdot (1 + \nu) \cdot \tau_{xy}}{E}.
\end{aligned} \tag{7.1}$$

Ist dagegen der Verformungszustand gegeben und der zugehörige Spannungszustand gesucht, dann erhält man:

$$\begin{aligned}
\sigma_x &= \frac{E}{1+\nu} \cdot \left[\varepsilon_x + \frac{\nu}{1-2\nu} \cdot (\varepsilon_x + \varepsilon_y + \varepsilon_z)\right], & \tau_{yz} &= G \cdot \gamma_x = \frac{E \cdot \gamma_x}{2 \cdot (1+\nu)}, \\
\sigma_y &= \frac{E}{1+\nu} \cdot \left[\varepsilon_y + \frac{\nu}{1-2\nu} \cdot (\varepsilon_x + \varepsilon_y + \varepsilon_z)\right], & \tau_{xz} &= G \cdot \gamma_y = \frac{E \cdot \gamma_y}{2 \cdot (1+\nu)}, \\
\sigma_z &= \frac{E}{1+\nu} \cdot \left[\varepsilon_z + \frac{\nu}{1-2\nu} \cdot (\varepsilon_x + \varepsilon_y + \varepsilon_z)\right], & \tau_{xy} &= G \cdot \gamma_z = \frac{E \cdot \gamma_z}{2 \cdot (1+\nu)}.
\end{aligned} \tag{7.2}$$

Handelt es sich nur um einen ebenen Spannungszustand mit σ_x, σ_y und τ_{xy}, dann gilt:

$$\sigma_x = \frac{E}{1 - \nu^2} \cdot (\varepsilon_x + \nu \cdot \varepsilon_y), \tag{7.3}$$

$$\sigma_y = \frac{E}{1 - \nu^2} \cdot (\nu \cdot \varepsilon_x + \varepsilon_y), \tag{7.4}$$

$$\tau_{xy} = \frac{E \cdot \gamma_z}{2 \cdot (1 + \nu)}. \tag{7.5}$$

7.2 Gleichung der elastischen Biegelinie des geraden Stabes

Bei dem in *Abb. 7.1* dargestellten, auf Biegung beanspruchten Stab möge an der Schnittstelle x das Biegemoment

$$\boldsymbol{M}_{z(x)} = \{0, 0, M_{z(x)}\}$$

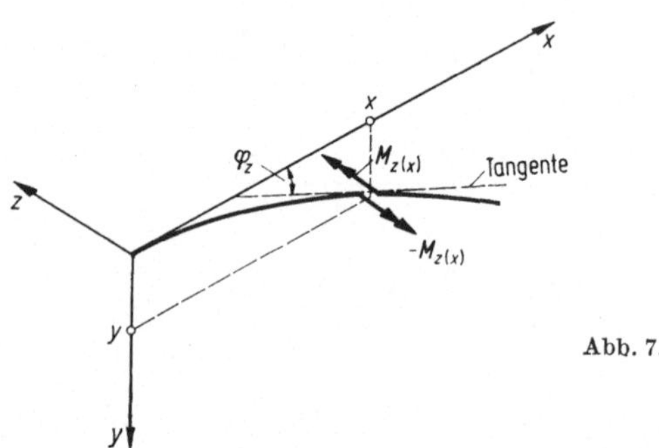

Abb. 7.1 Biegestab.

wirken. Ist dabei die z-Achse auch Hauptachse des Stabquerschnittes mit dem Trägheitsmoment $I_{z(x)} = I_{zh}$, dann gilt entsprechend den in 5.2 abgeleiteten Beziehungen für den Krümmungsradius $R_{z(x)}$ an dieser Stelle

$$R_{z(x)} = \frac{E_{(x)} \cdot I_{z(x)}}{M_{z(x)}}. \tag{7.6}$$

Andererseits erhält man nach den Gesetzen der analytischen Geometrie für den Krümmungsradius einer Kurve $y = f_{(x)}$ den Ausdruck

$$R = \frac{\sqrt{(1 + y'^2)^3}}{y''},$$

wobei man für Kurvenbereiche mit geringer Neigung zur x-Achse den dann gegenüber 1 sehr klein werdenden Wert y'^2 vernachlässigen und mit

$$R = \pm \frac{1}{y''}$$

rechnen kann. Da letzteres hier zutrifft, erhält man mit der Beziehung nach Gl. (7.6) die sogenannte „Gleichung der elastischen Biegelinie des geraden Stabes" in der Form

$$y'' = \frac{d_y^2}{dx^2} = \pm \frac{M_{z(x)}}{E_{(x)} \cdot I_{z(x)}}. \tag{7.7}$$

Einigt man sich darauf, die Schnittlasten für das (in positiver x-Richtung gesehen) abliegende Schnittufer zu ermitteln, dann gilt in Gl. (7.7) das negative Vorzeichen. Durch Integration erhält man daraus die Neigung der gekrümmten Stabachse an der Stelle x zu

$$\varphi_z = y' = \frac{dy}{dx} = \int\limits_0^x \frac{-M_{z(x)}}{E_{(x)} \cdot I_{z(x)}} \cdot dx + C_\varphi, \tag{7.8}$$

und durch anschließende Integration von Gl. (7.8) dann die „Durchbiegung y" an der Stelle x zu

$$y = \int\limits_0^x \left(\int\limits_0^x \frac{-M_{z(x)}}{E_{(x)} \cdot I_{z(x)}} \cdot dx \right) \cdot dx + C_\varphi \cdot x + C_\delta. \tag{7.9}$$

Sind Elastizitätsmodul und Stabquerschnitt über die ganze Stablänge konstant, dann vereinfachen sich die Gln. (7.8) und (7.9) in

$$\varphi_z = \frac{1}{E \cdot I_z} \cdot \int\limits_0^x - M_{z(x)} \cdot dx + C_\varphi, \tag{7.10}$$

$$y = \frac{1}{E \cdot I_z} \int\limits_0^x \left(\int\limits_0^x - M_{z(x)} \cdot dx \right) \cdot dx + C_\varphi \cdot x + C_\delta. \tag{7.11}$$

Für praktische Rechnungen sind die Gln. (7.8) bis (7.11) weniger geeignet. Sie dienen hauptsächlich für Ableitungen. Man hat dazu das Moment und gegebenenfalls auch das Trägheitsmoment und in sehr seltenen Fällen auch den Elastizitätsmodul als Funktion von x darzustellen, die Integrationen durchzuführen und anschließend die beiden Integrationskonstanten C_φ und C_δ aus den sogenannten „Randbedingungen" zu ermitteln. Den prinzipiellen Gang dieser Rechnung kann man aus den in 7.4 angeführten Ableitungen für den Freiträger erkennen.

7.3 Verwindung des Torsionsstabes

Bei dem in *Abb. 7.2* dargestellten, auf Torsion beanspruchten Stab mit Kreis- oder Rohrquerschnitt möge an der Schnittstelle x das Torsionsmoment

$$\boldsymbol{M}_{x(x)} = \{M_{x(x)}, 0, 0\}$$

wirken. Dabei seien wie in 7.2 die Schnittlasten wieder für das abliegende Schnittufer ermittelt. Die Winkeldifferenz $d\varphi_x$ zwischen zwei dort um

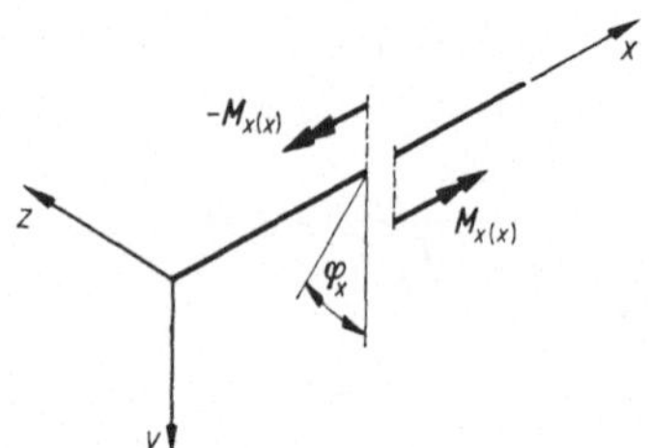

Abb. 7.2 Torsionsstab.

dx auseinanderliegende Stabquerschnitte beträgt dann entsprechend den schon im 5.4 für den Rohrquerschnitt angeführten Beziehungen

$$d\varphi_x = \frac{-M_{x(x)}}{G_{(x)} \cdot I_{p(x)}} \cdot dx,$$

woraus sich die Drehung an der Stelle x zu

$$\varphi_x = \int_0^x \frac{-M_{x(x)}}{G_x \cdot I_{p(x)}} \cdot dx + C \tag{7.12}$$

ergibt. Um diese Aussage für eine beliebige Querschnittform gültig zu machen, führt man den Begriff „Torsionsflächenmoment I_t" ein, dessen Bedeutung im einzelnen aus Tab. 5.1 entnommen werden kann. Die allgemeine Beziehung lautet dann also

$$\varphi_x = \int_0^x \frac{-M_{x(x)}}{G_{(x)} \cdot I_{t(x)}} \cdot dx + C \tag{7.13}$$

und geht bei konstantem G und I_t in

$$\varphi_x = \frac{1}{G \cdot I_t} \cdot \int_0^x -M_{x(x)} \cdot dx + C \tag{7.14}$$

über. Die Integrationskonstante C ist wieder aus einer Randbedingung zu bestimmen.

7.4 Verformung des geraden Freiträgers

Die Grundlagen der später gezeigten Elastizitätsberechnung von Rohrleitungen bilden die Verformungen am freien Ende eines Freiträgers durch ebenfalls dort angreifende Kräfte und Momente. Nach *Abb. 7.3* sei angenommen, daß der Stab die Länge L aufweist, die x-Achse des Koordinatensystems mit der Stabachse identisch ist, der Koordinatenursprung im Einspannpunkt A des Stabes liegt, und die Hauptachsen des über L gleichbleibenden Querschnittes mit dem Flächeninhalt F parallel zur y- und z-Achse verlaufen. Die beiden Hauptträgheitsmomente wären demnach mit I_y und I_z zu bezeichnen und das Torsionsflächenmoment mit I_t. Elastizitätsmodul E und damit auch Gleitmodul G seien ebenfalls konstant über L. Am freien Stabende B mögen Kraft $\boldsymbol{P}_B$ und Moment $\boldsymbol{M}_B$, gegeben durch

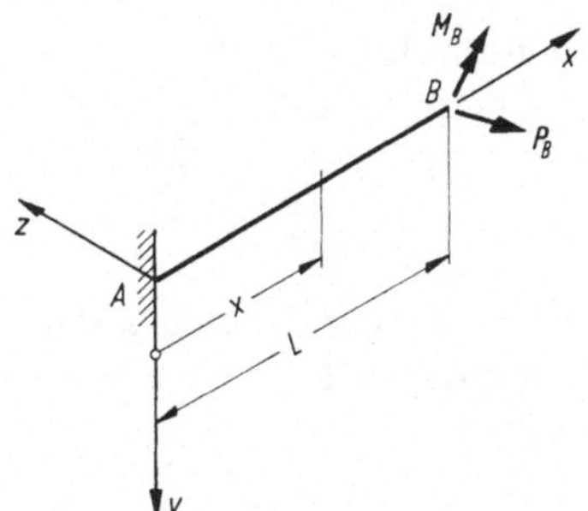

Abb. 7.3 Am freien Ende B durch P_B und M_B belasteter Freiträger.

$$\boldsymbol{P}_B = \{P_{Bx}, P_{By}, P_{Bz}\},$$

$$\boldsymbol{M}_B = \{M_{Bx}, M_{By}, M_{Bz}\},$$

wirken. Die dadurch dort hervorgerufene Verschiebung

$$\boldsymbol{\delta}_B = \{\delta_{Bx}, \delta_{By}, \delta_{Bz}\}$$

und Verdrehung

$$\boldsymbol{\varphi}_B = \{\varphi_{Bx}, \varphi_{By}, \varphi_{Bz}\}$$

nehmen dann folgende Größen an:

a) Infolge Normalkraft $\boldsymbol{N} = \{P_{Bx}, 0, 0\}$. Aus den beiden Gln. (6.1) und (5.7) folgt wegen $\Delta L = \varepsilon \cdot L$:

$$\boldsymbol{\delta}_B = \frac{L}{E \cdot F} \cdot \{P_{Bx}, 0, 0\}. \tag{7.15}$$

b) Infolge Schub durch Querkraft $\boldsymbol{Q} = \{0, P_{By}, P_{Bz}\}$. Bei Annahme einer gleichmäßigen Verteilung der Schubspannungen über den gesamten Querschnitt folgt aus $\tau = Q/F$ und $\gamma = \tau/G$:

$$\boldsymbol{\delta}_B = \frac{L}{G \cdot F} \cdot \{0, P_{By}, P_{Bz}\} \tag{7.16}$$

bzw. mit der durch $E/G = 2 \cdot (1 + \nu)$ gegebenen Beziehung bei $\nu = 0{,}3$:

$$\boldsymbol{\delta}_B = \frac{2{,}6 \cdot L}{E \cdot F} \cdot \{0, P_{By}, P_{Bz}\}. \tag{7.17}$$

c) Infolge Biegung durch Querkraft $\boldsymbol{Q} = \{0, P_{By}, P_{Bz}\}$. Zunächst sei nur die Wirkung von $\boldsymbol{P}_{By}$ betrachtet. An der Stelle x ergibt sich dann das Biegemoment zu

$$M_{z(x)} = -P_{By} \cdot (L - x).$$

Das in Gl. (7.10) angeführte Integral ergibt sich dann zu

$$\int_0^x -M_{z(x)} \cdot dx = \int_0^x P_{By} \cdot (L - x) \cdot dx = P_{By} \cdot \left(L \cdot x - \frac{x^2}{2}\right)$$

und das Integral der Gl. (7.11) zu

$$\int_0^x \left(\int_0^x - M_{z(x)} \cdot dx\right) \cdot dx = \int_0^x P_{By} \cdot \left(L \cdot x - \frac{x^2}{2}\right) \cdot dx$$

$$= P_{By} \cdot \left(L \cdot \frac{x^2}{2} - \frac{x^3}{6}\right).$$

Die Gln. (7.10) und (7.11) gehen damit für die Stelle x über in

$$\varphi_z = \frac{P_{By}}{E \cdot I_z} \cdot \left(L \cdot x - \frac{x^2}{2}\right) + C_\varphi, \tag{7.18}$$

$$\delta_y = \frac{P_{By}}{E \cdot I_z} \cdot \left(L \cdot \frac{x^2}{2} - \frac{x^3}{6}\right) + C_\varphi \cdot x + C_\delta. \tag{7.19}$$

Auf Grund der Lagerung muß für den Einspannpunkt A mit $x = 0$ gelten

$$\varphi_{Az} = 0 \quad \text{und} \quad \delta_{Ay} = 0,$$

wodurch sich die Integrationskonstanten aus den Gln. (7.18) und (7.19) offensichtlich zu

$$C_\varphi = 0 \quad \text{und} \quad C_\delta = 0$$

ergeben. Für den Endpunkt B mit $x = L$ gilt damit dann

$$\varphi_{Bz} = \frac{P_{By}}{E \cdot I_z} \cdot \frac{L^2}{2} \quad \text{und} \quad \delta_{By} = \frac{P_{By}}{E \cdot I_z} \cdot \frac{L^3}{3}.$$

In analoger Weise erhält man für die alleinige Wirkung von $\boldsymbol{P}_{Bz}$

$$\varphi_{By} = -\frac{P_{Bz}}{E \cdot I_y} \cdot \frac{L^2}{2} \quad \text{und} \quad \delta_{Bz} = \frac{P_{Bz}}{E \cdot I_y} \cdot \frac{L^3}{3},$$

so daß sich für die Gesamtwirkung von $\boldsymbol{Q} = \{0, P_{By}, P_{Bz}\}$ die Ausdrücke

$$\boldsymbol{\varphi}_B = \frac{L^2}{2 \cdot E} \cdot \left\{0, \frac{-P_{Bz}}{I_y}, \frac{P_{By}}{I_z}\right\}, \tag{7.20}$$

$$\boldsymbol{\delta}_B = \frac{L^3}{3 \cdot F} \cdot \left\{0, \frac{P_{By}}{I_z}, \frac{P_{Bz}}{I_y}\right\} \tag{7.21}$$

ergeben, die für den Rohrquerschnitt mit $I_y = I_z = I$ in

$$\boldsymbol{\varphi}_B = \frac{L^2}{2 \cdot E \cdot I} \cdot \{0, -P_{Bz}, P_{By}\}, \tag{7.22}$$

$$\boldsymbol{\delta}_B = \frac{L^3}{3 \cdot E \cdot I} \cdot \{0, P_{By}, P_{Bz}\} \tag{7.23}$$

übergehen.

d) Infolge Biegemoment $\boldsymbol{M}_b = \{0, M_{By}, M_{Bz}\}$. Indem man wie zuvor bei c) vorgeht, erhält man zunächst

$$M_{z(x)} = -M_{Bz},$$

$$\int_0^x -M_{z(x)} \cdot dx = \int_0^x M_{Bz} \cdot dx = M_{Bz} \cdot x,$$

$$\int_0^x \left(\int_0^x -M_{z(x)} \cdot dx \right) \cdot dx = \int_0^x M_{Bz} \cdot x \cdot dx = M_{Bz} \cdot \frac{x^2}{2},$$

$$\varphi_z = \frac{M_{Bz}}{E \cdot I_z} \cdot x + C_\varphi,$$

$$\delta_y = \frac{M_{Bz}}{E \cdot I_z} \cdot \frac{x^2}{2} + C_\varphi \cdot x + C_\delta.$$

Aus der Lagerungsbedingung $\varphi_{Az} = 0$ und $\delta_{Ay} = 0$ bei $x = 0$ ergibt sich wieder $C_\varphi = 0$ sowie $C_\delta = 0$ und damit für B mit $x = L$

$$\varphi_{Bz} = \frac{M_{Bz} \cdot L}{E \cdot I_z} \quad \text{sowie} \quad \delta_{By} = \frac{M_{Bz} \cdot L^2}{2 \cdot E \cdot I_z}.$$

Bei entsprechender Betrachtung der Wirkung von $\boldsymbol{M}_{By}$ ergibt sich dann

$$\varphi_{By} = \frac{M_{By} \cdot L}{E \cdot I_y} \quad \text{sowie} \quad \delta_{Bz} = -\frac{M_{By} \cdot L^2}{2 \cdot E \cdot I_y}$$

und damit die Gesamtwirkung von $\boldsymbol{M}_b = \{0, M_{By}, M_{Bz}\}$ zu

$$\boldsymbol{\varphi}_B = \frac{L}{E} \cdot \left\{0, \frac{M_{By}}{I_y}, \frac{M_{Bz}}{I_z}\right\}, \tag{7.24}$$

$$\boldsymbol{\delta}_B = \frac{L^2}{2 \cdot E} \cdot \left\{0, \frac{M_{Bz}}{I_z}, \frac{-M_{By}}{I_y}\right\}, \tag{7.25}$$

bzw. für den Rohrquerschnitt mit $I_y = I_z = I$ zu

$$\boldsymbol{\varphi}_B = \frac{L}{E \cdot I} \cdot \{0, M_{By}, M_{Bz}\}, \tag{7.26}$$

$$\boldsymbol{\delta}_B = \frac{L^2}{2 \cdot E \cdot I} \cdot \{0, M_{Bz}, -M_{By}\}. \tag{7.27}$$

e) Infolge Torsionsmoment $\boldsymbol{M}_t = \{M_{Bx}, 0, 0\}$. Mit $M_{x(x)} = -M_{Bx}$ geht Gl. (7.14) in

$$\varphi_x = \frac{1}{G \cdot I_t} \cdot \int_0^x M_{Bx} \cdot dx + C = \frac{M_{Bx} \cdot x}{G \cdot I_t} + C$$

über. Aus $\varphi_{Ax} = 0$ bei $x = 0$ erkennt man $C = 0$, und es gilt dann bei B mit $x = L$

$$\varphi_{Bx} = \frac{M_{Bx} \cdot L}{G \cdot I_t},$$

so daß sich mit $E/G = 2 \cdot (1 + \nu)$ und $\nu = 0{,}3$ die Wirkung von $\boldsymbol{M}_t = \{M_{Bx}, 0, 0\}$ bei B zu

$$\boldsymbol{\varphi}_B = \frac{2{,}6 \cdot L}{E \cdot I_t} \cdot \{M_{Bx}, 0, 0\} \tag{7.28}$$

bzw. für den Rohrquerschnitt mit $J_t = J_p = 2 \cdot J$ zu

$$\boldsymbol{\varphi}_B = \frac{1{,}3 \cdot L}{E \cdot I} \cdot \{M_{Bx}, 0, 0\} \tag{7.29}$$

ergibt.

f) Infolge Verschiebung und Drehung des Einspannendes A. Wird das Einspannende A des Stabes um

$$\boldsymbol{\delta}_A = \{\delta_{Ax}, \delta_{Ay}, \delta_{Az}\}$$

verschoben und um

$$\boldsymbol{\varphi}_A = \{\varphi_{Ax}, \varphi_{Ay}, \varphi_{Az}\}$$

gedreht, dann ergibt sich dadurch folgende Drehung $\boldsymbol{\varphi}_B$ und Verschiebung $\boldsymbol{\delta}_B$ am freien Ende B:

$$\boldsymbol{\varphi}_B = \{\varphi_{Ax}, \varphi_{Ay}, \varphi_{Az}\}, \tag{7.30}$$

$$\boldsymbol{\delta}_B = \{\delta_{Ax}, \delta_{Ay} + L \cdot \varphi_{Az}, \delta_{Az} - L \cdot \varphi_{Ay}\}. \tag{7.31}$$

8. Begriff der Theorie zweiter Ordnung

Wie ausführlich gezeigt, ist mit jeder Belastung einer Konstruktion immer eine Änderung der geometrischen Form dieser Konstruktion verbunden. Im Hinblick auf die Hebelarme der Lasten sind diese Formänderungen aber normalerweise von so kleiner Größe, daß man die Momente für den unverformten Zustand der Konstruktiron ermitteln kann. Geht man so vor, dann arbeitet man nach der sogenannten „Theorie erster Ordnung" (kurz: Theorie I).

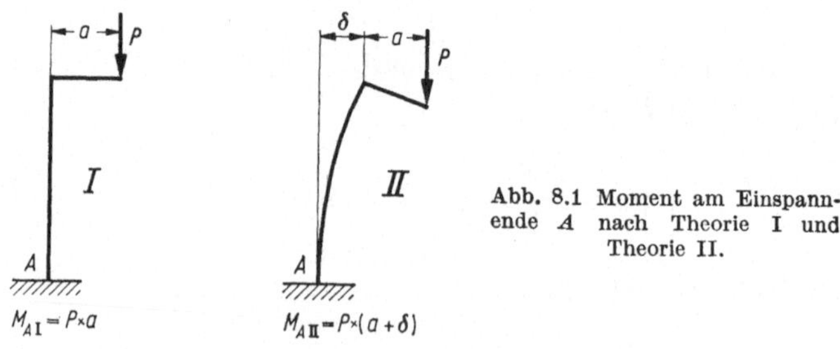

Abb. 8.1 Moment am Einspannende A nach Theorie I und Theorie II.

Nun gibt es aber auch Fälle, in denen Hebelarme für die unverformte Konstruktion in der Größenordnung der Durchbiegungen liegen oder sich überhaupt erst nach der Verformung zeigen. Hier wird es dann verständlicherweise erforderlich, die Momente für den verformten Zustand der Konstruktion zu ermitteln. Dieses Vorgehen bezeichnet man als Arbeiten nach der „Verformungstheorie zweiter Ordnung" (kurz: Theorie II). Aus *Abb. 8.1* ist der Unterschied zwischen Theorie I und Theorie II gut zu erkennen.

Das Anwendungsgebiet der Theorie II sind die Knick- und Beulprobleme, die immer dann auftreten, wenn man es mit Druckspannungen bei schlanken Stäben oder dünnen Platten und Schalen zu tun hat.

9. Verformungen außerhalb des Proportionalitätsbereiches [6]

Ein ideal-elastisch-plastischer Werkstoff würde eine Spannungs-Dehnungslinie nach *Abb. 9.1* aufweisen. Die Proportionalitäts- und Elastizitätsgrenze fallen hier mit dem Streckgrenzenpunkt S zusammen,

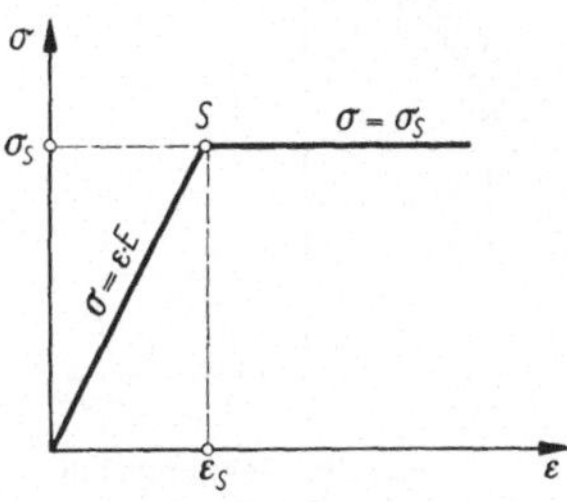

Abb. 9.1 Spannungs-Dehnungslinie eines ideal-elastisch-plastischen Werkstoffes.

so daß sich der gesamte Bereich zwischen 0 und S als ideal-elastischer Bereich durch das Hookesche Gesetz

$$\sigma = \varepsilon \cdot E \quad \text{bzw.} \quad E = \frac{d\sigma}{d\varepsilon} = \frac{\sigma}{\varepsilon}$$

wiedergeben läßt. Für den ideal-plastischen Bereich mit $\varepsilon > E \cdot \sigma_s$ gilt dann

$$\sigma = \sigma_S \quad \text{sowie} \quad E = \frac{d\sigma}{d\varepsilon} = 0.$$

Bei der Schreibweise $E = d\sigma/d\varepsilon$ stellt sich der Elastizitätsmodul E als die Ableitung der Funktion $\sigma = f(\varepsilon)$ dar. Da die grafische Darstellung von $\sigma = f(\varepsilon)$ die Spannungs-Dehnungslinie ergibt, ist E somit der Tangenswert des Winkels zwischen der jeweiligen Tangente der Spannungsdehnungslinie und der ε-Achse. $E = 0$ gibt also lediglich an, daß die Spannungs-Dehnungslinie parallel zur ε-Achse verläuft und σ einen konstanten, von ε unabhängigen Wert (hier $\sigma = \sigma_S$) aufweist. Die zu $\sigma = \sigma_S$ gehörenden ε-Werte lassen sich nur aus geometrischen Bedingungen finden, die z. B. bei einem Biegestab durch einen vorgegebenen Krümmungsradius bestimmt sein können.

Bei den wirklichen Werkstoffen setzt man bis zur Proportionalitätsgrenze ein ideal-elastisches Verhalten voraus. Daran schließt sich ein Übergangsbereich mit

$$\sigma = \varepsilon \cdot E_{(\varepsilon)} \quad \text{bzw.} \quad E_{(\varepsilon)} = \frac{d\sigma}{d\varepsilon}$$

an, der bei Werkstoffen mit ausgeprägtem Fließbereich entsprechend *Abb. 9.2* bis zum Streckgrenzenpunkt S und bei Werkstoffen ohne Fließbereich entsprechend *Abb. 9.3* bis zum Bruchgrenzenpunkt B reicht. Zur Unterscheidung vom Elastizitätsmodul E bezeichnet man

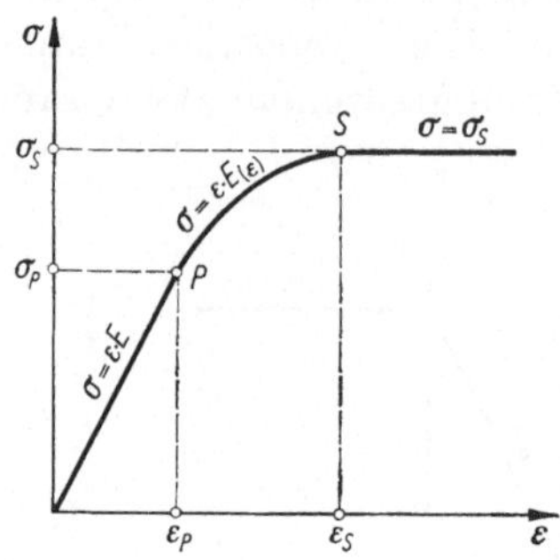

Abb. 9.2 Spannungs-Dehnungslinie eines Werkstoffes mit ausgeprägtem Fließbereich.

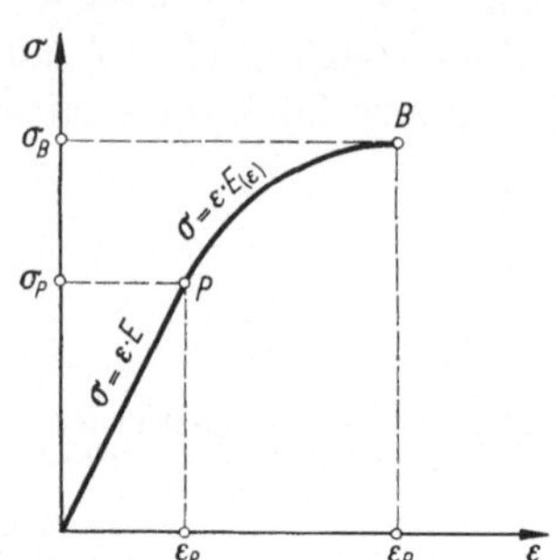

Abb. 9.3 Spannungs-Dehnungslinie eines Werkstoffes ohne ausgeprägtem Fließbereich.

$E_{(\varepsilon)}$ als „Tangentenmodul". Bei Stählen ohne ausgeprägte Streckgrenze setzt man meist $\sigma_{0,2} = \sigma_S$ und legt dann ebenfalls einen Dehnungsverlauf nach Abb. 9.2 zugrunde. Trägt man bei Stählen den jeweiligen aus dem Zugversuch gewonnenen Verhältniswert

$$\frac{E_{(\varepsilon)}}{E} = k = f(\sigma)$$

über der Spannung auf, dann zeigt sich ein Kurvenverlauf nach *Abb. 9.4*, der sich im Bereich $\sigma_P < \sigma < \sigma_S$ in guter Näherung als eine Parabel mit der Scheitelhöhe 1 und der halben Sehnenlänge $\sigma_S - \sigma_P$ auffassen

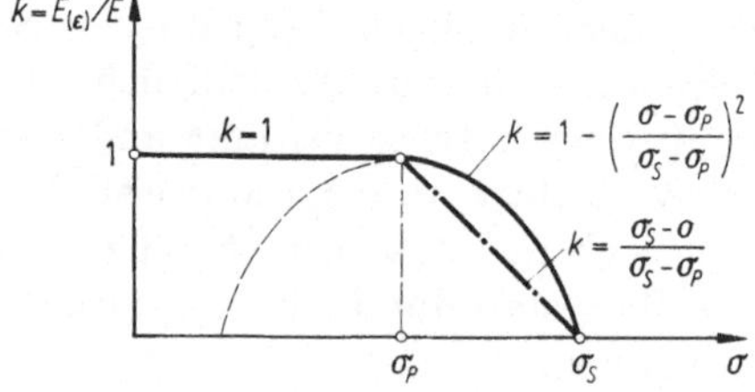

Abb. 9.4 Bezogener Tangentenmodul-Verlauf.

läßt. Über die Parabelgleichung erhält man dann

$$k = \frac{E_{(\varepsilon)}}{E} = 1 - \left(\frac{\sigma - \sigma_P}{\sigma_S - \sigma_P}\right)^2 \tag{9.1}$$

oder umgestellt

$$E_{(\varepsilon)} = k \cdot E = E \cdot \left[1 - \left(\frac{\sigma - \sigma_P}{\sigma_S - \sigma_P}\right)^2\right], \tag{9.2}$$

womit sich die Abhängigkeit der Dehnung von der Spannung zu

$$\varepsilon = \frac{\sigma}{E_{(\varepsilon)}} = \frac{\sigma}{E} \cdot \frac{1}{1 - \left(\frac{\sigma - \sigma_P}{\sigma_S - \sigma_P}\right)^2} \tag{9.3}$$

und die der Spannung von der Dehnung zu

$$\sigma = (\sigma_S - \sigma_P) \cdot \tanh \frac{\varepsilon \cdot E - \sigma_P}{\sigma_S - \sigma_P} - \sigma_P \tag{9.4}$$

ergibt. Bei Stählen setzt man meist $\sigma_P = 0{,}8 \cdot \sigma_S$, während bei den im Rohrleitungsbau ebenfalls verwendeten Kupfer- und Aluminium-Legierungen besser mit $\sigma_P = 0{,}5 \cdot \sigma_S$ gearbeitet wird.

Ein etwas weniger genaues, aber einfacheres und für die Tragfähigkeitsermittlung auf der sicheren Seite liegendes σ-ε-Gesetz erhält man bei Annahme eines gradlinigen Verlaufes der k-Kurve, wie er strichpunktiert in Abb. 9.4 eingezeichnet ist. Über die Geradengleichung erhält man hier

$$k = \frac{E_{(\varepsilon)}}{E} = \frac{\sigma_S - \sigma}{\sigma_S - \sigma_P}, \tag{9.5}$$

$$E_{(\varepsilon)} = k \cdot E = E \cdot \frac{\sigma_S - \sigma}{\sigma_S - \sigma_P}, \tag{9.6}$$

$$\varepsilon = \frac{\sigma}{E_{(\varepsilon)}} = \frac{\sigma}{E} \cdot \frac{\sigma_S - \sigma_P}{\sigma_s - \sigma}, \tag{9.7}$$

$$\sigma = \frac{\sigma_S}{1 + \frac{\sigma_S - \sigma_P}{\varepsilon \cdot E}}. \tag{9.8}$$

Bei Biegeverformung nehmen die auf Gl. (9.1) und auch auf Gl. (9.5) aufgebauten Formeln sehr unhandliche Formen an. Man hilft sich deshalb meist mit der Annahme eines ideal-elastisch-plastischen Werkstoffverhaltens und läßt das Hookesche Gesetz bis zum Erreichen von

$\sigma = \sigma_S$ gelten. Aus *Abb. 9.5* lassen sich die dabei im Bereich $\sigma_P < \sigma < \sigma_S$ auftretenden Abweichungen gut erkennen (S_i = ideeller Streckgrenzenpunkt).

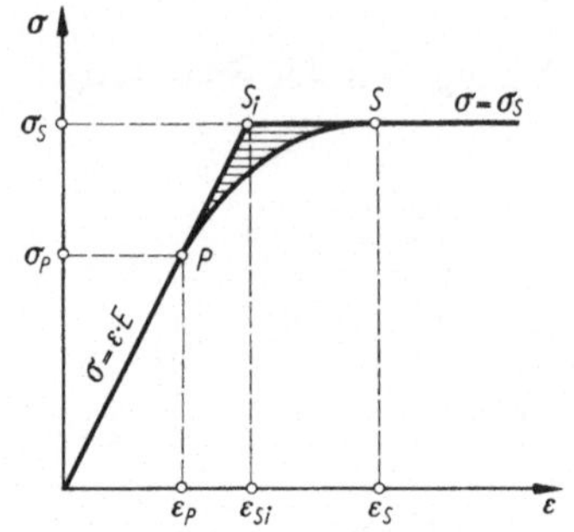

Abb. 9.5 Fehlerbereich bei Annahme eines ideal-elastisch-plastischen Werkstoffverhaltens.

Abb. 9.6 zeigt, welche Spannungsverteilung sich für einen Biegestab bei den verschiedenen Annahmen bezüglich der σ-ε-Abhängigkeit ergibt. Die in Abb. 9.6a vorgegebene Verformung ist dabei so gewählt,

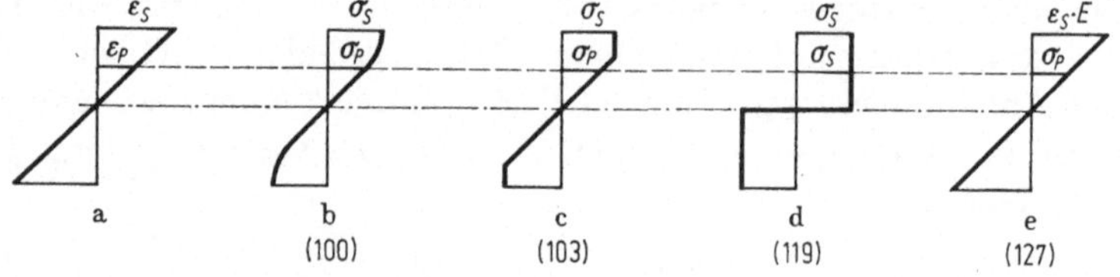

Abb. 9.6 Biegespannungsverlauf nach verschiedenen σ-ε-Gesetzen bei vorgegebenem Dehnungsverlauf.
a) Dehnung; b) Parabelgesetz; c) ideal-elastisch-plastisch; d) ideal-plastisch; e) ideal-elastich.

daß in der äußersten Faser gerade die Streckgrenzendehnung erreicht wird. Die Klammerwerte unter den Spannungsbildern geben das Größenverhältnis der zugehörigen Momente für einen Rechteckquerschnitt bei den Verhältnissen $\sigma_P/\sigma_S = 0{,}8$ und $E/\sigma_P = 10^3$ an.

10. Knicken des geraden Stabes

[6]

Die Erfahrung zeigt, daß schlanke Stäbe bei Belastung durch eine Druck-Normalkraft nicht nur die in 7.4 angeführte Dehnung (hier Stauchung) erfahren, sondern bei einer bestimmten Größe von $\boldsymbol{P}$, die als „Knicklast P_K“ bezeichnet wird, seitlich ausknicken. Die durch die Knicklast P_K vor dem Knickbeginn hervorgerufene Normalspannung nennt man (kritische) „Knickspannung σ_K“, so daß mit F als Größe der Querschnittfläche gilt:

$$\sigma_K = \frac{P_K}{F}. \tag{10.1}$$

Die Abhängigkeit der Knicklast P_K von der Stablänge L und der Stützungsart läßt sich zusammengefaßt durch die „Knicklänge s_K“ ausdrücken, für welche die Beziehung

$$s_K = m \cdot L \tag{10.2}$$

gilt. Für die häufigsten Stützungsarten sind die zugehörigen m-Werte in *Tab. 10.1* angeführt.

Tabelle 10.1 Knicklängen $s_K = m \cdot L$

Stützung	$m = s_K/L$
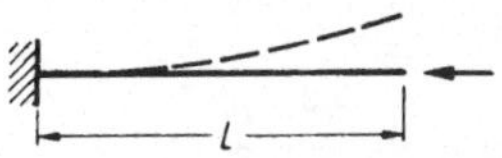	2
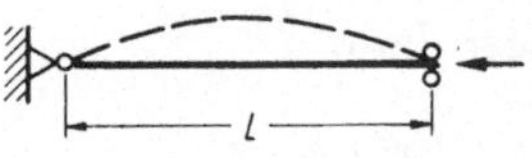	1
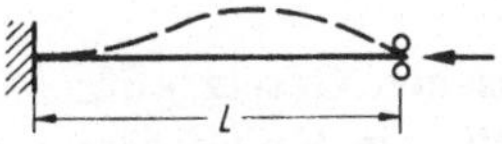	0,707
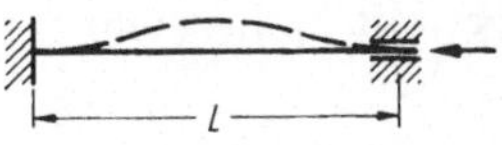	0,5
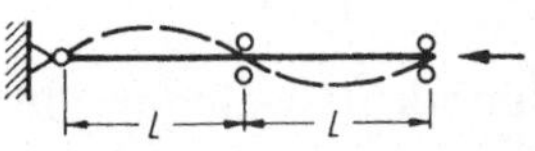	1

Für die Größe der jeweiligen Knicklast P_K fand bereits EULER (1707—1783) für den Proportionalitätsbereich die Beziehung

$$P_K = P_{Ki} = \frac{\pi^2 \cdot E \cdot I_{\min}}{s_K^2}, \tag{10.3}$$

wobei durch $I_{\min}$ die Abhängigkeit von der Querschnittform und durch E die Abhängigkeit von der Werkstoffeigenschaft gegeben ist. Mit der durch Gl. (9.1) gegebenen Beziehung läßt sich Gl. (10.3) zunächst in

$$\sigma_{Ki} = \frac{\pi^2 \cdot E \cdot I_{\min}}{s_K^2 \cdot F}$$

umformen und dann mit dem Begriff des Trägheitsradius $i_{\min} = \sqrt{I_{\min}/F}$ als

$$\sigma_{Ki} = \frac{\pi^2 \cdot E \cdot i_{\min}^2}{s_K^2}$$

schreiben. Bezeichnet man nun noch den Quotienten $s_K/i_{\min}$ als „Schlankheitsgrad λ", also

$$\lambda = \frac{s_K}{i_{\min}}, \tag{10.4}$$

dann erhält man für die kritische (Euler-)Knickspannung den einfachen Ausdruck

$$\sigma_{Ki} = \frac{\pi^2 \cdot E}{\lambda^2} \tag{10.5}$$

und für die zugehörige Knicklast dann

$$P_{Ki} = \frac{\pi^2 \cdot E \cdot F}{\lambda^2}. \tag{10.6}$$

Da Gl. (10.3) auf dem Hookeschen Gesetz aufgebaut ist, kann sie nur so lange Gültigkeit haben, wie die Knickspannung σ_K die Proportionalitätsgrenze σ_P nicht überschreitet. Setzt man in Gl. (10.5) $\sigma_{Ki} = \sigma_P$, dann ergibt sich der zugehörige, mit λ_P bezeichnete Schlankheitsgrad zu

$$\lambda_P = \pi \cdot \sqrt{\frac{E}{\sigma_P}}, \tag{10.7}$$

und man erhält $\lambda \geqq \lambda_P$ als Gültigkeitsbedingung für die Gln. (10.5) und (10.6).

Bei den sogenannten gedrungenen Stäben mit kleineren als durch Gl. (10.7) gegebenen λ-Werten lassen sich die Knickbedingungen nur im Zusammenhang mit dem Spannungs-Dehnungs-Diagramm des betreffenden Werkstoffes ermitteln. Legt man ein Werkstoffverhalten nach dem in Kap. 9 mit Gl. (9.2) beschriebenen σ-ε-Parabelgesetz zugrunde, dann ergibt sich die hier zur Unterscheidung von σ_{Ki} mit σ_{Ks} bezeichnete kritische (Shanley-)Knickspannung zu

$$\sigma_{Ks} = \frac{\pi^2 \cdot E_{(\varepsilon)}}{\lambda^2} = (\sigma_S - \sigma_P) \cdot \tanh \frac{\pi^2 \cdot E/\lambda^2 - \sigma_P}{\sigma_S - \sigma_P} - \sigma_P. \tag{10.8}$$

Mit dem linearisierten σ-ε-Gesetz nach Gl. (9.6) erhält man statt Gl. (10.8) die einfachere Form der Gl. (10.9)

$$\sigma_{Ks} = \frac{\pi^2 \cdot E_{(\varepsilon)}}{\lambda^2} = \frac{\sigma_S}{1 + \lambda^2 \cdot \dfrac{\sigma_S - \sigma_P}{\pi^2 \cdot E}}. \tag{10.9}$$

Aus Abb. 9.4 geht hervor, daß man hiermit für σ_{Ks} kleinere Werte als nach Gl. (10.8) erhält und demnach auf der sicheren Seite liegt.

Sowohl die für den Proportionalitätsbereich ($\lambda \geqq \lambda_P$) gültige Gl. (10.5) als auch die für das elasto-plastische Übergangsgebiet gültigen Gln. (10.8) und (10.9) setzen einen völligen geraden Stab, einen Angriff der Druckkraft genau im Querschnittschwerpunkt und einen völlig isotropen Werkstoff voraus. Versuche und verfeinerte Theorien zeigen aber, daß schon kleinen Abweichungen von den Idealbedingungen eine starke Abminderung der Knickspannungen σ_{Ki} bzw. σ_{Ks} gegenübersteht. Dieser Tatsache muß man nun dadurch gerecht werden, daß man mit der wirklichen Druckbeanspruchung

$$\sigma_d = \frac{P}{F} \tag{10.10}$$

in genügendem Abstand von der kritischen Knickspannung $\sigma_K = \sigma_{Ki}$ bzw. $\sigma_K = \sigma_{Ks}$ entfernt bleibt. Mit dem Knicksicherheitsfaktor

$$S_K = \frac{\sigma_K}{\sigma_d} \tag{10.11}$$

lautet dann die Festigkeitsbedingung:

$$\sigma_d = \frac{P}{F} \leqq \frac{\sigma_K}{S_K}. \tag{10.12}$$

Richtet man sich bezüglich der Größe des Knicksicherheitsbeiwertes nach den in DIN 4114 durch die ω-Werte gegebenen Forderungen, dann ist S_K in Abhängigkeit vom Verhältnis λ/λ_P aus *Abb. 10.1* zu entnehmen. Die dort eingezeichnete Kurve wurde aus der Beziehung

$$S_K = \frac{\sigma_K \cdot \omega}{\sigma_S/S}$$

gewonnen und dabei für ω, σ_S, σ_P, E und S die in DIN 4114 für St 37 und Belastungsfall 1 angeführten Werte zugrunde gelegt. Zur Ermittlung von S_K wurde von Gl. (10.5) und Gl. (10.9) ausgegangen. Die punktierte

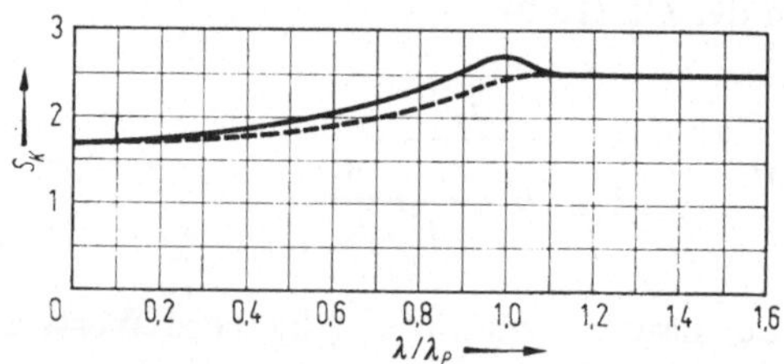

Abb. 10.1 Knicksicherheitsbeiwert S_K in Abhängigkeit vom Verhältnis λ/λ_p.

Linie in Abb. 10.1 gilt entsprechend DIN 4114 nur für Druckstäbe, die aus einem einzelnen Rohr mit $s < d_a/6$ bestehen. In allen anderen Fällen gilt der ausgezogene Kurvenverlauf.

Will man — besonders bei außermittiger Druckbeanspruchung — mit dem ω-Verfahren nach DIN 4114 arbeiten, dann hat man den entsprechenden ω-Wert aus

$$\omega = \frac{\sigma_{zul} \cdot S_K}{\sigma_K} \tag{10.13}$$

zu bestimmen. Dabei stellt σ_{zul} die für den Werkstoff unter den gegebenen Betriebsverhältnissen zulässige Zugspannung dar. Mit Gl. (10.13) wäre dann der Übergang zu DIN 4114 für die Fälle gegeben, in denen man auf Grund der Werkstoffart und Betriebstemperatur nicht direkt die dort gegebenen ω-Werte verwenden kann.

11. Beanspruchung durch Innendruck

[1, 8, 9, 10]

Ist ein Gefäß nach *Abb. 11.1* mit einem flüssigen oder gasförmigen Medium gefüllt und über einen beweglichen Kolben durch eine Kraft $\boldsymbol{P}$ der Größe P belastet, dann verteilt sich P gleichmäßig über die Kolbenfläche F_p, und der Gefäßinhalt steht an jeder Stelle unter einem Innendruck der Größe $p = P/F_p$. Damit ergibt sich die Druckeinheit wie bei einer Spannung als Quotient aus Krafteinheit und Quadrat der Längeneinheit. Einigen dieser Druckeinheiten hat man besondere Kurzbezeichnungen gegeben:

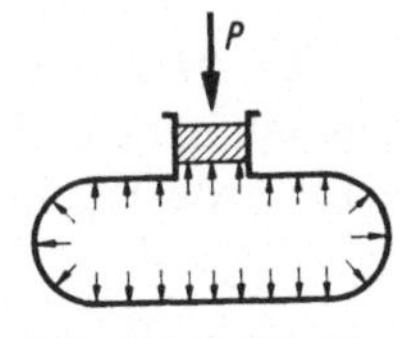

Abb. 11.1 Gefäß unter Innendruck.

$$1 \text{ at} = 1 \text{ kp/cm}^2 \approx 9{,}81 \text{ N/cm}^2,$$
$$1 \text{ atm} \approx 1{,}033 \text{ kp/cm}^2 \approx 10{,}13 \text{ N/cm}^2,$$
$$1 \text{ bar} = 10 \text{ N/cm}^2 \approx 1{,}02 \text{ kp/cm}^2,$$
$$1 \text{ Pa} = 1 \text{ N/m}^2 \approx 0{,}102 \text{ kp/m}^2.$$

Häufig wird die Druckangabe auch durch eine über dem Gefäßinhalt ruhende Flüssigkeitssäule der Höhe h (Längeneinheiten) umschrieben. Über die Dichte ϱ (Masseneinheiten pro Volumeneinheit) oder die Wichte γ (Krafteinheiten pro Volumeneinheit) der Flüssigkeit erhält man den Druck p dann zu

$$p = \gamma \cdot h = g \cdot \varrho \cdot h \tag{11.1}$$

mit g als Fallbeschleunigung (9,81 m/s²). Für Höhenangaben in Wassersäulen (WS) oder Quecksilbersäule (QS) gelten dann die Beziehungen:

$$1 \text{ mWS} = 0{,}1 \text{ kp/cm}^2 \approx 0{,}981 \text{ N/cm}^2,$$
$$1 \text{ mQS} \approx 1{,}36 \text{ kp/cm}^2 \approx 13{,}33 \text{ N/cm}^2.$$

In der englisch sprechenden Welt erfolgt die Druckangabe meist noch in „pounds per square inch“ (psi). Es gilt dann die Umrechnung:

$$1 \text{ psi} \approx 0{,}07031 \text{ kp/cm}^2 \approx 0{,}69 \text{ N/cm}^2.$$

Auch ist bei Druckangaben zu beachten, ob es sich um den absoluten Druck (ata, psia) einschließlich des atmosphärischen Luftdruckes (ca. 1 kp/cm²) oder nur um den über den Atmosphärendruck hinausgehende Überdruck (atü, psig) handelt. In den nachfolgenden Gleichungen hat p immer den Sinn eines Überdruckes.

Wie durch die zur Gefäßwandung senkrechten Pfeile in Abb. 11.1 angedeutet, wirkt auf jedes Flächenelement dF der inneren Gefäßwandung infolge des Innendruckes p eine Kraft $d\boldsymbol{P}$ der Größe $dP = p \cdot dF$ in Richtung der Normalen zu dF.

11.1 Beliebiger, drehsymmetrischer Hohlkörper unter innerem Überdruck

Abb. 11.2 zeigt links einen Abschnitt eines zur Achse $A-A$ drehsymmetrischen Hohlkörpers unter Innendruckbelastung. Anhand des rechts größer herausgezeichneten Elementes mit der inneren Fläche

$$dF_i = du_i \cdot dl_i = R_{ui} \cdot d\beta_u \cdot R_{li} \cdot d\beta_l$$

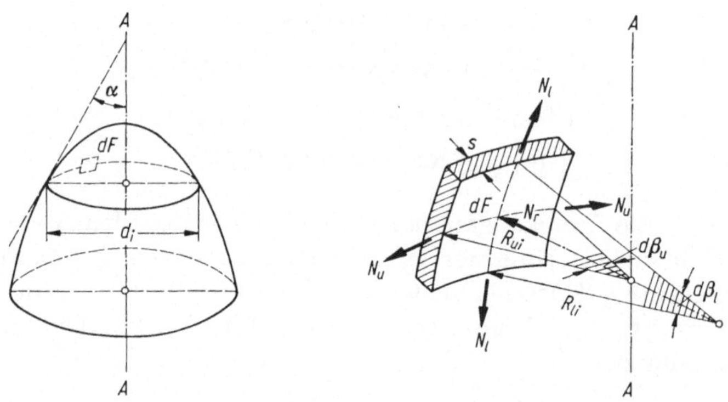

Abb. 11.2 Wandelement eines beliebigen drehsymmetrischen Hohlkörpers.

läßt sich dann für die angreifenden Kräfte

$$\begin{aligned} N_r &= p \cdot R_{ui} \cdot R_{li} \cdot d\beta_u \cdot d\beta_l, \\ N_u &= \sigma_{um} \cdot s \cdot \left(R_{li} + \frac{s}{2}\right) \cdot d\beta_l, \\ N_l &= \sigma_{lm} \cdot s \cdot \left(R_{ui} + \frac{s}{2}\right) \cdot d\beta_u \end{aligned} \tag{11.2}$$

zunächst die Gleichgewichtsbedingung

$$2 \cdot N_u \cdot \sin \frac{d\beta_u}{2} + 2 \cdot N_l \cdot \sin \frac{d\beta_l}{2} = N_r$$

aufstellen, die dann mit den Werten von Gl. (11.2) sowie mit sin $(d\beta/2) \approx d\beta/2$ in

$$\frac{\sigma_{um}}{R_{ui}} \cdot \left(1 + \frac{s}{2 \cdot R_{li}}\right) + \frac{\sigma_{lm}}{R_{li}} \cdot \left(1 + \frac{s}{2 \cdot R_{ui}}\right) = \frac{p}{s} \tag{11.3}$$

übergeht. Mit α als Winkel zwischen der Mantelberührenden und der Achse folgt aus der Gleichgewichtsbedingung für die axiale Richtung

$$p \cdot \frac{\pi}{4} \cdot d_i^2 = \pi \cdot (d_i + s \cdot \cos\alpha) \cdot s \cdot \sigma_{lm} \cdot \cos\alpha$$

die Längsspannung mit $d_i = 2 \cdot R_{ui} \cdot \cos\alpha$ zu:

$$\sigma_{lm} = \frac{p \cdot d_i^2}{4 \cdot (d_i + s \cdot \cos\alpha) \cdot s \cdot \cos\alpha} = \frac{p \cdot R_{ui}^2}{2 \cdot \left(R_{ui} + \frac{s}{2}\right) \cdot s}. \tag{11.4}$$

Mit Gl. (11.4) ergibt sich dann die mittlere Umfangsspannung aus Gl. (11.3) zu:

$$\sigma_{um} = \frac{p \cdot R_{ui}}{s} \cdot \frac{2 \cdot R_{li} - R_{ui}}{2 \cdot R_{li} + s}. \tag{11.5}$$

Als Drittes erzeugt der Innendruck offensichtlich an der Innenwandung eine in radialer Richtung wirkende Druckspannung σ_{ri} in Höhe des Innendruckes, so daß gilt

$$\sigma_{ri} = -p. \tag{11.6}$$

Diese Spannung wird sich von der Innenwand her weiter fortpflanzen, und zwar abnehmend, denn an der Außenwand muß sie zwangsläufig wegen dort fehlenden Gegendruckes auf Null abgesunken sein. Man erhält also die Radialspannung σ_{ra} an der Außenwand zu

$$\sigma_{ra} = 0. \tag{11.7}$$

Der Durchschnittswert der Radialspannung, die sogenannte mittlere Radialspannung σ_{rm}, beträgt damit dann

$$\sigma_{rm} = -\frac{p}{2}. \tag{11.8}$$

11.2 Das zylindrische Rohr unter Innendruck

Für das in *Abb. 11.3* gezeigte Rohr ergibt sich aus Gl. (11.4) wegen $\alpha = 0$ (vgl. Abb. 11.2) die Längsspannung zu

$$\sigma_{lm} = \frac{p \cdot d_i^2}{4 \cdot (d_i + s) \cdot s}, \tag{11.9}$$

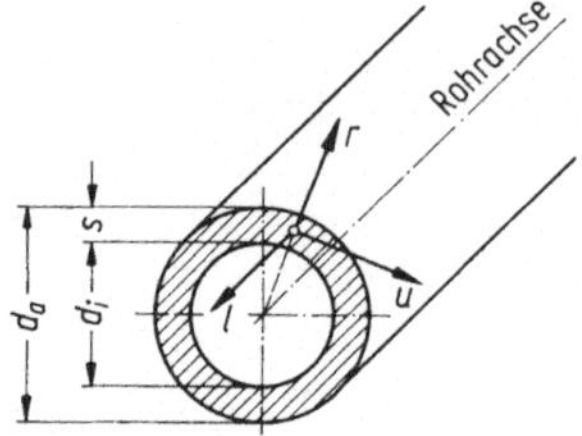

Abb. 11.3 Bezugssystem für eine Stelle in der Rohrwand.

und aus Gl. (11.5) wegen $R_{ui} = d_i/2$ sowie $R_{li} \to \infty$ die mittlere Umfangsspannung zu

$$\sigma_{um} = \frac{p \cdot d_i}{2 \cdot s}. \tag{11.10}$$

Für die Radialspannungen gelten offensichtlich wieder die Gln. (11.6) bis (11.8).

Nachfolgend sei nun untersucht, inwieweit die bisher getroffene Annahme zutrifft, daß sich die Längs- und Umfangsspannungen gleichmäßig über die Wand verteilen.

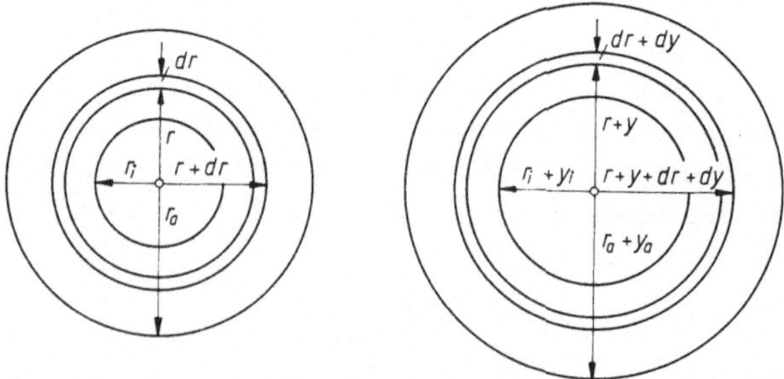

Abb. 11.4 Aufweitung des Rohres infolge Innendruck.

Abb. 11.4 zeigt links einen Querschnitt durch das unbelastete Rohr und rechts (in übertriebener Form) den Querschnitt durch das gleiche Rohr bei Einwirkung des Innendruckes p. Man erkennt, daß sich bei dem Ringelement der Dicke dr der ursprüngliche Radius r auf $r + y$ und damit der Umfang $2\pi r$ auf $2\pi(r + y)$ geändert hat. Die Umfangsdehnung ε_u für dieses Ringelement ergibt sich dann entsprechend 7.1 zu

$$\varepsilon_u = \frac{2 \cdot \pi \cdot (r + y) - 2 \cdot \pi \cdot r}{2 \cdot \pi \cdot r} = \frac{y}{r}, \tag{11.11}$$

und infolge der Dickenänderung des Ringelementes von dr auf $dr + dy$ die radiale Dehnung ε_r zu

$$\varepsilon_r = \frac{dr + dy - dr}{dr} = \frac{dy}{dr}. \tag{11.12}$$

Spannungen und geometrische Bedingungen in Längsrichtung seien zunächst als nichtinteressierend betrachtet. Aus der weiter unten angeführten Gl. (11.22) geht dann hervor, daß diese Annahme zutreffend ist.

Entsprechend *Abb. 11.5* sei nun angenommen, daß an der Innenfaser des Ringelementes die Radialspannung σ_r, an der Außenfaser die Radial-

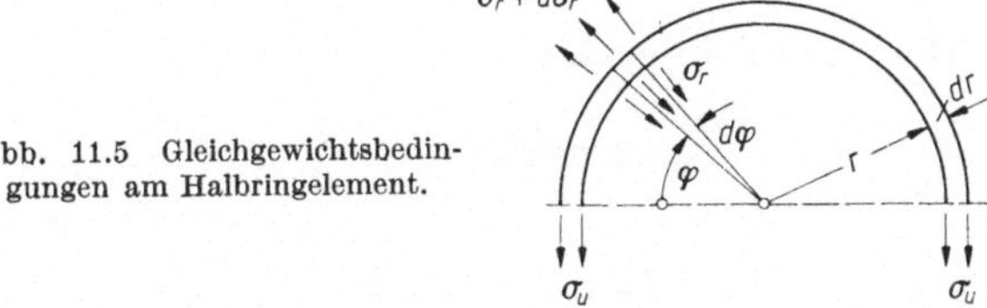

Abb. 11.5 Gleichgewichtsbedingungen am Halbringelement.

spannung $\sigma_r + d\sigma_r$ und in Umfangsrichtung die Umfangsspannung σ_u wirkt. Dabei seien zunächst alle Spannungen als Zugspannungen angesetzt. Die für den Halbring mit der Länge 1 aufgestellte Gleichgewichtsbedingung lautet dann:

$$2 \cdot \sigma_u \cdot dr + \sigma_r \cdot r \cdot \int_{\varphi=0}^{\pi} \sin\varphi \cdot d\varphi - (\sigma_r + d\sigma_r) \cdot (r + dr) \cdot \int_{\varphi=0}^{\pi} \sin\varphi \cdot d\varphi = 0 .$$

Da die Integrale den Wert 2 haben, ergibt sich zunächst

$$\sigma_u \cdot dr - \sigma_r \cdot dr - r \cdot d\sigma_r - d\sigma_r \cdot dr = 0,$$

worin man dann $d\sigma_r \cdot dr$ wegen seiner Kleinheit gegenüber $r \cdot d\sigma_r$ vernachlässigen kann und nach Umstellung den Ausdruck

$$\frac{d\sigma_r}{dr} \cdot r + \sigma_r - \sigma_u = 0 \tag{11.13}$$

erhält.

Über die in den Gln. (11.11) und (11.12) ermittelten Dehnungen besteht außerdem entsprechend den Gln. (7.3) und (7.4) folgender Zusammenhang:

$$\sigma_u = \frac{E}{1-\nu^2} \cdot (\varepsilon_u + \nu \cdot \varepsilon_r) = \frac{E}{1-\nu^2} \cdot \left(\frac{y}{r} + \nu \cdot \frac{dy}{dr}\right), \tag{11.14}$$

$$\sigma_r = \frac{E}{1-\nu^2} \cdot (\varepsilon_r + \nu \cdot \varepsilon_u) = \frac{E}{1-\nu^2} \cdot \left(\frac{dy}{dr} + \nu \cdot \frac{y}{r}\right). \tag{11.15}$$

Bildet man jetzt noch aus Gl. (11.15) den Differenzialquotienten

$$\frac{d\sigma_r}{dr} = \frac{E}{1-\nu^2} \cdot \left(\frac{d^2y}{dr^2} + \nu \cdot \frac{\frac{dy}{dr} \cdot r - y}{r^2}\right), \tag{11.16}$$

dann kann Gl. (11.13) durch Einsetzen der entsprechenden Werte der Gln. (11.14) bis (11.16) in den Ausdruck

$$\frac{d^2y}{dr^2} \cdot r + \frac{dy}{dr} - \frac{y}{r} = 0 \tag{11.17}$$

überführt werden, und man erhält

$$y = C_1 \cdot r + \frac{C_2}{r}, \tag{11.18}$$

$$\frac{dy}{dr} = C_1 - \frac{C_2}{r^2}. \tag{11.19}$$

Mit diesen Werten für y und dy/dr gehen die Gln. (11.14) und (11.15) zunächst über in

$$\sigma_u = \frac{E}{1-\nu^2} \cdot \left[(1+\nu) \cdot C_1 + (1-\nu) \cdot \frac{C_2}{r^2}\right], \tag{11.14a}$$

$$\sigma_r = \frac{E}{1-\nu^2} \cdot \left[(1+\nu) \cdot C_1 - (1-\nu) \cdot \frac{C_2}{r^2}\right]. \tag{11.15a}$$

Mit den beiden Randbedingungen $\sigma_r = 0$ für $r = r_a$ und $\sigma_r = -p$ für $r = r_i$ ergeben sich aus Gl. (11.15a) die beiden erforderlichen Bestimmungsgleichungen für C_1 und C_2 zu

$$(1+\nu) \cdot C_1 - (1-\nu) \cdot \frac{C_2}{r_a^2} = 0,$$

$$(1+\nu) \cdot C_1 - (1-\nu) \cdot \frac{C_2}{r_i^2} = -(1-\nu^2) \cdot \frac{p}{E}$$

und man erhält

$$C_1 = p \cdot \frac{1-\nu}{E} \cdot \frac{r_i^2}{r_a^2 - r_i^2}, \tag{11.20}$$

$$C_2 = p \cdot \frac{1+\nu}{E} \cdot \frac{r_a^2 \cdot r_i^2}{r_a^2 - r_i^2}. \tag{11.21}$$

Nach Einsetzen dieser beiden Werte in die Gln. (11.14a) und (11.15a) ergibt sich dann endgültig für eine beliebige Stelle der Rohrwand mit dem Abstand r von der Rohrachse:

$$\sigma_u = p \cdot \frac{(r_a/r)^2 + 1}{(r_a/r_i)^2 - 1}, \tag{11.14b}$$

$$\sigma_r = -p \frac{(r_a/r)^2 - 1}{(r_a/r_i)^2 - 1}. \tag{11.15b}$$

Die Spannungen an der Außen- bzw. Innenwand des Rohres ergeben sich dann durch Einsetzen von $r = r_a$ bzw. $r = r_i$ in die Gln. (11.14b) und (11.15b).

Die aus σ_u und σ_r resultierende Längsdehnung ε_{l1} zeigt mit

$$\varepsilon_{l1} = -\frac{\nu}{E} \cdot (\sigma_u + \sigma_r) = -\frac{\nu}{E} \cdot p \cdot \frac{2}{(r_a/r_i)^2 - 1} \tag{11.22}$$

einen über die Rohrwand konstanten Wert und fordert zum Ebenbleiben der Querschnitte eine über die Wanddicke gleichmäßig verteilte Längsspannung. Diese wurde schon mit Gl. (11.9) ermittelt und läßt sich auch in der Form

$$\sigma_l = \frac{p}{(r_a/r_i)^2 - 1} \tag{11.23}$$

anschreiben. Mit Verwendung der Verhältniswerte

$$u = r_a/r_i = d_a/d_i,$$

$$u_r = r_a/r = d_a/d$$

sind in *Tab. 11.1* die Spannungen des durch Innendruck belasteten Rohres nochmals in übersichtlicher Form zusammengestellt. Dabei zeigt sich die Umfangsspannung an der Rohrinnenwand als die dem Betrag nach größte Spannung und weist einen um p größeren Wert als die Umfangsspannung an der Rohraußenwand auf. Letztere wiederum ist genau doppelt so groß wie die Längsspannung. Für die Praxis empfiehlt sich daher folgender Rechnungsgang:

1. $\sigma_l = \sigma_{la} = \sigma_{li} = \dfrac{p}{u^2 - 1} = \dfrac{p \cdot d_i^2}{4 \cdot (d_i + s) \cdot s}$

2. $\sigma_{ua} = 2 \cdot \sigma_l$

3. $\sigma_{ui} = \sigma_{ua} + p$

4. $\sigma_{ra} = 0$

5. $\sigma_{ri} = -p.$

Tabelle 11.1 Elastische Spannungsverteilung im Rohr unter Innendruck

Ort	Längsspannung	Umfangsspannung	Radialspannung
Beliebige Stelle mit Durchmesser d	$\sigma_l = \dfrac{p}{u^2 - 1}$	$\sigma_u = p \cdot \dfrac{u_r^2 + 1}{u^2 - 1}$	$\sigma_r = -p \cdot \dfrac{u_r^2 - 1}{u^2 - 1}$
Außenwand mit Durchmesser d_a	$\sigma_{la} = \dfrac{p}{u^2 - 1}$	$\sigma_{ua} = p \cdot \dfrac{2}{u^2 - 1}$	$\sigma_{ra} = 0$
Innenwand mit Durchmesser d_i	$\sigma_{li} = \dfrac{p}{u^2 - 1}$	$\sigma_{ui} = p \cdot \dfrac{u^2 + 1}{u^2 - 1}$	$\sigma_{ri} = -p$
Durchmesser-verhältnisse	$u = r_a/r_i = d_a/d_i \quad u_r = r_a/r = d_a/d$		

11.3 Das konische Rohr unter Innendruck

Indem man für das in *Abb. 11.6* gezeigte konische Rohr in die Gln. (11.4) und (11.5) die Werte $R_{li} \to \infty$ und $R_{ui} = d_i/2 \cos \alpha$ einsetzt,

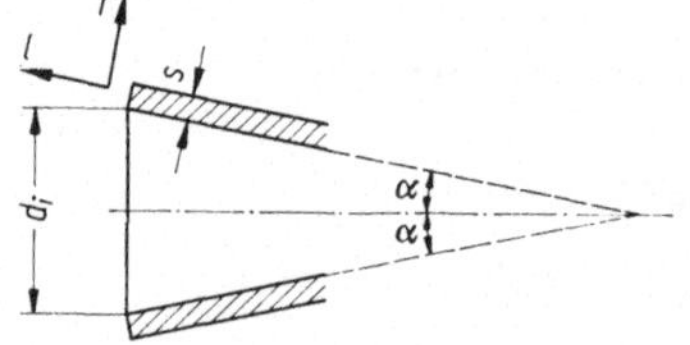

Abb. 11.6 Konisches Rohr.

ergibt sich die Längsspannung zu

$$\sigma_{lm} = \frac{p \cdot d_i^2}{4 \cdot (d_i + s \cdot \cos \alpha) \cdot s \cdot \cos \alpha} \tag{11.24}$$

und die mittlere Umfangsspannung zu

$$\sigma_{um} = \frac{p \cdot d_i}{2 \cdot s \cdot \cos\alpha}. \tag{11.25}$$

Es zeigt sich also beim konischen Rohr an der Stelle mit d_i die Umfangsspannung und praktisch auch die Längsspannung um $1/\cos\alpha$ größer als bei einem zylindrischen Rohr mit dem Innendurchmesser d_i. Für die Radialspannungen gelten wieder die Gln. (11.6) bis (11.8).

11.4 Der Rohrbogen unter Innendruck

Für den in *Abb. 11.7* gezeigten Rohrbogen mit dem mittleren Krümmungsradius R ergeben sich die Radien R_{ui} und R_{li} für eine Stelle φ zu:

$$R_{ui} = \frac{d_i}{2}, \qquad R_{li} = \frac{R}{\sin\varphi} + \frac{d_i}{2}.$$

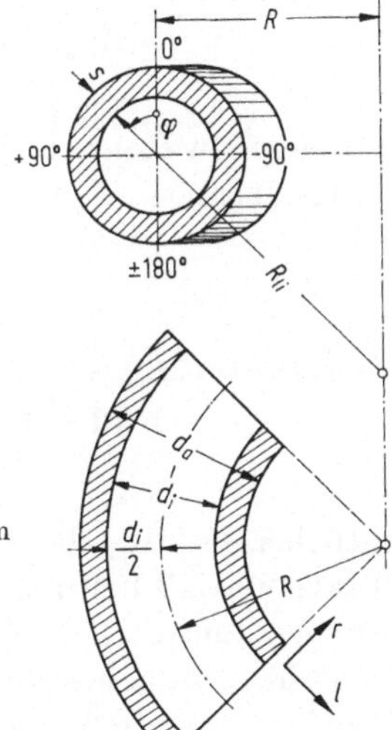

Abb. 11.7 Rohrbogen mit mittlerem Biegeradius R.

Durch Einsetzen dieser Werte in die Gln. (11.4) und (11.5) ergibt sich dann die Längsspannung (wie beim geraden Rohr) zu

$$\sigma_{lm} = \frac{p \cdot d_i^2}{4 \cdot (d_i + s) \cdot s} \tag{11.26}$$

und die mittlere Umfangsspannung mit $\varrho = R/d_a$ und

$$A = \frac{\frac{2 \cdot R}{\sin\varphi} + \frac{d_i}{2}}{\frac{2 \cdot R}{\sin\varphi} + d_i + s} = \frac{\frac{2 \cdot R}{\sin\varphi} + \frac{d_a}{2} - s}{\frac{2 \cdot R}{\sin\varphi} + d_a - s} \approx \frac{\varrho + 0{,}25 \cdot \sin\varphi}{\varrho + 0{,}5 \cdot \sin\varphi} \tag{11.27}$$

zu

$$\sigma_{um} = \frac{p \cdot d_i}{2 \cdot s} \cdot A\,. \tag{11.28}$$

An der Bogenoberseite und -unterseite ($\varphi = 0°$ bzw. $\pm 180°$) wird $A = 1$, so daß dort die Umfangsspannung der des geraden Rohres entspricht. An der Außenkrümmung ($\varphi = 90°$) wird mit

$$A_{\min} = \frac{\varrho + 0{,}25}{\varrho + 0{,}5} \tag{11.29}$$

die Umfangsspannung kleiner und an der Innenkrümmung ($\varphi = -90°$) mit

$$A_{\max} = \frac{\varrho - 0{,}25}{\varrho - 0{,}5} \tag{11.30}$$

größer als beim geraden Rohr. Für die Radialspannungen gelten wieder die Gln. (11.6) bis (11.8).

12. Längenänderungen von Rohrleitungen und ihr Ausgleich

Ein wesentlicher Faktor, der im Rohrleitungsbau beachtet werden muß, ist die Tatsache, daß Leitungen bestrebt sind ihre Länge zu ändern, sobald Änderungen hinsichtlich Belastung und Temperatur auftreten. Praktisch macht hiervon keine Rohrleitung eine Ausnahme, denn nach Inbetriebnahme herrschen immer andere Zustände als im Augenblick der Fertigstellung. Bei warmbetriebenen Leitungen ist dieser Tatbestand so augenfällig, daß er meist genügend beachtet wird. Aber auch die kaltgehenden Leitungen bedürfen in dieser Hinsicht der gleichen Aufmerksamkeit. Ob eine Längenänderung als groß oder klein anzusprechen ist, hängt nämlich weniger von ihrer absoluten Größe als vielmehr von dem Vermögen der Leitung ab, dieser Längenänderung in irgendeiner Form nachgehen zu können.

Maßgebend für die Größe der Längenänderung ist die hier mit ε_l bezeichnete Dehnung in Richtung der Leitungsachse, die sich aus dem durch Temperaturänderung hervorgerufenen Dehnungsanteil $\varepsilon_{l\vartheta}$ und dem durch Innendruckbeanspruchung hervorgerufenen Dehnungsanteil ε_{lp} zusammensetzt, also

$$\varepsilon_l = \varepsilon_{l\vartheta} + \varepsilon_{lp}. \tag{12.1}$$

Dabei soll einer positiven Dehnung eine Verlängerung und einer negativen Dehnung eine Verkürzung entsprechen.

Abb. 12.1 zeigt ein gerades Rohr der Länge l, das am Ende A festgehalten ist, am Ende B aber freie Bewegungsmöglichkeit hat. Auf Grund einer positiven Längsdehnung ε_l wird es sich offensichtlich in Richtung von A nach B um den Betrag

$$\delta l = \varepsilon_l \cdot l$$

ausdehnen.

Um wieviel und in welcher Richtung dehnt sich nun aber ein beliebig geformtes Leitungssystem nach *Abb. 12.2* infolge einer Längsdehnung

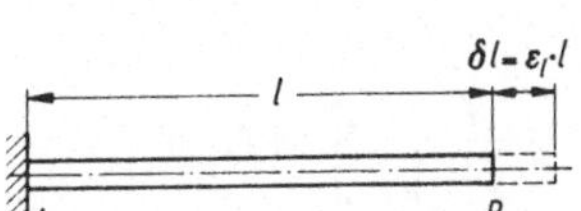

Abb. 12.1 Längenänderung eines geraden Rohres infolge Längsdehnung ε_l.

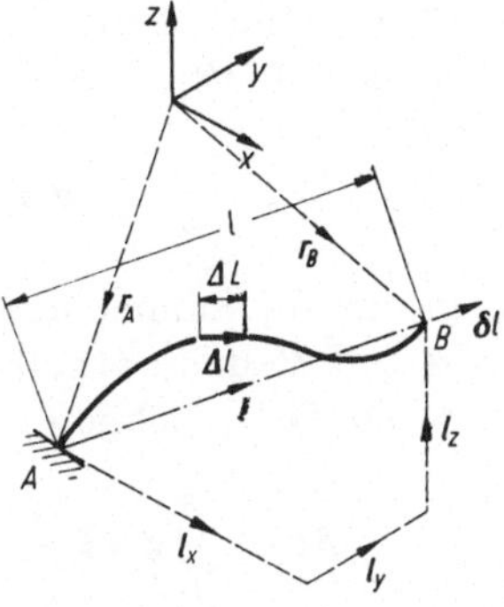

Abb. 12.2 Längenänderung eines beliebig geformten Leitungssystems infolge Längsdehnung ε_l.

ε_l aus? Zur Lösung dieser Frage sei das System als eine Aneinanderreihung (Addition) vieler kleiner Vektoren $\boldsymbol{\Delta L}$ der Länge ΔL betrachtet. Dabei möge der Anfangspunkt des ersten Vektors im festgehaltenen Ende A und der Endpunkt des letzten Vektors demzufolge dann im freien Ende B liegen. Die Summe dieser Vektoren stellt sich dann als ein von A nach B gerichteter, hier mit $\boldsymbol{l}$ bezeichneter Vektor dar. Sind die

Endpunkte A und B durch ihre Radiusvektoren

$$\boldsymbol{r}_A = \{x_A, y_A, z_A\},$$

$$\boldsymbol{r}_B = \{x_B, y_B, z_B\}$$

gegeben, dann gilt entsprechend 4.8:

$$\boldsymbol{l} = \sum_A^B \boldsymbol{\Delta L} = \boldsymbol{r}_B - \boldsymbol{r}_A = \{x_B - x_A, y_B - y_A, z_B - z_A\} = \{l_x, l_y, l_z\}. \tag{12.2}$$

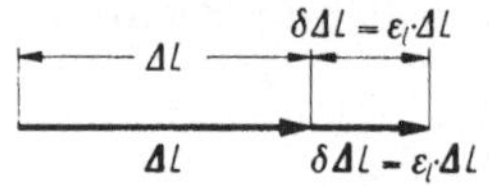

Abb. 12.3 Längenänderung eines Leitungselementes infolge Längsdehnung ε_l.

Dieser gerichteten Länge sei der Name ,,Dehnungslänge“ gegeben. Analog Abb. 12.1 ergibt sich die Größe $\delta\Delta L$ der Längenänderung eines beliebigen Leitungselementes der Länge ΔL infolge der Dehnung ε_l zu

$$\delta\Delta L = \varepsilon_l \cdot \Delta L.$$

Da die Richtung dieser Längenänderung bei positivem ε_l mit der des Vektors $\boldsymbol{\Delta L}$ übereinstimmt, läßt sich auch ein Längenänderungsvektor $\boldsymbol{\delta\Delta L}$ entsprechend *Abb. 12.3* definieren, für den dann gilt:

$$\boldsymbol{\delta\Delta L} = \varepsilon_l \cdot \boldsymbol{\Delta L}.$$

Bildet man nun die Summe aller dieser Längenänderungsvektoren $\boldsymbol{\delta\Delta L}$ zwischen A und B, dann erhält man unter der Voraussetzung $\varepsilon_l =$ konstant einen mit $\boldsymbol{\delta l}$ bezeichneten Vektor

$$\boldsymbol{\delta l} = \sum_A^B \boldsymbol{\delta\Delta L} = \sum_A^B (\varepsilon_l \cdot \boldsymbol{\Delta L}) = \varepsilon_l \cdot \sum_A^B \boldsymbol{\Delta L}, \tag{12.3}$$

der nach Größe und Richtung die Verschiebung des Leitungsendpunktes B infolge der Dehnung ε_l angibt. Da entsprechend Gl. (12.2) $\sum_A^B \boldsymbol{\Delta L} = \boldsymbol{l}$ ist, erhält man endgültig

$$\boldsymbol{\delta l} = \varepsilon_l \cdot \boldsymbol{l} = \varepsilon_l \cdot \{l_x, l_y, l_z\}. \tag{12.4}$$

In Abb. 12.1 ist dieser Vektor eingezeichnet, der parallel zu $\boldsymbol{l}$ verläuft, und man erkennt, daß sich ein beliebig geformtes System infolge konstanter Längsdehnung in Richtung der Verbindungslinie seiner Endpunkte ausdehnt. Die Größe δl dieser Längenänderung $\boldsymbol{\delta l}$ ergibt sich zu

$$\delta l = \varepsilon_l \cdot l = \varepsilon_l \cdot \sqrt{l_x^2 + l_y^2 + l_z^2}, \tag{12.5}$$

und ist damit genau so groß, wie die eines von A nach B verlegten geraden Rohres.

12.1 Längsdehnung infolge Temperaturänderung

Wie bereits in 6.6 beschrieben, ergibt sich die Längsdehnung $\varepsilon_{l\vartheta}$ bei Änderung der Leitungstemperatur von ϑ_a auf ϑ_e um die Temperaturdifferenz $\Delta\vartheta = \vartheta_e - \vartheta_a$ infolge der dem Werkstoff eigenen Wärmedehnzahl α_ϑ zu

$$\varepsilon_{l\vartheta} = \alpha_\vartheta \cdot (\vartheta_e - \vartheta_a) = \alpha_\vartheta \cdot \Delta\vartheta. \tag{12.6}$$

Da α_ϑ immer als positiver Wert einzusetzen ist, ergibt sich $\varepsilon_{l\vartheta}$ bei Erwärmung wegen $\vartheta_e > \vartheta_a$ als positiver und bei Abkühlung dann wegen $\vartheta_e < \vartheta_a$ als negativer Wert. Dazu zwei Beispiele:

a) Zu bestimmen ist die sich bei Erwärmung von $\vartheta_a = 20\,°\mathrm{C}$ auf $\vartheta_e = 300\,°\mathrm{C}$ ergebende Längsdehnung. Bei $\vartheta = \vartheta_e = 300\,°\mathrm{C}$ entnimmt man aus Abb. 6.4 bei Annahme eines ferritischen Stahles $\alpha_\vartheta = 12{,}9 \cdot 10^{-6}\,°\mathrm{C}^{-1}$ und erhält nach Gl. (12.6) $\varepsilon_{l\vartheta} = 12{,}9 \cdot 10^{-6} \cdot (300 - 20) = 3{,}61 \cdot 10^{-3}$, was einer Ausdehnung von 3,61 mm/m entspricht.

b) Zu bestimmen ist die Längsdehnung für einen austenitischen Stahl bei Abkühlung von $\vartheta_a = 20\,°\mathrm{C}$ auf $\vartheta_e = -100\,°\mathrm{C}$. Mit $\alpha_\vartheta = 13{,}5 \cdot 10^{-6}\,°\mathrm{C}^{-1}$ aus Abb. 6.4 für $\vartheta = \vartheta_e = -100\,°\mathrm{C}$ wird hier $\varepsilon_{l\vartheta} = 13{,}5 \cdot 10^{-6} \cdot (-100 - 20) = -1{,}62 \cdot 10^{-3}$, was einer Zusammenziehung von 1,62 mm/m entspricht.

12.2 Längsdehnung infolge Innendruck

Um die durch den Innendruck hervorgerufene Längsdehnung einer Leitung bestimmen zu können, muß man zunächst klären, um welche Verlegungsart es sich im vorliegenden Fall handelt. Man hat nämlich grundsätzlich zwischen einer geschlossenen und einer aufgelösten Leitung zu unterscheiden. Eine geschlossene Verlegung liegt vor, wenn die Innendrucklängskraft in der Rohrwand Längsspannungen hervorruft. Weist ein Leitungsstrang Trennstellen (Muffen, Axialkompensatoren) auf, die die Innendrucklängskraft nicht übertragen können, dann liegt eine aufgelöste Leitung vor. In diesem Fall muß man durch

Festpunkte oder Einerdung dafür Sorge tragen, daß der Innendruck die Leitung nicht in axialer Richtung auseinanderdrücken kann. Einige Beispiele für diese beiden Verlegungsarten zeigt *Abb. 12.4.*

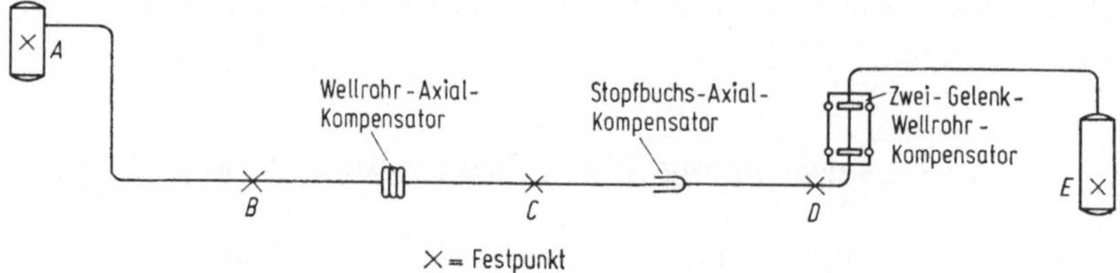

Abb. 12.4 $A-B$ und $D-E$ = geschlossen verlegter Leitungsstrang, $B-C$ und $C-D$ = aufgelöst verlegter Leitungsstrang.

Mit den in 11.2 durch die Gln. (11.14b), (11.15b) und (11.23) gegebenen Spannungen auf Grund des Innendruckes p ergibt sich die Längsdehnung für einen *geschlossenen* Rohrstrang zu

$$\varepsilon_{lp} = \frac{\sigma_l - \nu \cdot (\sigma_u + \sigma_r)}{E} = \frac{p}{E} \cdot \frac{1 - 2 \cdot \nu}{u^2 - 1} \tag{12.7}$$

und daraus mit $\sigma_l = 0$ für einen *aufgelösten* Rohrstrang zu

$$\varepsilon_{lp} = -\frac{\nu \cdot (\sigma_u + \sigma_r)}{E} = -\frac{p}{E} \cdot \frac{2 \cdot \nu}{u^2 - 1} \tag{12.8}$$

(E = Elastizitätsmodul, ν = Querzahl = 0,3 für Stahl, $u = d_a/d_i$).

12.3 Effektive und fiktive Längsdehnungen

Wie auch sonst häufig, muß man ebenfalls bei den die Längenänderungen hervorrufenden Längsdehnungen zwischen effektiven (wirklichen) und fiktiven (angenommenen) Werten unterscheiden. Die mit den Gln. (12.6) bis (12.8) beschriebenen Dehnungen werden nämlich nur dann mit den effektiven Werten übereinstimmen, wenn das betreffende Leitungssystem ungehindert Längenänderungen ausführen kann. Ist das Leitungssystem — z. B. durch Unverrückbarkeit seiner Endpunkte — in seinem Dehnbestreben gehindert, dann geben die Gln. (12.6) bis (12.8) nur diejenigen fiktiven Werte an, die für ein ebenso geformtes, aber im Dehnbestreben nicht behindertes System gelten würden. Mit wesentlichen Unterschieden zwischen fiktiven und effektiven Längsdehnungen wird man allerdings nur dann (aber auch immer dann) zu rechnen haben, wenn sich auf Grund behinderter Längenänderung große Normalkräfte in der Leitung aufbauen. (Biegemomente rufen nur eine Krümmung, aber keine Längenänderung der Rohrachse hervor.)

12.4 Natürlicher Dehnungsausgleich beim starr verlegten Rohrstrang

Von einem natürlichen Dehnungsausgleich spricht man dann, wenn Längenänderungen ohne den Einbau besonderer, in 12.5 beschriebener Dehnungsausgleicher aufgenommen werden. Hierbei kann man zwischen starr verlegten und elastisch verlegten Leitungen unterscheiden. Der erste Fall liegt vor, wenn Längenänderungen durch Stauchung oder

Abb. 12.5 Starr verlegter, an den Enden verschlossener Rohrstrang.

Zerrung infolge sich aufbauender Normalkräfte ausgeglichen (kompensiert) werden. Im zweiten Fall erfolgt der Ausgleich der Längenänderungen hauptsächlich durch biegende und tordierende Verformung. Hier sollen zunächst nur die starr verlegten Leitungen behandelt sein. Man wird dann erkennen, warum in vielen Fällen eine elastische Leitungsverlegung oder der Einbau von Dehnungsausgleichern erforderlich wird.

Als erster grundsätzlicher Fall sei ein gerades, an den Enden verschlossenes Rohr zwischen den beiden Festpunkten A und B entsprechend *Abb. 12.5* betrachtet. Um zu klären, welche Spannungen im Rohr und welche Belastung der Festpunkte durch eine Temperaturänderung $\Delta\vartheta = \vartheta_e - \vartheta_a$ und den aufgegebenen Innendruck p eintreten werden, denkt man sich vorübergehend einen der Festpunkte als nicht vorhanden. Nach den Gln. (12.6) und (12.7) erhält man dann die fiktive, hier mit ε_l' bezeichnete Dehnung zu

$$\varepsilon_l' = \varepsilon_{l\vartheta} + \varepsilon_{lp} = \alpha_\vartheta \cdot \Delta\vartheta + \frac{p}{E} \cdot \frac{1 - 2 \cdot \nu}{u^2 - 1}.$$

Da in Wirklichkeit keine Längenänderung eintreten kann, muß die effektive Dehnung Null sein. Das heißt, es muß noch eine zusätzliche Längsspannung σ_l'' vorhanden sein, welche die fiktive Dehnung wieder rückgängig macht. Mit $\varepsilon'' = \sigma_l''/E$ als der durch σ_l'' hervorgerufenen Dehnung gilt dann die Bedingung

$$\varepsilon_l' + \varepsilon_l'' = \alpha_\vartheta \cdot \Delta\vartheta + \frac{p}{E} \cdot \frac{1 - 2 \cdot \nu}{u^2 - 1} + \frac{\sigma_l''}{E} = 0,$$

woraus man

$$\sigma_l'' = -\alpha_\vartheta \cdot \Delta\vartheta \cdot E - p \cdot \frac{1 - 2 \cdot \nu}{u^2 - 1}$$

erhält. Die gesamte im Rohr herrschende Längsspannung ergibt sich dann als Summe aus der Innendrucklängsspannung $\sigma_{lp}' = p/(u^2 - 1)$ (vgl. Tab. 11.1) und σ_l'' zu

$$\sigma_l = p \cdot \frac{2 \cdot \nu}{u^2 - 1} - \alpha_\vartheta \cdot \Delta\vartheta \cdot E. \qquad \textbf{(12.9)}$$

Mit $F = \pi \cdot d_m \cdot s = \frac{\pi}{4} \cdot (u^2 - 1) \cdot d_i^2$ als Rohrquerschnittfläche erhält man dann die eine Spannung σ_l'' hervorrufende Normalkraft zu $N = \sigma_l'' \cdot F$ und damit die Aktionskraft für die Festpunkte A und B zu

$$P_1 = -\sigma'' \cdot F = \pi \cdot \left(\alpha_\vartheta \cdot \Delta\vartheta \cdot E \cdot d_m \cdot s + p \cdot \frac{1 - 2 \cdot \nu}{4} \cdot d_i^2\right). \qquad \textbf{(12.10)}$$

Diese Kraft versucht bei positivem Vorzeichen die Festpunkte auseinander zu drücken (wie in Abb. 12.5 eingezeichnet) und bei negativem Vorzeichen zusammenzuziehen.

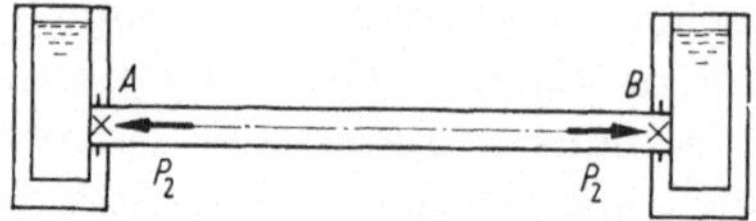

Abb. 12.6 Starr verlegter, an den Enden offener Rohrstrang.

Als zweiter grundsätzlicher Fall sei ein gerades, an den Enden offenes Rohr zwischen den Festpunkten A und B entsprechend *Abb. 12.6* betrachtet. Mit den Gln. (12.6) und (12.8) gilt hier analog dem Vorhergehenden

$$\varepsilon_l' = \varepsilon_{l\vartheta} + \varepsilon_{lp} = \alpha_\vartheta \cdot \Delta\vartheta - \frac{p}{E} \cdot \frac{2 \cdot \nu}{u^2 - 1},$$

$$\varepsilon_l' + \varepsilon_l'' = \alpha_\vartheta \cdot \Delta\vartheta - \frac{p}{E} \cdot \frac{2 \cdot \nu}{u^2 - 1} + \frac{\sigma_l''}{E} = 0,$$

$$\sigma_l'' = -\alpha_\vartheta \cdot \Delta\vartheta \cdot E + p \cdot \frac{2 \cdot \nu}{u^2 - 1}.$$

Die gesamte Längsspannung wird dann mit $\sigma'_{lp} = 0$

$$\sigma_l = p \cdot \frac{2 \cdot \nu}{u^2 - 1} - \alpha_\vartheta \cdot \Delta\vartheta \cdot E,$$

d. h., man erhält den gleichen Wert wie zuvor mit Gl. (12.9) für das an den Enden verschlossene Rohr. Für die auf die Festpunkte in der Bauwerkswand wirkende Kraft erhält man jetzt aber

$$P_2 = -\sigma''_l \cdot F = \pi \cdot \left(\alpha_\vartheta \cdot \Delta\vartheta \cdot E \cdot d_m \cdot s - p \cdot \frac{\nu}{2} \cdot d_i^2\right). \quad (12.11)$$

Wie man leicht nachprüfen kann, unterscheiden sich die Werte nach den Gln. (12.10) und (12.11) um $p \cdot d_i^2 \cdot \pi/4$, was genau der Innendrucklängskraft des geschlossenen Rohres entspricht. Bei dem offenen Rohr wirkt dieser Anteil erst auf die der Rohröffnung gegenüberliegende Wand. Die Gesamtwirkung auf die Bauwerke in Abb. 12.6 ist also letztlich die gleiche wie auf die Festpunkte in Abb. 12.5.

Gliedert man Gl. (12.9) in einen durch den Innendruck (σ_{lp}) und einen durch die Temperaturänderung ($\sigma_{l\vartheta}$) erzeugten Anteil auf, dann erhält man mit $\nu = 0{,}3$, $E = 2{,}1 \cdot 10^6$ kp/cm², $\alpha_\vartheta = 11{,}1 \cdot 10^{-6}\,°\mathrm{C}^{-1}$ und p in atü (kp/cm²) die Längsspannung im Rohr für ferritische Stähle im Temperaturbereich zwischen —20 °C und 100 °C zu

$$\sigma_l = \sigma_{lp} + \sigma_{l\vartheta} = \frac{0{,}6 \cdot p}{u^2 - 1} - 23{,}3 \cdot \Delta\vartheta = \mathrm{kp/cm^2}. \quad (12.9\,\mathrm{a})$$

Diese Werte für σ_{lp} können in Abhängigkeit von u und p aus *Abb. 12.7* und für $\sigma_{l\vartheta}$ in Abhängigkeit von $\Delta\vartheta$ aus *Abb. 12.8* entnommen werden.

Mit F als Rohrquerschnittfläche in cm² erhält man dann aus σ_{lp} und $\sigma_{l\vartheta}$ die Festpunktbelastung beim *geschlossenen* Rohr zu

$$P_1 = F \cdot \left(\frac{2}{3} \cdot \sigma_{lp} - \sigma_{l\vartheta}\right) = \mathrm{kp} \quad (12.10\,\mathrm{a})$$

und beim *offenen* Rohr zu

$$P_2 = F \cdot (-\sigma_{lp} - \sigma_{l\vartheta}) = \mathrm{kp}. \quad (12.11\,\mathrm{a})$$

Die Gln. (12.9) bis (12.11 a) verlieren natürlich ihre Gültigkeit, sobald der Absolutwert von σ_l die Proportionalitätsgrenze überschreitet.

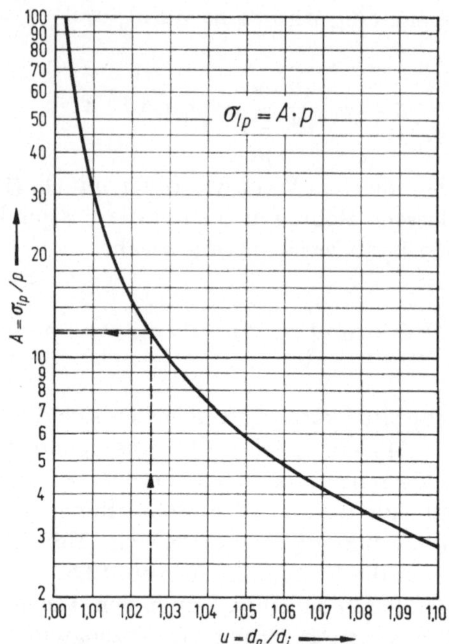

Abb. 12.7 Innendruck-Längsspannung für starr verlegten Rohrstrang.

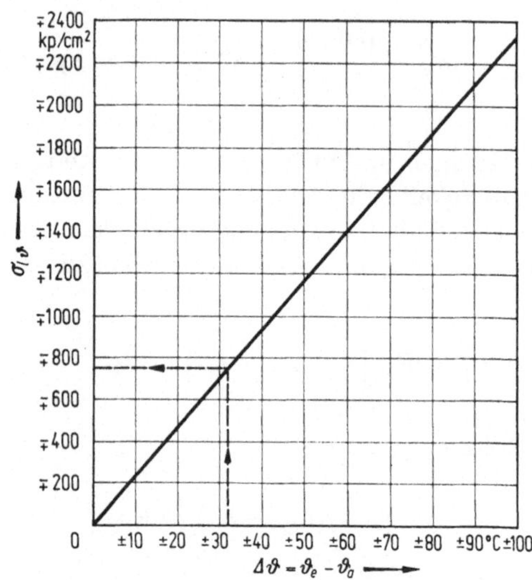

Abb. 12.8 Temperatur-Längsspannung für starr verlegten Rohrstrang bei Änderung der Temperatur von ϑ_a auf ϑ_e.

12.5 Künstlicher Dehnungsausgleich

Von künstlichem Dehnungsausgleich spricht man dann, wenn zur Aufnahme der Längenänderungen besondere Elemente, genannt Dehnungsausgleicher oder Kompensatoren, eingebaut werden. Die heute am häufigsten zum Einbau kommenden Dehnungsausgleicher lassen sich folgendermaßen unterteilen:

a) Axialkompensatoren,

b) Gelenkkompensatoren,

c) Querkompensatoren (Schlauchkompensatoren).

Axialkompensatoren nehmen Dehnungen in Richtung der Rohrachse auf, indem sie sich verlängern oder verkürzen. Gelenkkompensatoren lassen eine Abwinklung der Rohrachse zu. Dabei nehmen zwei eingebaute Gelenkkompensatoren nur Dehnungen senkrecht zu ihrer Verbindungslinie und drei nicht auf einer Linie liegende Gelenkkompensatoren eine (in ihrer Ebene) beliebig gerichtete Dehnung auf. Querkompensatoren verformen sich S-förmig und nehmen Dehnungen quer zur Rohrachse auf.

12.5.1 Nicht entlasteter Stopfbuchskompensator

Die Bezeichnung „nicht entlastet“ bezieht sich auf die Festpunktbelastung hinsichtlich Innendruck und sagt aus, daß der Kompensator keine Rohrlängskräfte übertragen kann (vgl. 12.2).

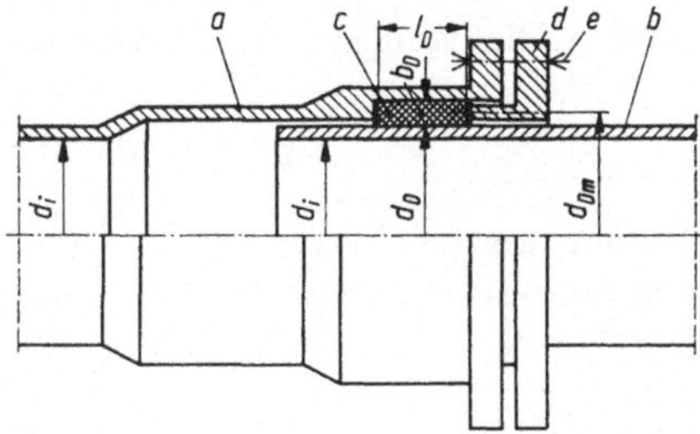

Abb. 12.9 Prinzip eines nichtentlasteten Stopfbuchskompensators.

Abb. 12.9 zeigt das Prinzip eines nicht entlasteten Stopfbuchskompensators. Die Abdichtung zwischen dem im Muffenrohr *a* beweglichen Degenrohr *b* erfolgt durch die Dichtungspackung *c*. Diese wird über die Brille *d* durch die Schrauben *e* mit der Gesamtschraubenkraft P_S axial zusammengedrückt und erzeugt somit den radialen Dichtungsdruck

$$p_D = \frac{P_S \cdot \nu_D}{\pi \cdot d_{Dm} \cdot b_D}. \tag{12.12}$$

Dabei ist d_{Dm} = mittlerer Dichtungsdurchmesser, b_D = Packungsdicke, ν_D = Querzahl des Packungsmaterials. Soll das unter dem Druck p stehende Medium nicht durch den Dichtungsspalt gepreßt werden, dann muß $p_D > p$ sein. Wählt man für p_D das S_D-fache von p, also

$$p_D = S_D \cdot p,$$

dann ergibt sich die erforderliche Gesamtschraubenkraft P_{SB} zum Dichthalten im Betrieb zu

$$P_{SB} = \frac{p \cdot S_D \cdot \pi \cdot d_{Dm} \cdot b_D}{\nu_D} \approx 3 \cdot p \cdot \pi \cdot d_{Dm} \cdot b_D. \tag{12.13}$$

Letzteres mit $\nu_D = \nu_p = 0{,}5$ und $S_D = 1{,}5$. Bei niedrigen Innendrücken kann die zum Einleiten der plastischen Verformung erforderliche Gesamtschraubenkraft P_{SV} nach Gl. (12.14)

$$P_{SV} = K_D \cdot \pi \cdot d_{Dm} \cdot b_D \tag{12.14}$$

größer als P_{SB} nach Gl. (12.13) werden und tritt dann an deren Stelle. K_D bezeichnet dabei die Formänderungsfestigkeit des Dichtungswerkstoffes und dürfte im Mittel mit 100 kp/cm² genügend angesetzt sein. Weitere Werte für K_D und Richtlinien für die Bemessung des Muffenrohr- und Brillenflansches sowie der Schrauben findet man u. a. in DIN 2505 (Berechnung von Flanschverbindungen).

Wird das Degenrohr in dem Muffenrohr bewegt, dann muß die durch den radialen Dichtungsdruck hervorgerufene Reibungskraft

$$P_R = \mu \cdot p_D \cdot \pi \cdot d_D \cdot l_D$$

überwunden werden. Dabei ist l_D die Packungslänge, d_D der Dichtflächendurchmesser und μ der Reibungsfaktor zwischen Degenrohr und Packung. Ist $S_D \cdot p > \nu_D \cdot K_D$ dann gilt wegen $p_D = S_D \cdot p$

$$P_{RB} = \pm \mu \cdot S_D \cdot p \cdot \pi \cdot d_D \cdot l_D. \tag{12.15}$$

Ist dagegen $\nu_D \cdot K_D > S_D \cdot p$, dann ergibt sich die Reibungskraft wegen $p_D = \nu_D \cdot K_D$ zu

$$P_{RV} = \pm \mu \cdot \nu_D \cdot K_D \cdot \pi \cdot d_D \cdot l_D = \pm \mu \cdot K_D \cdot \frac{\pi}{2} \cdot d_D \cdot l_D. \tag{12.16}$$

Gibt man $P_R = P_{RB}$ bzw. P_{RV} das gleiche Vorzeichen, wie es $\Delta\vartheta$ aufweist, dann stellt P_R die Festpunktbelastung (Aktion) infolge der Stopfbuchsreibung mit dem in den Abb. 12.5 und 12.6 vereinbarten Richtungssinn dar.

Für $\mu = 0{,}1$ können die Stopfbuchsreibungskräfte aus *Abb. 12.10* in Abhängigkeit vom Dichteflächendurchmesser (normalerweise gleich Degenrohraußendurchmesser) und vom Nenndruck *ND* (vgl. DIN 2401) entnommen werden. Den Kurven liegen die in der Abb. eingeschriebenen Werte zugrunde. Für andere Werte von μ und l_D kann dann proportional umgerechnet werden. Auf Grund gemessener Reibungskräfte empfiehlt es sich, mit $\mu = 0{,}1$ nur bei Ölleitungen zu rechnen, dagegen bei Wasserleitungen mit $\mu = 0{,}15$ (also den 1,5 fachen Tabellenwerten) und bei Dampfleitungen mit $\mu = 0{,}2$ (also den doppelten Tabellenwerten).

Wird die Stopfbuchse in einen verschlossenen Strang nach Abb. 12.5 eingebaut, dann wirkt außer der Reibungskraft P_R noch die Innendruckkraft

$$P_{p1} = p \cdot \frac{\pi}{4} \cdot d_D^2 \tag{12.17}$$

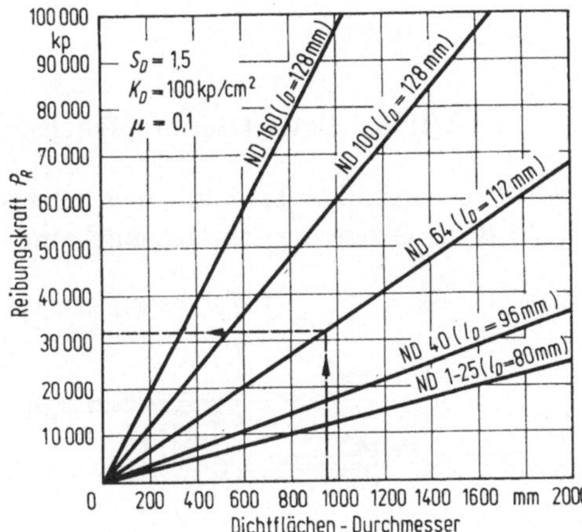

Abb. 12.10 Reibungskräfte von Stopfbuchskompensatoren für $\mu = 0{,}1$.

auf die Festpunkte. Aus *Abb. 12.11* können diese Werte für $d = d_D$ entnommen werden. Bei Einbau der Stopfbuchse in einen offenen Strang nach Abb. 12.6 wirkt durch den Innendruck auf die Festpunkte in der Wand nur die Ringflächenkraft

$$P_{p2} = p \cdot \frac{\pi}{4} \cdot (d_D^2 - d_i^2). \tag{12.18}$$

Auf das gesamte Bauwerk wirkt aber wieder die Kraft nach Gl. (12.17). Die Werte nach Gl. (12.18) lassen sich ebenfalls aus Abb. 12.11 entnehmen, und zwar als Differenz von P_p für d_D und d_i.

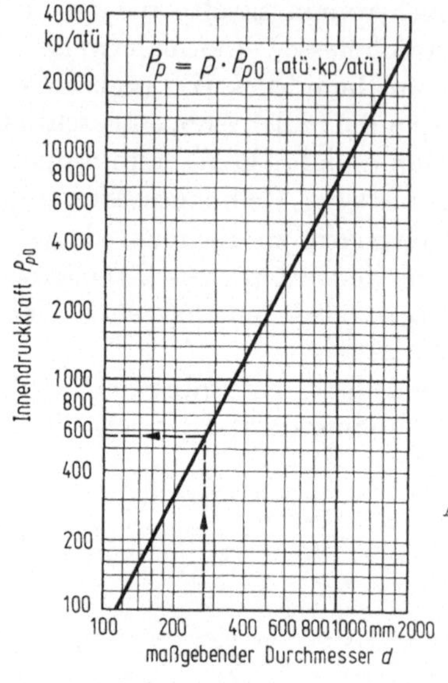

Abb. 12.11 Diagramm zur Ermittlung von Innendruck-Längskräften.

12.5.2 Entlasteter Stopfbuchskompensator

Abb. 12.12 zeigt das Prinzip eines entlasteten Stopfbuchskompensators. Wird die Größe der Entlastungskammer aus der Beziehung

$$d_{D1}^2 = d_{D3}^2 - d_{D2}^2 \tag{12.19}$$

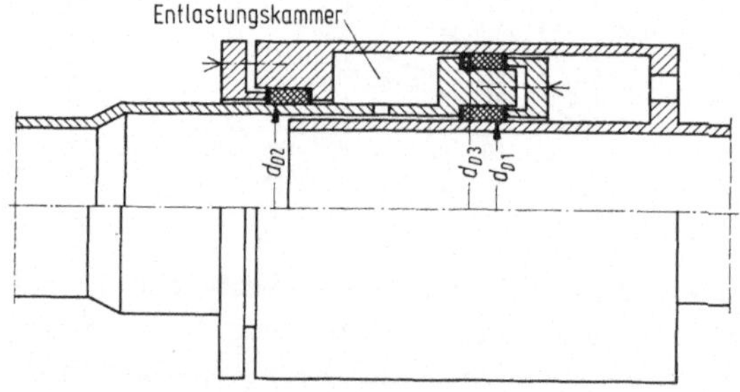

Abb. 12.12 Prinzip eines entlasteten Stopfbuchskompensators.

ermittelt, dann übt der Innendruck auf die Festpunkte keinerlei Wirkung mehr aus. Andererseits bedingt aber der Einbau einer Entlastungskammer die Anordnung von drei Dichtungspackungen, so daß der entlastete Stopfbuchskompensator wesentlich größere Reibungskräfte als der nichtentlastete aufweist. Der Einbau eines entlasteten Stopfbuchsdehners bringt demnach erst dann einen Gewinn, wenn der Innendruck p so groß ist, daß die Bedingung

$$P_p > P_{R2} + P_{R3} \tag{12.20}$$

erfüllt ist. Die in Gl. (12.20) einzusetzenden Werte von P_p ergeben sich aus Abb. 12.11 für d_{D1} und von P_{R2} sowie P_{R3} aus Abb. 12.10 für d_{D2} bzw. d_{D3}.

Die Festpunktbelastung durch einen entlasteten Stopfbuchskompensator ergibt sich ebenfalls über Abb. 12.10 oder die Gln. (12.15) bzw. (12.16) zu

$$P = P_{R1} + P_{R2} + P_{R3} \tag{12.21}$$

mit der in 12.5.1 getroffenen Vorzeichenregelung.

12.5.3 Nicht entlasteter Wellrohr-Axialkompensator

Abb. 12.13 zeigt einen dreiwelligen, metallischen Wellrohrkompensator für axiale Dehnungsaufnahme. Die Längenänderung der (geraden) Rohrleitung wird hier durch biegende Verformung der einzelnen Wellen ausgeglichen. Um die dafür erforderliche Verformungskraft niedrig zu halten, werden die Wellen mit möglichst kleiner Wanddicke (1 bis 6 mm) ausgeführt. Andererseits muß aber die Kompensatorwandung die anteilige Innendruckumfangskraft (analog Abb. 11.5) durch Membranspannungen sowie den auf den zur Achse senkrechten Wandungen lastenden Innendruck durch Biegespannungen aufnehmen. Somit beschränkt sich der Anwendungsbereich dieser Kompensatoren entweder auf niedrige Innendrücke oder auf geringe Dehnungsaufnahmen.

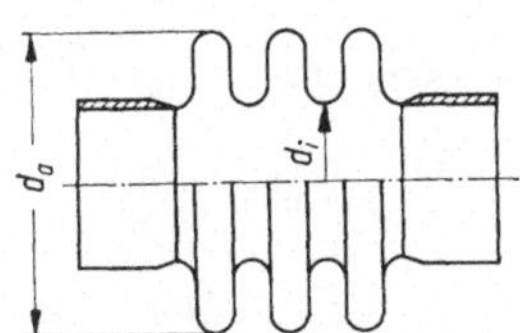

Abb. 12.13 Dreiwelliger Wellrohr-Axial-Kompensator.

Weist der Kompensator n Wellen auf, und bezeichnet $C_{\delta 0}$ die vom Hersteller zu erfragende axiale Federkonstante (z. B. kp/mm) einer Welle, dann ergibt sich die auf den Festpunkt wirkende Verformungskraft P_δ des Kompensators infolge einer Längenänderung δl zu

$$P_\delta = \frac{C_{\delta 0} \cdot \delta l}{n} \leqq P_{\delta \max}. \tag{12.22}$$

Dabei bezeichnet $P_{\delta \max}$ den nach Überschreiten der Elastizitätsgrenze für eine Welle maximal erreichbaren Wert. Zur näherungsweisen Berechnung von $C_{\delta 0}$ gibt SCHWAIGERER [8] anhand von *Abb. 12.14* für die dort skizzierten Kompensatorformen *a* und *b* die Gl. (12.23) und zur Bestimmung von $P_{\delta max}$ die Gl. (12.24) an.

$$C_{\delta 0} \approx \frac{\pi}{4} \cdot E \cdot (d_a + d_i) \cdot \left(\frac{s}{l_1}\right)^3, \tag{12.23}$$

$$P_{\delta max} \approx 7{,}5 \cdot s^2 \cdot \frac{r_1}{l_1} \cdot \sigma_S. \tag{12.24}$$

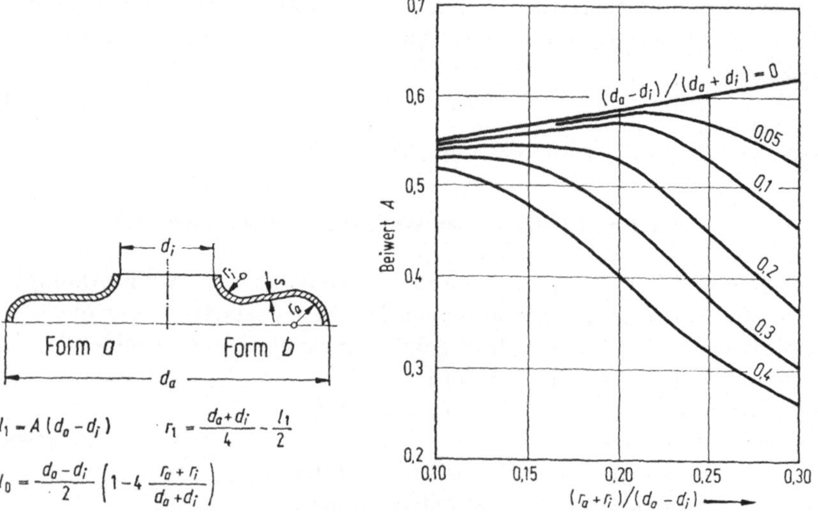

Abb. 12.14 Maßgebende Wellrohrkompensator-Abmessungen.

Bei Einbau des Wellrohrkompensators in einen verschlossenen Rohrstrang nach Abb. 12.5 wirkt dann auf die Festpunkte noch außer P_δ bzw. $P_{\delta max}$ die Innendrucklängskraft

$$P_{p1} \approx p \cdot \frac{\pi}{4} \cdot d_m^2 \tag{12.25}$$

und bei Einbau in einen offenen Rohrstrang nach Abb. 12.6 die Innendrucklängskraft

$$P_{p2} \approx p \cdot \frac{\pi}{4} \cdot (d_m^2 - d_i^2), \tag{12.26}$$

wobei $d_m = 0{,}5(d_a + d_i)$ gesetzt ist. Die Werte für P_p nach Gl. (12.25) bzw. (12.26) können wieder aus Abb. 12.11 entnommen werden.

12.5.4 Entlasteter Wellrohr-Axialkompensator

Abb. 12.15 zeigt das Prinzip eines entlasteten Wellrohraxialkompensators. Die Wirkungsweise ist die gleiche wie beim entlasteten Stopfbuchskompensator nach Abb. 12.12. Analog den dort auftretenden drei Reibungskräften sind hier dann drei Verformungskräfte zu überwinden. Die Bedingung für den Ausgleich der Innendrucklängskraft durch die in der Entlastungskammer erzeugten Gegenkraft lautet dann

$$d_{m1}^2 = d_{m3}^2 - d_{m2}^2 \tag{12.27}$$

und die Festpunktbelastung ergibt sich zu

$$P = \left(\frac{C_{\delta 01}}{n_1} + \frac{C_{\delta 02}}{n_2} + \frac{C_{\delta 03}}{n_3}\right) \cdot \delta l \leqq P_{\delta \max 1} + P_{\delta \max 2} + P_{\delta \max 3}. \tag{12.28}$$

Bezüglich $C_{\delta 0}$, n, $P_{\delta \max}$ vgl. 12.5.3.

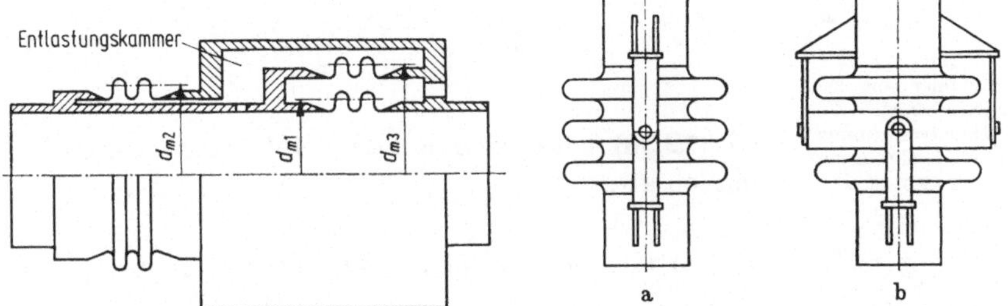

Abb. 12.15 Prinzip eines entlasteten Wellrohr-Axial-Kompensators.

Abb. 12.16 a) Wellrohr-Gelenk-Kompensator; b) Wellrohr-Kardangelenk-Kompensator.

12.5.5 Wellrohr-Gelenkkompensator

Wie schon erwähnt, lassen Gelenkkompensatoren eine Abwinklung der Rohrleitung an der Einbaustelle des Kompensators zu. Ein Wellrohrgelenkkompensator weist außer dem Wellenbalg normalerweise eine sogenannte Verspannung zur Aufnahme der durch Gl. (12.25) beschriebenen Innendrucklängskraft auf. Der in *Abb. 12.16a* gezeigte 3wellige Wellrohrgelenkkompensator läßt nur eine Abwinklung in *einer* Ebene (hier Zeichnungsebene) zu. Dagegen kann der Kardangelenkkompensator nach *Abb. 12. 16b* in jeder beliebigen durch die Rohrachse gelegten Ebene abgewinkelt werden.

Da die Wellen bei der Abwinklung verformt werden müssen, wird für eine Abwinklung um den Winkel φ (im Bogenmaß) ein Moment der

Größe

$$M_\varphi = \frac{C_{\varphi 0}}{n} \cdot \varphi \leqq M_{\varphi \max} \tag{12.29}$$

erforderlich. Dabei bezeichnet n die Wellenanzahl des Gelenkes und $C_{\varphi 0}$ die vom Hersteller zu erfragende Abwinklungskonstante einer Welle (z. B. kpm/rad). $M_{\varphi \max}$ stellt das zum vollplastischen Zustand gehörende Moment einer Welle dar.

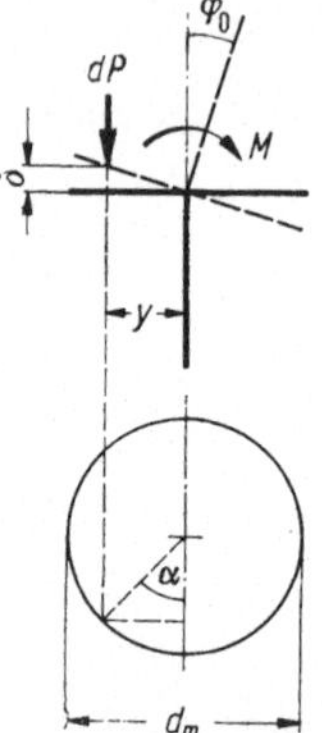

Abb. 12.17 Zusammenhang zwischen Axial- und Winkelverformung eines Wellrohrkompensators.

Setzt man voraus, daß die Momenten-Nullpunkte der zur Rohrachse senkrechten Wellenwandungen auf dem Umfang $\pi \cdot d_m$ liegen, dann ergibt sich $C_{\varphi 0}$ aus $C_{\delta 0}$ (vgl. 12.5.3) zu

$$C_{\varphi 0} = \frac{C_{\delta 0} \cdot d_m^2}{8} \tag{12.30}$$

und $M_{\varphi \max}$ aus $P_{\delta \max}$ zu

$$M_{\varphi \max} = \frac{P_{\delta \max} \cdot d_m}{\pi}. \tag{12.31}$$

Gl. (12.30) leitet sich anhand *Abb. 12.17* folgendermaßen ab:

$$y = 0{,}5 \cdot d_m \cdot \sin \alpha, \qquad u = \pi \cdot d_m, \qquad du = 0{,}5 \cdot d_m \cdot d\alpha,$$

$$\delta = y \cdot \varphi_0 = 0{,}5 \cdot d_m \cdot \sin \alpha \cdot \varphi_0,$$

$$dP = \frac{C_{\delta 0}}{u} \cdot du \cdot \delta = \frac{C_{\delta 0} \cdot d_m \cdot \varphi_0}{4 \cdot \pi} \cdot \sin \alpha \cdot d\alpha,$$

$$M = \int_0^{2\pi} y \cdot dP = \frac{C_{\delta 0} \cdot \varphi_0 \cdot d_m^2}{8 \cdot \pi} \cdot \int_0^{2\pi} \sin^2 \alpha \cdot d\alpha = \frac{C_{\delta 0} \cdot \varphi_0 \cdot d_m^2}{8},$$

$$C_{\varphi 0} = \frac{M}{\varphi_0} = \frac{C_{\delta 0} \cdot d_m^2}{8}.$$

Gl. (12.31) ergibt sich ebenfalls mittels Abb. 12.17:

$$dP_{\max} = \pm \frac{P_{\delta \max}}{u} \cdot du = \pm \frac{P_{\delta \max}}{2 \cdot \pi} \cdot d\alpha \qquad \begin{pmatrix} + \text{ bei } 0 < \alpha < \pi \\ - \text{ bei } \pi < \alpha < 2\pi \end{pmatrix},$$

$$M_{\varphi\max} = \int_0^{2\pi} y \cdot dP_{\max} = \frac{P_{\delta\max} \cdot d_m}{4 \cdot \pi} \cdot \left(\int_0^{\pi} \sin\alpha \cdot d\alpha - \int_{\pi}^{2\pi} \sin\alpha \cdot d_\alpha \right),$$

$$M_{\varphi\max} = \frac{P_{\delta\max} \cdot d_m}{\pi}.$$

12.5.6 Zweigelenk-Kompensator

Bei dem in *Abb. 12.18* schematisch dargestellten Zweigelenkkompensator mögen, wie üblich, beide Gelenke die gleiche Wellenanzahl n aufweisen. Sollen dann nach Einwirkung der seitlichen Verschiebung δh

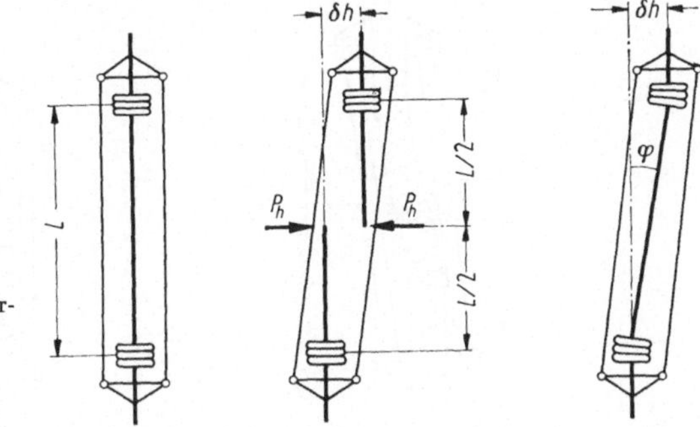

Abb. 12.18 Zweigelenk-Wellrohr-Kompensator.

die Rohrachsen außerhalb der Gelenke weiterhin parallel stehen, dann greift die das erforderliche Abwinklungsmoment M_φ aufbringende Kraft P_h aus Symmetriegründen mittig zwischen den Gelenken an. Mit der in 12.5.5 angeführten Gl. (12.29) gilt dann wegen $\varphi = \delta h/L$

$$P_h \cdot \frac{L}{2} = M_\varphi = \frac{C_{\varphi 0}}{n} \cdot \varphi = \frac{C_{\varphi 0} \cdot \delta h}{n \cdot L} \leq M_{\varphi\max},$$

woraus sich

$$P_h = \frac{2 \cdot C_{\varphi 0} \cdot \delta h}{n \cdot L^2} = C_h \cdot \delta h \leq \frac{2 \cdot M_{\varphi\max}}{L} \qquad \textbf{(12.32)}$$

ergibt. Dabei ist mit

$$C_h = \frac{2 \cdot C_{\varphi 0}}{n \cdot L^2} \qquad \textbf{(12.33)}$$

die Federkonstante des Zweigelenkkompensators als Gesamtheit bezeichnet. Bezüglich $C_{\varphi 0}$ vgl. 12.5.5.

Der Zusammenhang zwischen δh, L und der Abwinklung φ_0 einer Welle ist durch

$$\varphi_0 = \frac{\varphi}{n} = \frac{\delta h}{n \cdot L} \tag{12.34}$$

gegeben.

12.5.7 Schlauch-Kompensatoren

Schlauchartige Kompensatoren sollen wie der zuvor beschriebene Zweigelenkkompensator Dehnungen quer zur Rohrachse ausgleichen. *Abb. 12.19* zeigt als Prinzipskizze einen sogenannten Metallschlauch

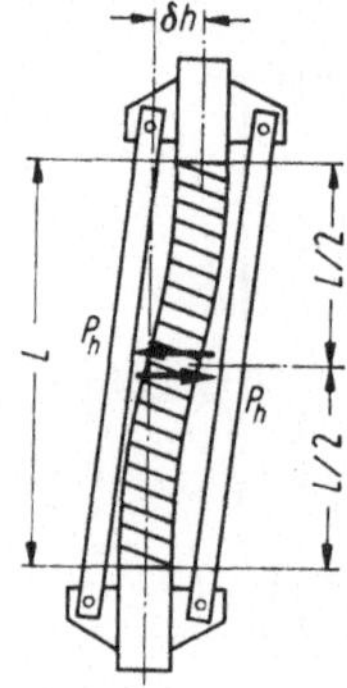

Abb. 12.19 Metallschlauch-Kompensator.

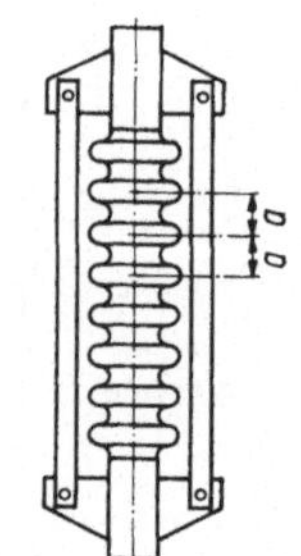

Abb. 12.20 Wellrohr-Querkompensator (hier $n = 8$).

kompensator im verformten Zustand. Mit der vom Hersteller anzugebenden Federkonstanten C_h des Gesamtschlauches ergibt sich die hier ebenfalls in Mitte der Kompensationslänge L angreifende Verformungskraft P_h infolge der Querverschiebung δh zu

$$P_h = C_h \cdot \delta h. \tag{12.35}$$

Besteht der Schlauch nicht wie in Abb. 12.19 aus spiralförmig gewickelten Profilbändern, sondern entsprechend *Abb. 12.20* aus Wellen der in 12.5.3 und 12.5.5 beschriebenen Form, dann gilt ebenfalls Gl. (12.35) und zwar mit

$$C_h = \frac{12 \cdot C_{\varphi 0}}{a^2 \cdot (n^3 - n)}. \tag{12.36}$$

Dabei stellt a den Wellenabstand, n die Anzahl der Wellen (geradzahlig) und $C_{\varphi 0}$ die Abwinklungskonstante (vgl. 12.5.5) einer Welle dar.

13. Grundlagen zur Elastizitätsberechnung von Rohrleitungssystemen

[3, 5, 12]

Die Elastizitätsberechnung von Rohrleitungssystemen, im Englischen kurz „flexibility-calculation" genannt, dient der Ermittlung von Kraftwirkungen und Spannungen, die sich bei elastisch verlegten Leitungen (vgl. 12.4) durch aufgezwungene Verformungen ergeben. Ursache dieser Verformungen sind:

1. Längenänderung δl nach Kap. 12, verursacht durch:
   1.1. Längsdehnung nach 12.1 infolge Temperaturänderung;
   1.2. Längsdehnung nach 12.2 infolge Innendruck (oft vernachlässigbar);
2. Verschiebungen und Verdrehungen der Leitungsendpunkte infolge Lageänderung der Festpunkte (vgl. 3.9).

Maßgebend für die Auswirkungen dieser Verformungen sind nachfolgende Punkte, die vor Berechnungsbeginn bekannt sein müssen:

1. Geometrische Form des Systems (vgl. 3.7) mit Maßen für Längen und Biegeradien;
2. Stützbedingungen (vgl. 3.9);
3. Rohraußen- und Rohrinnendurchmesser, oder einer der beiden und Wanddicke;
4. Werkstoffart zur Bestimmung von Elastizitätsmodul (vgl. 6.1) und Wärmedehnzahl (vgl. 6.6);
5. Temperaturen beim Montagezustand und den zu betrachtenden Betriebszuständen zur Ermittlung der Wärmedehnung (vgl. 12.1);
6. Innendruck zur Ermittlung der Innendrucklängsdehnung (vgl. 12.2);
7. Federkonstanten eventuell eingebauter Kompensatoren (vgl. 12.5.4 bis 12.5.7).

Da bei statisch bestimmten Systemen (vgl. 3.6 und 3.8) weder durch Längsdehnungen noch durch Auflagerverschiebungen Zwangskräfte auftreten, hat man es bei der Elastizitätsberechnung von Rohrleitungen immer mit statisch unbestimmten Systemen zu tun. Man muß sich daher zunächst darüber klar sein, um welche Art der statischen Unbestimmtheit es sich handelt (äußerliche und/oder innerliche Unbestimmtheit) und wievielfach statisch unbestimmt das System ist.

Läßt sich das System schematisch wie in *Abb. 13.1* so darstellen, daß keine sogenannten Schleifen gebildet werden, dann liegt nur äußerliche

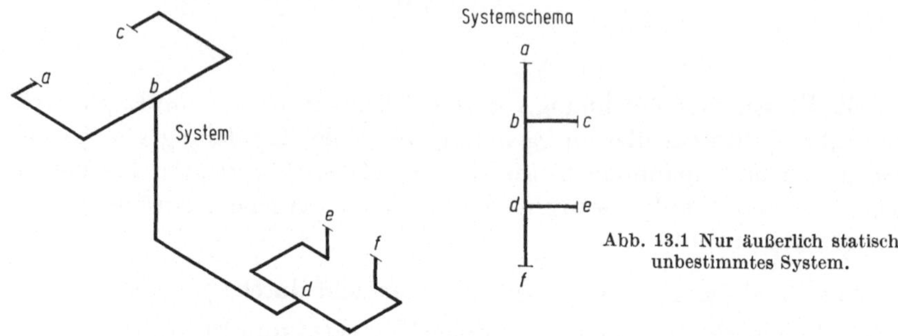

Abb. 13.1 Nur äußerlich statisch unbestimmtes System.

statische Unbestimmtheit vor. Weist das System aber wie z. B. in *Abb. 13.2* Schleifen auf ($b - c - b$), dann ist es auch innerlich statisch unbestimmt. Mit

a = Anzahl der vorgegebenen Bewegungskoordinaten an den Auflagern (vgl. 3.9),

s = Anzahl der Schleifen

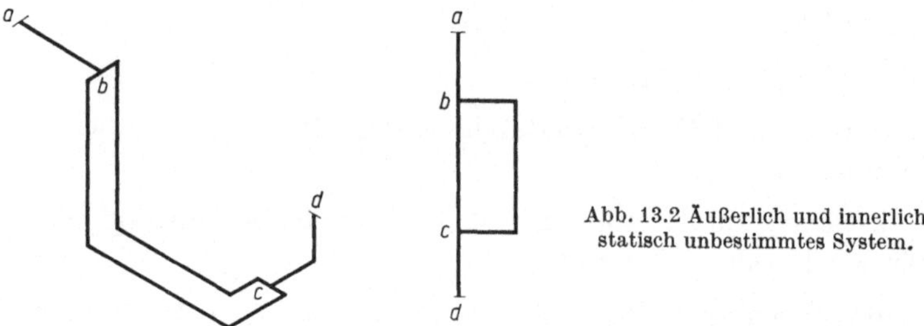

Abb. 13.2 Äußerlich und innerlich statisch unbestimmtes System.

ergibt sich die Zahl n der statischen Unbestimmtheit bei ebenen Systemen zu

$$n_e = a + 3 \cdot s - 3 \qquad (13.1)$$

und bei räumlichen Systemen zu

$$n_r = a + 6 \cdot s - 6 . \qquad (13.2)$$

Gleichzeitig gibt die Zahl n an, wieviel Kraft- bzw. Momentenkoordinaten man mit Hilfe von n Elastizitätsgleichungen zu ermitteln hat. Dabei wird im Prinzip folgendermaßen vorgegangen:

1. Das System wird durch Weglassen der überzähligen Auflagerkomponenten bzw. durch Schnitte statisch bestimmt gemacht.

2. Für jede der weggelassenen Auflagerkomponenten und für jede an einem erforderlich gewordenen Schnitt mögliche Schnittlastkomponente (vgl. 3.8) wird eine sogenannte Einslast, d. h. eine Kraft bzw. ein Moment der Größe 1 angesetzt. Für jede Einslast werden dann diejenigen Bewegungen (Verschiebungs- und Drehungskomponenten) des Systems ermittelt, die auf der gleichen Wirkungslinie (vgl. 3.1 und 3.2) wie die Einslasten liegen. Hat man es mit n Einslasten zu tun, dann sind für diese demnach n^2 Bewegungen zu ermitteln.

Werden die Einslasten mit $E_1, E_2 \cdots E_i \cdots E_n$ bezeichnet, dann erhalten die Bewegungen in der gleichen Reihenfolge die Bezeichnungen

$$W_1, W_2 \cdots W_i \cdots W_n.$$

Damit handelt es sich also z. B. bei W_i um die an der Angriffsstelle von E_i und parallel zu E_i infolge aller Einslasten auftretende Bewegung. W_i setzt sich also aus n Anteilen, hervorgerufen durch die n Einslasten, zusammen. Den nur durch eine Einslast, z. B. E_k, hervorgerufenen Anteil von W_i bezeichnet man unter Hinzufügung des Indexes der Einslast mit

$$W_{ik} = W_{i(E_k)} \tag{13.3}$$

und es gilt dann

$$W_i = W_{i1} + W_{i2} + \cdots + W_{ik} + \cdots + W_{in}. \tag{13.4}$$

Bereits CASTIGLIANO zeigte, daß die mit E_i korrespondierende Bewegung W_{ik} infolge der Einslast E_k nach Betrag und Vorzeichen gleich ist der mit E_k korrespondierenden Bewegung W_{ki} infolge der Einslast E_i (vgl. Abb. 13.4). Es gilt also:

$$W_{ik} = W_{ki}. \tag{13.5}$$

Damit reduziert sich die Anzahl der zu errechnenden Bewegungen infolge der n Einslasten auf $0{,}5 \cdot (n^2 + n)$. Stellt man diese Bewegungen in Form einer Matrix

$$\boldsymbol{W}_E = \begin{Vmatrix} W_{11} & W_{12} \cdots & W_{1n} \\ W_{21} & W_{22} \cdots & W_{2n} \\ \cdot & \cdot \quad \cdot & \cdot \\ W_{n1} & W_{n2} \cdots & W_{nn} \end{Vmatrix} \tag{13.6}$$

zusammen, dann zeigt sie sich als symmetrische Matrix (vgl. 2.3.5).

Wesentlich ist noch folgendes: Handelt es sich bei E_i um eine Kraft, dann stellt W_{ik} eine Verschiebung dar. Ist dagegen E_i ein Moment, dann stellt W_{ik} eine Drehung dar. Die Art der Einslast E_k hat darauf keinen Einfluß; sie ist wiederum maßgebend für die Art der Bewegung W_{ki}.

3. Es werden die auf den Wirkungslinien der Einslasten liegenden Bewegungsdifferenzen ermittelt, die dadurch entstehen, daß sich das statisch bestimmt gemachte System (auf Grund der Wärmedehnung usw.) anders bewegt als die Auflagerpunkte. An den bei Schleifen erforderlich gewordenen Schnittstellen sind Bewegungsdifferenzen nur dann von Null verschieden, wenn innerhalb der Gesamtschleife unterschiedliche Längsdehnungen auftreten. Unter Beibehaltung der bei den Einslasten gewählten Reihenfolge erhalten diese Bewegungsdifferenzen als zweiten Index die Ziffer 0. Bei n Einslasten hat man es dann also mit den n Bewegungsdifferenzen (Verschiebungs- und Drehungskoordinaten)

$$W_{10}, W_{20}, \ldots, W_{i0}, \ldots, W_{n0}$$

zu tun, die zu einem n-dimensionalen Vektor (vgl. 2.2.11) zusammengestellt seien:

$$\boldsymbol{W}_0 = \{W_{10}, W_{20}, \ldots, W_{i0}, \ldots, W_{n0}\}. \qquad (13.7)$$

4. Es werden die Elastizitätsgleichungen auf Grund folgender Überlegung aufgestellt: Anstelle der Einslasten müssen Kräfte bzw. Momente wirken, die das statisch bestimmte System so verformen, daß die mit Gl. (13.7) angeschriebenen Bewegungsdifferenzen rückgängig gemacht werden. In der gleichen Reihenfolge wie die Einslasten seien diese wirklichen, aber noch nicht bekannten Lasten mit $K_1, K_2 \cdots K_i \cdots K_n$ bezeichnet und zu einem n-dimensionalen Vektor

$$\boldsymbol{K} = \{K_1, K_2 \cdots K_i \cdots K_n\} \qquad (13.8)$$

zusammengestellt. Da eine Last der Größe K_i eine K_i-mal so große Bewegung hervorruft wie eine Last der Größe 1, erhält man die zur Ermittlung von n Unbekannten erforderlichen n Elastizitätsgleichungen über Gl. (13.4) zu

$$\begin{aligned} W_{11} \cdot K_1 + W_{12} \cdot K_2 + \cdots + W_{1n} \cdot K_n &= -W_{10} \\ W_{21} \cdot K_1 + W_{22} \cdot K_2 + \cdots + W_{2n} \cdot K_n &= -W_{20} \\ \cdots\cdots\cdots\cdots\cdots\cdots\cdots\cdots\cdots\cdots\cdots \\ W_{n1} \cdot K_1 + W_{n2} \cdot K_2 + \cdots + M_{nn} \cdot K_n &= -W_{n0}. \end{aligned} \qquad (13.9)$$

In Matrizenschreibweise erscheint Gl. (13.9) entsprechend 2.3.20 dann in der Form

$$\boldsymbol{W}_E \cdot \boldsymbol{K} = -\boldsymbol{W}_0, \qquad (13.10)$$

deren Auflösung nach $\boldsymbol{K}$ sich entsprechend 2.3.22 zu

$$\boldsymbol{K} = -\boldsymbol{W}_E^{-1} \cdot \boldsymbol{W}_0 \tag{13.11}$$

ergibt.

13.1 Äußeres und inneres Koordinatensystem

Die unterschiedliche Verformungsart durch Biegemomente und Torsionsmomente, sowie auch durch Normalkräfte und Querkräfte läßt sich am einfachsten durch die Einführung eines zweiten, sogenannten inneren Koordinatensystems erfassen. Dieses möge die Achsen u, v, w

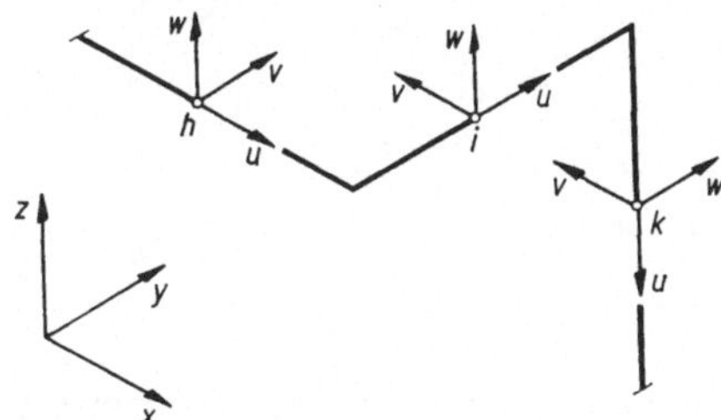

Abb. 13.3 Äußeres (xyz) und inneres (uvw) Koordinatensystem.

aufweisen und bei Betrachtung eines Systempunktes jeweils so ausgerichtet sein, daß die u-Achse in Richtung der Rohrachse verläuft. Während das als äußeres Koordinatensystem bezeichnete xyz-System seine Lage in bezug auf das Leitungssystem nicht ändert, ist die Ausrichtung des inneren uvw-Systems von dem Verlauf der Leitungsachse abhängig. In *Abb. 13.3* ist die zu den Punkten h, i, k des Leitungssystems gehörende Lage des uvw-Systems eingezeichnet. Für die Schnittlasten (vgl. 3.8) eines beliebigen Punktes i gilt demnach analog Abb. 3.11:

Normalkraft:	$\boldsymbol{N}_i = \{P_{iu}, 0, 0\}$,	$N_i = \lvert P_{iu} \rvert$,
Querkraft:	$\boldsymbol{Q}_i = \{0, P_{iv}, P_{iw}\}$,	$Q_i = \sqrt{P_{iv}^2 + P_{iw}^2}$,
Biegemoment:	$\boldsymbol{M}_{bi} = \{0, M_{iv}, M_{iw}\}$,	$M_{bi} = \sqrt{M_{iv}^2 + M_{iw}^2}$,
Torsionsmoment:	$\boldsymbol{M}_{ti} = \{M_{iu}, 0, 0\}$,	$M_{ti} = \lvert M_{iu} \rvert$.

Als Gemeinsamkeit des äußeren und inneren Systems zeigen sich die Absolutbeträge P_i und M_i der Schnittkraft $\boldsymbol{P}_i$ und des Schnittmomentes $\boldsymbol{M}_i$:

$$P_i = \sqrt{P_{ix}^2 + P_{iy}^2 + P_{iz}^2} = \sqrt{P_{iu}^2 + P_{iv}^2 + P_{iw}^2},$$

$$M_i = \sqrt{M_{ix}^2 + M_{iy}^2 + M_{iz}^2} = \sqrt{M_{iu}^2 + M_{iv}^2 + M_{iw}^2}.$$

13.2 Ermittlung der Bewegungen infolge der Einslasten

Die nachfolgend angeführten Zusammenhänge zwischen Einslast und den durch sie hervorgerufenen Bewegungen ergeben sich nach dem Prinzip der über die Formänderungsarbeit abgeleiteten virtuellen Verrückungen. Auf Grund des hierüber reichhaltigen Schrifttums sei auf die Ableitung der sogenannten „Formänderungsarbeitsgleichungen" verzichtet und nur der prinzipielle Rechnungsgang angegeben.

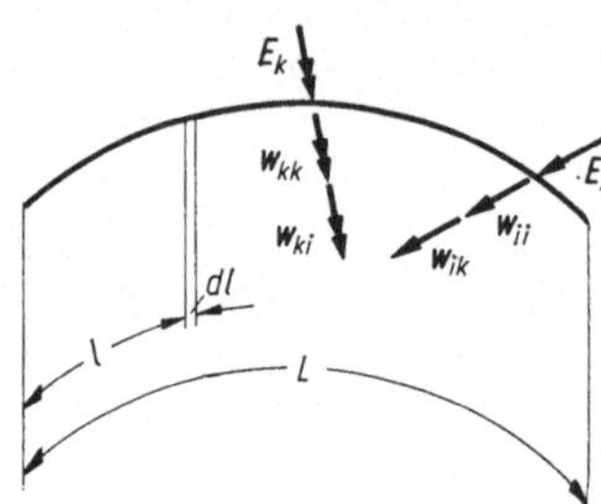

Abb. 13.4 Bewegungskomponenten in Richtung der Einslasten.

Abb. 13.4 soll ein beliebig geformtes, bereits statisch bestimmt gemachtes Rohrleitungssystem darstellen, und es möge die Aufgabe gestellt sein, die n Bewegungen $W_{1i}, W_{2i} \cdots W_{ni}$ infolge der Einslast E_i zu ermitteln. Es handelt sich also um die in der i-ten Spalte der Matrix von Gl. (13.6) angeführten Werte. Als erstes werden die Auflagerreaktionen (vgl. 3.6) auf Grund der Gleichgewichtsbedingungen ermittelt. Danach müssen Gleichungen aufgestellt werden, die für jede Stelle des Systems in Abhängigkeit vom Abstand l die auf das innere Koordinatensystem (vgl. 13.1) bezogenen Werte $P_{iu}, P_{iv}, P_{iw}, M_{iu}, M_{iv}, M_{iw}$ angegeben. Die auf der Wirkungslinie von E_i liegende Bewegung W_{ii} ermittelt sich dann zu

$$W_{ii} = \int\limits_{l=0}^{L} \left(\frac{P_{iu}^2}{E \cdot F} + \frac{P_{iv}^2 + P_{iw}^2}{G \cdot F} + \frac{M_{iu}^2}{2 \cdot G \cdot I} + \frac{M_{iv}^2 + M_{iw}^2}{K \cdot E \cdot I} \right) \cdot dl \qquad (13.12)$$

und die auf der Wirkungslinie von E_k liegende Bewegung W_{ki} zu

$$W_{ki} = \int\limits_{l=0}^{L} \left(\frac{P_{iu} \cdot P_{ku}}{E \cdot F} + \frac{P_{iv} \cdot P_{kv} + P_{iw} \cdot P_{kw}}{G \cdot F} + \frac{M_{iu} \cdot M_{ku}}{2 \cdot G \cdot I} + \frac{M_{iv} \cdot M_{kv} + M_{iw} \cdot M_{kw}}{K \cdot E \cdot I} \right) \cdot dl = W_{ik}. \qquad (13.13)$$

Dabei bedeuten:

- F Rohrquerschnittfläche (Kap. 4);
- J axiales Rohrträgheitsmoment (4.2);
- E Elastizitätsmodul (6.1);
- G Schubmodul (6.2);
- K Rohrbogenfaktor (13.3).

Da sich diese Werte normalerweise nicht kontinuierlich sondern sprunghaft ändern, bestehen in der Praxis die Integrale der Gln. (13.12) und (13.13) aus Summen von Einzelintegralen einzelner Teilstücke mit den Längen L_1. Über den durch Gl. (6.3) gegebenen Zusammenhang zwischen E und G erhält man dann mit $\nu = 0{,}3$:

$$W_{ii} = \sum_{l=0}^{L} \frac{1}{E \cdot I} \cdot \int_{l_1=0}^{L_1} \left[\frac{I}{F} \cdot P_{iu}^2 + 2{,}6 \cdot \frac{I}{F} \cdot (P_{iv}^2 + P_{iw}^2) + 1{,}3 \cdot M_{iu}^2 + \frac{1}{K} \cdot (M_{iv}^2 + M_{iw}^2) \right] \cdot dl, \qquad (13.14)$$

$$W_{ki} = W_{ik} = \sum_{l=0}^{L} \frac{1}{E \cdot I} \cdot \int_{l_1=0}^{L_1} \left[\frac{I}{F} \cdot P_{iu} \cdot P_{ku} + 2{,}6 \cdot \frac{I}{F} \cdot (P_{iv} \cdot P_{kv} + P_{iw} \cdot P_{kw}) + 1{,}3 \cdot M_{iu} \cdot M_{ku} + \frac{1}{K} (M_{iv} \cdot M_{kv} + M_{iw} \cdot M_{kw}) \right] \cdot dl. \qquad (13.15)$$

Entsprechend Tab. 4.1 gilt dabei $I/F = (d_a^2 + d_i^2)/16$. Ist der Verformungsanteil der Normal- und Querkräfte vernachlässigbar klein, dann gehen die Gln. (13.14) und (13.15) über in

$$W_{ii} = \sum_{l=0}^{L} \frac{1}{E \cdot I} \cdot \int_{l_1=0}^{L_1} \left[1{,}3 \cdot M_{iu}^2 + \frac{1}{K} \cdot (M_{iv}^2 + M_{iw}^2) \right] \cdot dl, \qquad (13.16)$$

$$W_{ki} = W_{ik} = \sum_{l=0}^{L} \frac{1}{E \cdot I} \cdot \int_{l_1=0}^{L_1} \left[1{,}3 \cdot M_{iu} \cdot M_{ku} + \frac{1}{K} \cdot (M_{iv} \cdot M_{kv} + M_{iw} \cdot M_{kw}) \right] \cdot dl. \qquad (13.17)$$

13.3 Verformung des Rohrbogens infolge eines Momentes

Beim gebogenen Rohr ruft ein Biegemoment eine stärkere Krümmungsänderung hervor als beim geraden Rohr. Die Abweichung von der in 5.2. behandelten Biegetheorie wird um so größer, je kleiner das Durchmesserverhältnis $u = d_a/d_i$ und je kleiner das Krümmungs-

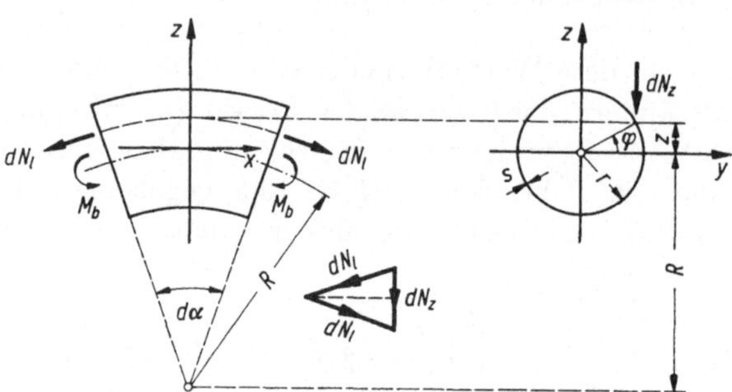

Abb. 13.5 Entstehung der den Rohrbogenquerschnitt verformenden Kräfte dN_z infolge eines Biegemomentes M_b.

verhältnis $\varrho = R/d_m$ ist. Als erster entwickelte Kármán eine Biegetheorie des Rohrbogens unter folgenden, die Rechnung wesentlich vereinfachenden Annahmen:

1. Die Querschnitte bleiben eben.
2. Die Rohrwanddicke s ist vernachlässigbar klein gegenüber dem mittleren Rohrdurchmesser d_m.
3. Der mittlere Rohrradius $r = 0{,}5 \cdot d_m$ ist vernachlässigbar klein gegenüber dem mittleren Krümmungsradius R.
4. Aus 3. folgt, daß die Rohrachse mit der Nullinie identisch ist.

Wie aus *Abb. 13.5* zu ersehen ist, wirkt infolge der durch das Biegemoment M_b hervorgerufenen Längsspannung σ_{Nl} an einem Volumenelement

$$dV = s \cdot du \cdot dl = s \cdot r \cdot d\varphi \cdot (R + r \cdot \cos\varphi) \cdot d\alpha \qquad (13.18)$$

eine Längskraft

$$dN_l = \sigma_{Nl} \cdot s \cdot r \cdot d\varphi . \qquad (13.19)$$

Diese ruft auf Grund der Krümmung eine in negativer z-Richtung wirkende Kraft

$$dN_z = -2 \cdot dN_l \cdot \sin\frac{d\alpha}{2} \approx -dN_l \cdot d\alpha = -\sigma_{Nl} \cdot s \cdot r \cdot d\varphi \cdot d\alpha \quad (13.20)$$

hervor. Durch die Einwirkung der dN_z wird sich der Rohrquerschnitt entsprechend *Abb. 13.6* annähernd ellipsenförmig verformen. Rückt nun nach *Abb. 13.7* eine Faser mit der Länge $(R + z) \cdot d\alpha$ von der Stelle

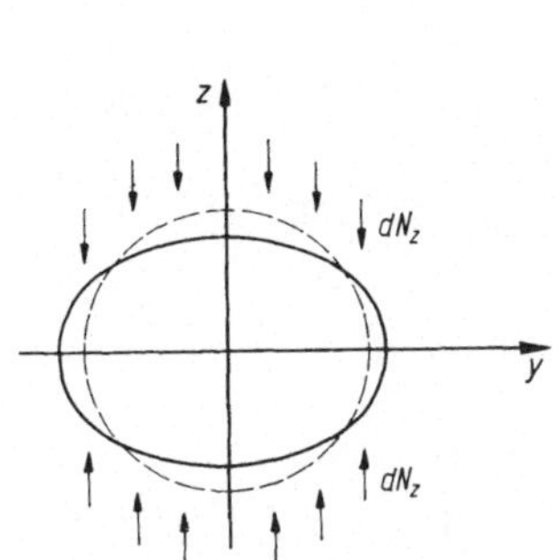

Abb. 13.6 Verformung des Rohrquerschnittes infolge der Kräfte dN_z.

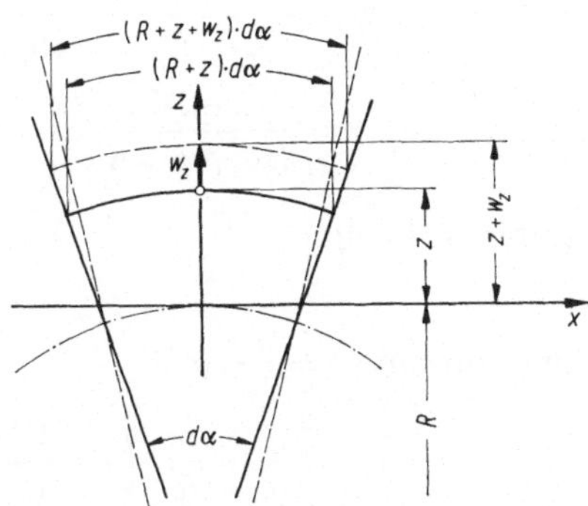

Abb. 13.7 Auswirkung des Verschiebens einer Faser von z nach $z + w_z$.

z an die Stelle $z + w_z$, wo bisher die Länge $(R + z + w_z) \cdot d\alpha$ vorhanden war, so entspricht das bei $z + w_z$ einer (scheinbaren) Dehnung von

$$\varepsilon_{l1} = \frac{(R + z) \cdot d\alpha - (R + z + w_z) \cdot d\alpha}{(R + z + w_z) \cdot d\alpha} = \frac{-w_z}{R + z + w_z} \approx -\frac{w_z}{R}. \tag{13.21}$$

Durch die Längsspannung σ_{Nl} ergibt sich außerdem die Dehnung

$$\varepsilon_{l2} = \frac{\sigma_l}{E}. \tag{13.22}$$

Wird das Bogenelement nach *Abb. 13.8* durch das Biegemoment M_b um den Winkel $\Delta d\alpha$ verformt, dann ändert sich bei z die ursprüngliche

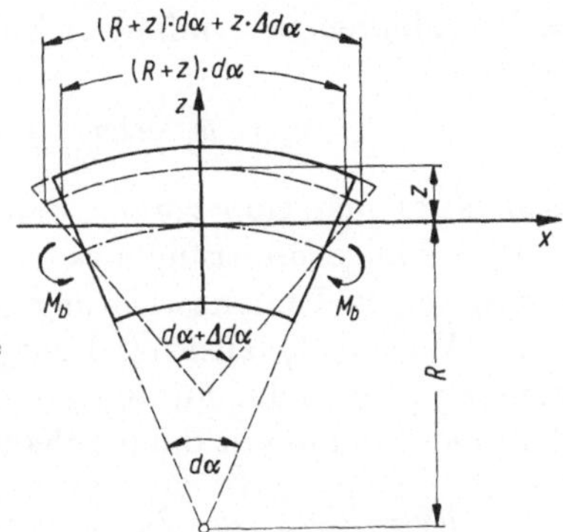

Abb. 13.8 Faserdehnung infolge Winkeländerung $\Delta d\alpha$.

Länge $(R + z) \cdot d\alpha$ um $2 \cdot z \cdot \Delta d\alpha/2 = z \cdot \Delta d\alpha$ auf $(R + z) \cdot d\alpha + z \cdot \Delta d\alpha$. Das entspricht einer Dehnung

$$\varepsilon_l = \frac{(R + z) \cdot d\alpha + z \cdot \Delta d\alpha - (R + z) \cdot d\alpha}{(R + z) \cdot d\alpha}$$

$$= \frac{z \cdot \Delta d\alpha}{(R + z) \cdot d\alpha} \approx \frac{z \cdot \Delta d\alpha}{R \cdot d\alpha}. \qquad (13.23)$$

Aus der Bedingung

$$\varepsilon_{l1} + \varepsilon_{l2} = \varepsilon_l$$

folgt dann mit $z = r \cdot \sin\varphi$

$$\sigma_{Nl} = \frac{E}{R} \cdot \left(r \cdot \frac{\Delta d\alpha}{d\alpha} \cdot \sin\varphi + w_z \right). \qquad (13.24)$$

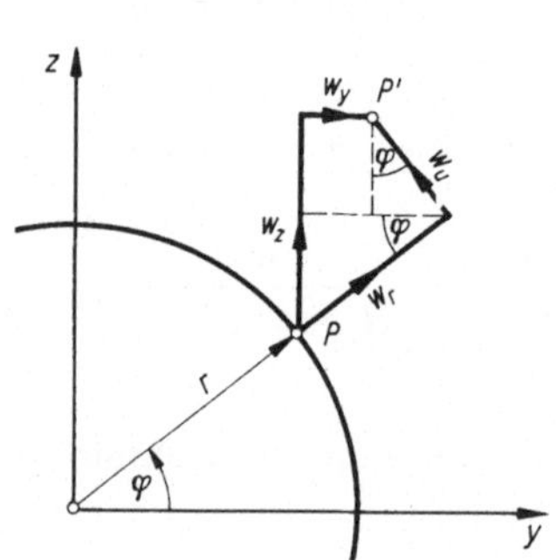

Abb. 13.9 Verschiebungskomponenten.

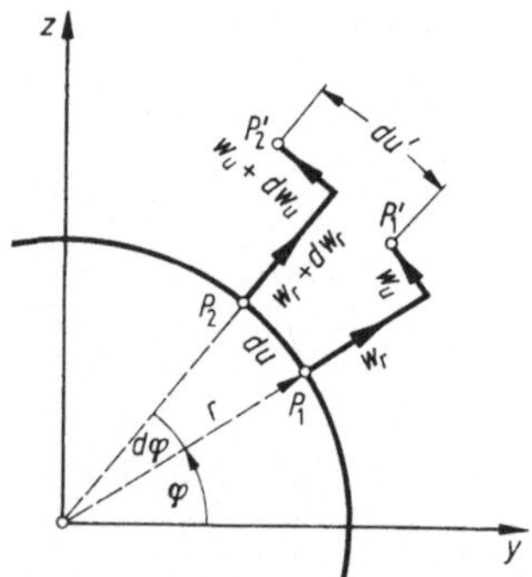

Abb. 13.10 Umfangslänge du vor und du' nach der Verschiebung von P_1 und P_2 nach P_1' und P_2'.

Entsprechend *Abb. 13.9* läßt sich die Verschiebung w_z durch die Verschiebungskoordinaten in Umfangsrichtung w_u und Radialrichtung w_r in der Form

$$w_z = w_u \cdot \cos\varphi + w_r \cdot \sin\varphi \qquad (13.25)$$

beschreiben. Setzt man nun voraus, daß die in Abb. 13.6 gezeigte Verformung ohne Längenänderung des mittleren Rohrumfanges erfolgt, dann müssen die in Umfangsrichtung gemessenen Abstände zwischen zwei um den Winkel $d\varphi$ auseinanderliegenden Punkten vor und nach der Verformung gleich sein. Für die aus der Lage P_1 und P_2 nach P_1' und P_2' verschobenen Punkte gilt dann anhand von *Abb. 13.10*:

$$du = du', \qquad r \cdot d\varphi = (r + w_r) \cdot d\varphi + dw_u,$$

woraus sich

$$w_r = -\frac{d w_u}{d\varphi} \tag{13.26}$$

ergibt. Mit diesem Wert geht Gl. (13.25) in

$$w_z = w_u \cdot \cos\varphi - \frac{d w_u}{d\varphi} \cdot \sin\varphi$$

und damit dann Gl. (13.24) in

$$\sigma_{Nl} = \frac{E}{R} \cdot \left(r \cdot \frac{\Delta d\alpha}{d\alpha} \cdot \sin\varphi + w_u \cdot \cos\varphi - \frac{d w_u}{d\varphi} \cdot \sin\varphi \right) \tag{13.27}$$

über. Eine Beziehung zwischen den in Abb. 13.6 gezeigten Verformungen und dem dadurch hervorgerufenen „Querbiegemoment M_q" gibt die Gleichung der elastischen Linie des schwach gekrümmten Stabes mit konstantem Krümmungsradius r. Wird M_q als positiv definiert, wenn es die Krümmung zu vergrößern versucht, dann lautet diese mit den Bezeichnungen von Abb. 13.9:

$$\frac{d^2 w_r}{d\varphi^2} + w_r = -\frac{M_q \cdot r^2}{E \cdot I_q}. \tag{13.28}$$

Da im vorliegenden Fall entsprechend Gl. (13.26) $w_r = -d w_u/d\varphi$ wird, ergibt sich aus Gl. (13.28):

$$M_q = \frac{E \cdot I_q}{r^2} \cdot \left(\frac{d^3 w_u}{d\varphi^3} + \frac{d w_u}{d\varphi} \right). \tag{13.29}$$

Dabei stellt I_q das Trägheitsmoment der Rohrwand für die Länge $(R + z) \cdot d\alpha \approx R \cdot d_\alpha$ dar, also

$$I_q = \frac{s^3}{12} \cdot R \cdot d\alpha. \tag{13.30}$$

Ein Zusammenhang zwischen der Längsspannung σ_{Nl} nach Gl. (13.27) und dem Querbiegemoment M_q nach Gl. (13.29) ergibt sich aus der Forderung, daß die Gesamtformänderungsarbeit beim Verbiegen des Rohrbogens zum Minimum wird (Satz vom Minimum der Formänderungsarbeit). Für ein Rohrbogenelement der Länge 1, der Breite $du = r \cdot d\varphi$ und der Dicke s ergibt sich die Formänderungsarbeit der Längsspannung σ_{Nl} mit $dV = s \cdot r \cdot d\varphi$ zu

$$d A_1 = \frac{\sigma_{Nl}^2}{2 \cdot E} \cdot d V = \frac{r \cdot s}{2 \cdot E} \cdot \sigma_{Nl}^2 \cdot d\varphi \tag{13.31}$$

und die des Querbiegemomentes M_q zu

$$d A_2 = \frac{M_q^2}{2 \cdot E \cdot I_q} \cdot du = \frac{r}{2 \cdot E \cdot I_q} \cdot M_q^2 \cdot d\varphi. \tag{13.32}$$

Mit den Werten der Gln. (13.27) und (13.29) ergibt sich dann die Gesamtformänderungsarbeit für einen Ring der Länge 1 und Wanddicke s aus den Gln. (13.31) und (13.32) zu

$$A = A_1 + A_2$$

mit

$$A_1 = \frac{E \cdot r \cdot s}{2 \cdot R^2} \cdot \int\limits_{\varphi=0}^{2\pi} \left(r \cdot \frac{\Delta d\alpha}{d\alpha} \cdot \sin\varphi + w_u \cdot \cos\varphi - \frac{d w_u}{d\varphi} \cdot \sin\varphi \right)^2 \cdot d\varphi, \tag{13.33}$$

$$A_2 = \frac{E \cdot s^3}{24 \cdot r^3} \cdot \int\limits_{\varphi=0}^{2\pi} \left(\frac{d^3 w_u}{d\varphi^3} + \frac{d w_u}{d\varphi} \right)^2 \cdot d\varphi. \tag{13.34}$$

[Letzteres mit $I_q = s^3/12$ nach Gl. (13.30) für $R \cdot d\alpha = 1$.] Zur Lösung der Integrale wählte KÁRMÁN den Reihenansatz

$$w_u = C_1 \cdot \sin 2\varphi + C_2 \cdot \sin 4\varphi + \cdots + C_n \cdot \sin 2n\varphi. \tag{13.35}$$

Begnügt man sich mit dem ersten Glied dieser Reihe, dann erhält man durch Einsetzen von

$$w_u = C \cdot \sin 2\varphi, \tag{13.36}$$

$$\frac{d w_u}{d\varphi} = 2 \cdot C \cdot \cos 2\varphi, \tag{13.37}$$

$$\frac{d^3 w_u}{d\varphi^3} = -8 \cdot C \cdot \cos 2\varphi \tag{13.38}$$

in die Gln. (13.33) und (13.34):

$$A_1 = \frac{E \cdot r \cdot s \cdot \pi}{2 \cdot R^2} \cdot \left[\left(r \cdot \frac{\Delta d\alpha}{d\alpha} \right)^2 + \frac{5}{2} \cdot C^2 + 3 \cdot r \cdot \frac{\Delta d\alpha}{d\alpha} \cdot C \right], \tag{13.39}$$

$$A_2 = \frac{3 \cdot E \cdot s^3 \cdot \pi}{2 \cdot r^3} \cdot C^2. \tag{13.40}$$

Mit den Abkürzungen

$$a = \frac{E \cdot r \cdot s \cdot \pi}{2 \cdot R^2} \quad \text{und} \quad b = r \cdot \frac{\Delta d\alpha}{d\alpha}$$

ergibt sich die Gesamtformänderungsarbeit dann zu

$$A = A_1 + A_2 = a \cdot \left[b^2 + \left(\frac{5}{2} + \frac{3 \cdot s^2 \cdot R^2}{r^4}\right) \cdot C^2 + 3 \cdot b \cdot C\right]. \tag{13.41}$$

Aus der Minimum-Bedingung

$$\frac{dA}{dC} = a \cdot \left[\left(5 + \frac{6 \cdot s^2 \cdot R^2}{r^4}\right) \cdot C + 3 \cdot b\right] = 0 \tag{13.42}$$

ermittelt sich mit der Abkürzung

$$\lambda = \frac{R \cdot s}{r^2} \tag{13.43}$$

die Konstante C zu

$$C = -r \cdot \frac{\Delta d\alpha}{d\alpha} \cdot \frac{3}{5 + 6 \cdot \lambda^2}, \tag{13.44}$$

und Gl. (13.27) geht über in

$$\sigma_{Nl} = \frac{E \cdot r}{R} \cdot \frac{\Delta d\alpha}{d\alpha} \cdot \left(\sin\varphi - \frac{6}{5 + 6 \cdot \lambda^2} \cdot \sin^3\varphi\right). \tag{13.45}$$

Setzt man nun diesen Wert von σ_{Nl} in Gl. (13.19) ein und multipliziert mit $z = r \cdot \sin\varphi$, dann ergibt sich damit das durch dN_l erzeugte Moment zu

$$dM_b = dN_l \cdot z = \frac{E \cdot r^3 \cdot s}{R} \cdot \frac{\Delta d\alpha}{d\alpha} \cdot \left(\sin^2\varphi - \frac{6}{5 + 6 \cdot \lambda^2} \cdot \sin^4\varphi\right) \cdot d\varphi \tag{13.46}$$

und das Gesamtmoment zu

$$M_b = \int_{\varphi=0}^{2\pi} dM_b = \frac{E \cdot \pi \cdot r^3 \cdot s}{R} \cdot \frac{\Delta d\alpha}{d\alpha} \cdot \frac{1 + 12 \cdot \lambda^2}{10 + 12 \cdot \lambda^2}. \tag{13.47}$$

Da für das axiale Rohrträgheitsmoment näherungsweise

$$I \approx \pi \cdot r^3 \cdot s$$

gilt, kann Gl. (13.47) als

$$M_b = \frac{E \cdot I \cdot K}{R} \cdot \frac{\Delta d\alpha}{d\alpha} \qquad \textbf{(13.48)}$$

geschrieben werden. Wählt man den Index der ,,Kármán-Zahl K“ nach der Anzahl der Glieder von Gl. (13.35), die zur Ermittlung von K herangezogen werden, dann gilt:

$$K_1 = \frac{1 + 12 \cdot \lambda^2}{10 + 12 \cdot \lambda^2}, \qquad (13.49)$$

$$K_2 = \frac{3 + 536 \cdot \lambda^2 + 4800 \cdot \lambda^4}{105 + 4136 \cdot \lambda^2 + 4800 \cdot \lambda^4}, \qquad (13.50)$$

$$K_3 = \frac{3 + 3280 \cdot \lambda^2 + 329376 \cdot \lambda^4 + 2822400 \cdot \lambda^6}{252 + 73912 \cdot \lambda^2 + 2446176 \cdot \lambda^4 + 2822400 \cdot \lambda^6}, \qquad (13.51)$$

$$K_n = \frac{1 + 12 \cdot \lambda^2 - \mu}{10 + 12\,\lambda^2 - \mu}, \qquad (13.52)$$

$$K_B = \frac{\lambda}{1{,}65}, \leqq 1. \qquad (13.53)$$

Gl. (13.52) wurde von JENKS aufgestellt, und er gibt die Abhängigkeit der μ-Werte von den λ-Werten nach *Tab. 13.1* an. Gleichung (13.53) wurde von BESKIN als Näherungswert für K_3 entwickelt. Wegen ihrer

Tabelle 13.1 Werte $\mu = f(\lambda)$ zur Ermittlung von K_n (nach JENKS)

λ	μ
0,00	1,0000
0,05	0,7625
0,10	0,5684
0,20	0,3074
0,30	0,1764
0,40	0,1107
0,50	0,0749
0,75	0,0353
1,00	0,0203

einfachen Form und sehr guten Übereinstimmung ihrer Werte mit K_n wurde sie den amerikanischen Vorschriften sowie den CECT-Empfehlungen zugrunde gelegt. Für die Praxis ist es vorteilhafter den Kehrwert von K zu verwenden. Dieser sei als ,,Bogen-Elastizitätsfaktor k_K" bezeichnet. Der

λ	$= 0$	0,05	0,1	0,5	1
k_{K1}	$= 10{,}0$	9,74	9,04	3,25	1,69
k_{K2}	$= 35{,}0$	26,4	16,6	3,29	1,69
k_{K3}	$= 84{,}0$	34,0	17,3	3,29	1,69
k_{Kn}	$= \infty$	34,6	17,3	3,29	1,69
k_{KB}	$= \infty$	33,0	16,5	3,30	1,65

Vergleich zeigt, daß es weitaus genügt mit $k_K = 1/K_B = 1{,}65/\lambda, \geqq 1$ zu rechnen, und daß bei kleineren λ-Werten die 1. sowie 2. Näherung und bei sehr kleinen λ-Werten auch die 3. Näherung unzutreffende Werte liefert. KÁRMÁN untersuchte nur die Biegung in der Krümmungsebene des Bogens. Inzwischen wurde rechnerisch und experimentell nachgewiesen, daß dieser Bogen-Elastizitätsfaktor auch bei Biegung senkrecht zur Krümmungsebene zutrifft und zu berücksichtigen ist. Ebenfalls zeigte sich, daß k_K aus Gl. (13.53) trotz der Voraussetzung $r \ll R$ auch für stark gekrümmte Rohrbogen (z. B. $R = 1{,}5 \cdot d_m$) genügend genaue Werte liefert. Bezüglich der Verformung durch ein Torsionsmoment verhält sich der Rohrbogen entsprechend der normalen Torsionstheorie nach 5.4 und 7.3.

Bei Voraussetzung einer normalen Biegespannungsverteilung nach 5.2 wäre in Gl. (13.48) der Faktor K entfallen. Man kann daher sagen:

Die Verformung des Rohrbogens durch Biegemomente ergibt sich nach der normalen Biegetheorie, wenn man das Rohrträgheitsmoment I durch $I' = I \cdot K = I/k_K$ ersetzt.

Die bisherigen Beziehungen dieses Abschnittes gelten für den sogenannten Glattrohrbogen. Bei Faltenrohrbogen nach *Abb. 13.11* bewirken die Falten zwar eine größere Nachgiebigkeit in Längsrichtung, dafür bilden sie aber eine Aussteifung für die Umfangsverformung nach Abb. 13.6. So lassen sich die im Schrifttum angegebenen Versuchswerte erklären, die für Faltenrohrbogen annähernd die gleiche Elastizität wie beim Glattrohrbogen ausweisen.

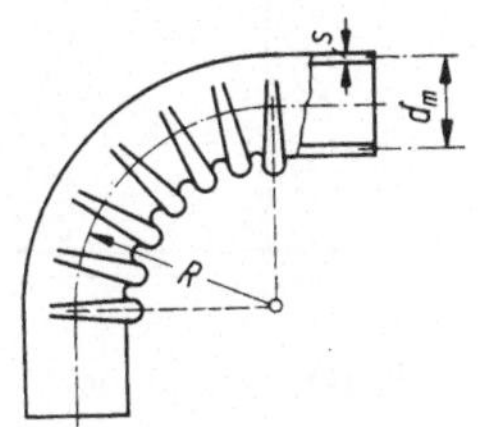

Abb. 13.11 Faltenrohrbogen.

Unter Verwendung der ,,Elastizitätscharakteristik h", die beim Glattrohrbogen mit dem λ-Wert identisch ist, sind in *Tab. 13.2* die

Elastizitätsfaktoren für verschiedene Bogenformen angegeben (nach USAS B 31.1.0). Dabei gilt k'_K für 90°-Bogen, deren Umfangsverformung an einem Ende durch einen Flansch oder eine ähnliche Versteifung behindert ist. Bei Versteifungen an beiden Bogenenden gilt k''_K.

Steht der Rohrbogen unter Innendruck, dann nimmt seine Nachgiebigkeit gegen Biegemomente ab, da der Innendruck die in Abb. 13.6 gezeigte Querschnittverformung teilweise rückgängig macht. Dieser Umstand läßt sich berücksichtigen, indem man k_K durch

$$k_{Kp} = \frac{k_K}{1 + 6 \cdot \frac{p}{E} \cdot \left(\frac{r}{s}\right)^2 \cdot \sqrt[3]{\frac{R}{s}}} \geqq 1 \tag{13.54}$$

ersetzt.

Tabelle 13.2 Elastizitätscharakteristik h und Elastizitätsfaktoren k_K, k'_K, k''_K für Rohrbogen (nach USAS B 31.1.0)

	Glatt- und Faltenrohrbogen	Segmentbogen		
		$l < \frac{d_m}{2} \cdot (1 + \tan\alpha)$	$l \geq \frac{d_m}{2} \cdot (1 + \tan\alpha)$	
	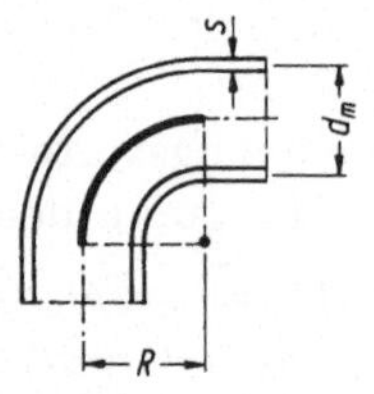	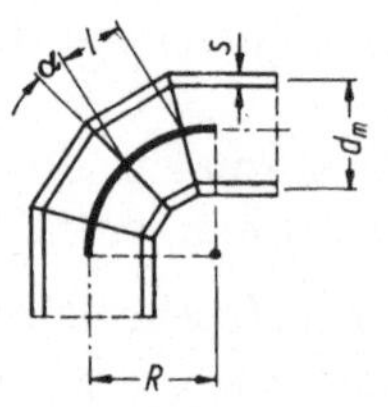	(3) 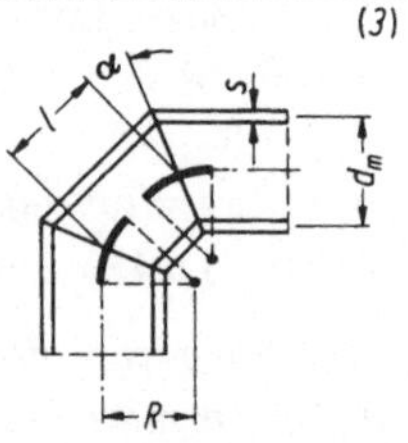	
R	mittlerer Biegeradius	$\frac{l \cdot \cot\alpha}{2}$	$\frac{d_m \cdot (1 + \cot\alpha)}{4}$	
h	$\frac{4 \cdot R \cdot s}{d_m^2}$			
k_K	$\frac{1{,}65}{h}$	$\frac{1{,}52}{h^{5/6}}$		≥ 1
(1) k'_K	$\frac{1{,}65}{h^{5/6}}$	$\frac{1{,}52}{h^{2/3}}$		≥ 1
(2) k''_K	$\frac{1{,}65}{h^{2/3}}$	$\frac{1{,}52}{h^{1/3}}$		≥ 1

(1) Bogen an einem Ende geflanscht, $k'_K = k_K \cdot h^{\frac{1}{6}}$.

(2) Bogen an beiden Enden geflanscht, $k''_K = k_K \cdot h^{\frac{1}{3}}$.

(3) Gesamtbogen wird in Einzelbogen und gerade Zwischenstücke aufgeteilt.

13.4 Spannungen im Rohrbogen infolge eines Momentes

Abb. 13.12 zeigt einen Rohrbogen, der durch ein Moment $\boldsymbol{M} = \{M_t, M_{b1}, M_{b2}\}$ belastet ist. Durch das Torsionsmoment M_t ergibt sich entsprechend 5.4 für jede Stelle eine maximale Schubspannung

$$\tau = \frac{M_t \cdot r_a}{2 \cdot I} = \frac{M_t}{2 \cdot W} \tag{13.55}$$

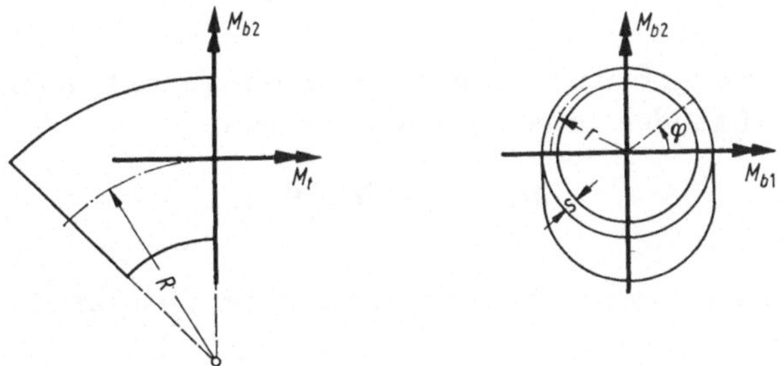

Abb. 13.12 Durch Moment $\boldsymbol{M} = \{M_t, M_{b1}, M_{b2}\}$ belasteter Rohrbogen-Querschnitt (Richtung für positive Koordinaten).

mit $W = I/r_a = 2I/d_a$ als Widerstandsmoment des Rohrquerschnittes.

In *Abb. 13.13* sind für ein an der Stelle φ liegendes Bogenwand-

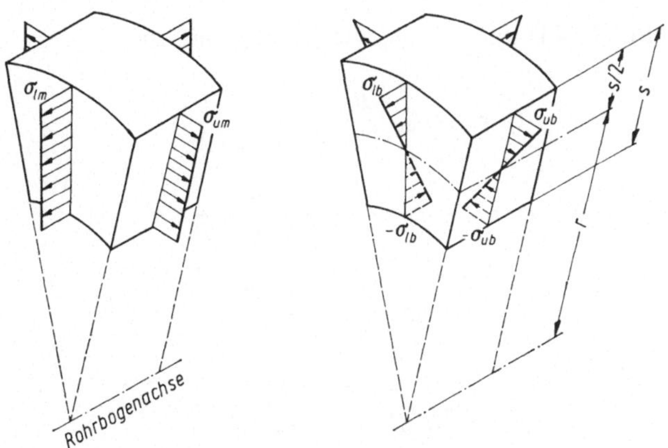

Abb. 13.13 Membranspannungen σ_{lm}, σ_{um} und Biegespannungen σ_{lb}, σ_{ub} am Rohrbogen-Wandelement.

element die Bezeichnungen für die durch die Biegemomente M_{b1} und M_{b2} erzeugten Spannungen eingetragen. Aus praktischen Gründen werden diese auf die maximalen, sich nach 5.2 für ein gerades Rohr gleicher Abmessung ergebenden Biegespannungen

$$\sigma_{01} = \frac{M_{b1} \cdot r_a}{I} = \frac{M_{b1}}{W}, \quad \textbf{(13.56)}$$

$$\sigma_{02} = \frac{-M_{b2} \cdot r_a}{I} = \frac{-M_{b2}}{W}, \quad \textbf{(13.57)}$$

$$\sigma_0 = \sqrt{\sigma_{01}^2 + \sigma_{02}^2} = \frac{\sqrt{M_{b1}^2 + M_{b2}^2}}{W}, \quad \textbf{(13.58)}$$

bezogen.

Zunächst sei untersucht, welche Spannungen sich infolge der in Bogenebene wirkenden Biegemomentkomponente

$$\boldsymbol{M}_{b1} = \{0, M_{b1}, 0\}$$

ergeben, wenn man sich mit der in 13.3 ermittelten ersten Näherung (13.36)

$$w_u = C \cdot \sin 2\varphi$$

begnügt.

Mit dem sich aus Gl. (13.48) ergebenden Wert

$$\frac{\Delta d\alpha}{d\alpha} = \frac{M_{b1} \cdot R}{E \cdot I \cdot K} \approx \frac{\sigma_{01} \cdot R}{E \cdot r} \cdot \frac{10 + 12 \cdot \lambda^2}{1 + 12 \cdot \lambda^2} \quad (13.59)$$

gehen die Gln. (13.44) und (13.36) bis (13.38) über in:

$$C = -\sigma_{01} \cdot \frac{R}{E} \cdot \frac{6}{1 + 12 \cdot \lambda^2}, \quad (13.60)$$

$$w_u = -\sigma_{01} \cdot \frac{R}{E} \cdot \frac{6}{1 + 12 \cdot \lambda^2} \cdot \sin 2\varphi, \quad (13.61)$$

$$\frac{dw_u}{d\varphi} = -\sigma_{01} \cdot \frac{R}{E} \cdot \frac{12}{1 + 12 \cdot \lambda^2} \cdot \cos 2\varphi, \quad (13.62)$$

$$\frac{d^3 w_u}{d\varphi^3} = \sigma_{01} \cdot \frac{R}{E} \cdot \frac{48}{1 + 12 \cdot \lambda^2} \cdot \cos 2\varphi. \quad (13.63)$$

Durch Einsetzen der Werte von Gl. (13.59) in (13.45) ergibt sich bereits die Längsspannung σ_{Nl1} zu

$$\sigma_{Nl1} = \sigma_{01} \cdot \frac{(10 + 12 \cdot \lambda^2) \cdot \sin \varphi - 12 \cdot \sin^3 \varphi}{1 + 12 \cdot \lambda^2} = \sigma_{01} \cdot \beta_1. \quad (13.64)$$

Die Extremwerte $\hat{\sigma}_{Nl1}$ von σ_{Nl1} ergeben sich aus $d\sigma_{Nl1}/d\varphi = 0$ bei

$$\varphi = \pm \operatorname{arc} \sin \sqrt{\frac{5 + 6 \cdot \lambda^2}{18}} \quad \text{bzw.} \quad z = \pm r \cdot \sqrt{\frac{5 + 6 \cdot \lambda^2}{18}},$$

sofern der Wurzelausdruck $\leqq 1$, d. h. $\lambda \leqq 1{,}472$ ist, zu

$$\hat{\sigma}_{Nl1} = \pm \sigma_{01} \cdot \frac{10 + 12 \cdot \lambda^2}{1 + 12 \cdot \lambda^2} \cdot \frac{\sqrt{10 + 12 \cdot \lambda^2}}{9} = \pm \sigma_{01} \cdot \hat{\beta}_{1.1}. \quad (13.65)$$

Ist $\lambda \geqq 1{,}472$, dann ergeben sich die Extremwerte bei

$$\varphi = \pm 90^\circ \quad \text{bzw.} \quad z = \pm r$$

zu

$$\hat{\sigma}_{Nl1} = \pm \sigma_{01} \cdot \frac{12 \cdot \lambda^2 - 2}{1 + 12 \cdot \lambda^2} = \pm \sigma_{01} \cdot \hat{\beta}_{1.2}. \quad (13.66)$$

Bei $\varphi = 0$ und $\varphi = 180^\circ$ wird $\sigma_{Nl1} = 0$.

Setzt man die Werte der Gln. (13.62) und (13.63) zur Ermittlung von M_q in Gl. (13.29) ein und dividiert durch das Wandwiderstandsmoment

$$W_q = \pm \frac{2 \cdot I_q}{s},$$

dann ergibt sich die Umfangsbiegespannung mit oberem Vorzeichen für die Außenwand und unterem für die Innenwand zu

$$\sigma_{Mq1} = \pm \sigma_{01} \cdot \frac{18 \cdot \lambda}{1 + 12 \cdot \lambda^2} \cdot \cos 2\varphi = \pm \sigma_{01} \cdot \gamma_1. \quad (13.67)$$

Aus $-1 \leqq \cos 2\varphi \leqq 1$ folgen die Extremwerte $\hat{\sigma}_{Mq1}$ von σ_{Mq1} bei $\varphi = 0$ und $\varphi = 180^\circ$, d. h. $z = 0$ (erste Vorzeichen), sowie bei $\varphi = \pm 90^\circ$, d. h. $z = r$ (zweite Vorzeichen) zu

$$\hat{\sigma}_{Mq1} = \pm \mp \sigma_{01} \cdot \frac{18 \cdot \lambda}{1 + 12 \cdot \lambda^2} = \pm \mp \sigma_{01} \cdot \hat{\gamma}_1. \quad (13.68)$$

Bei $\varphi = \pm 45^\circ$ und $\varphi = \pm 135^\circ$ wird $\sigma_{Mq1} = 0$.

Setzt man den für σ_{Nl1} mit Gl. (13.64) ermittelten Wert in Gl. (13.20) ein, dann erhält man für die Stelle φ die durch die Abtriebskräfte dN_z hervorgerufene Umfangskraft zu

$$N_u = \cos \varphi \cdot \int_{\varphi = \varphi}^{90^\circ} dN_z = -\sigma_{01} \cdot r \cdot s \cdot \frac{(12 \cdot \lambda^2 - 2) \cdot \cos^2 \varphi + 4 \cdot \cos^4 \varphi}{1 + 12 \cdot \lambda^2} \cdot d\alpha.$$

Diese auf die Fläche $F_u = R \cdot s \cdot d\alpha$ wirkende Kraft erzeugt eine Umfangsspannung

$$\sigma_{Nu1} = -\sigma_{01} \cdot \frac{r}{R} \cdot \frac{(12 \cdot \lambda^2 - 2) \cdot \cos^2 \varphi + 4 \cdot \cos^4 \varphi}{1 + 12 \cdot \lambda^2} = -\sigma_{01} \cdot \delta_1, \tag{13.69}$$

deren Extremwerte $\hat{\sigma}_{Nu1}$ sich bei $\varphi = 0°$ und $\varphi = 180°$, d. h. $z = 0$ zu

$$\hat{\sigma}_{Nu1} = -\sigma_{01} \cdot \frac{r}{R} \cdot \frac{2 + 12 \cdot \lambda^2}{1 + 12 \cdot \lambda^2} = -\sigma_{01} \cdot \hat{\delta}_1 \tag{13.70}$$

ergeben. Bei $\varphi = \pm 90°$, d. h. $z = r$ wird $\sigma_{Nu1} = 0$.

Diese sich infolge M_{b1} nach der 1. Näherung ergebenden Spannungen sind in *Abb. 13.14* über den halben Bogenumfang (für $\lambda = 0{,}8$ und $R = 2{,}5 \cdot d$) eingetragen.

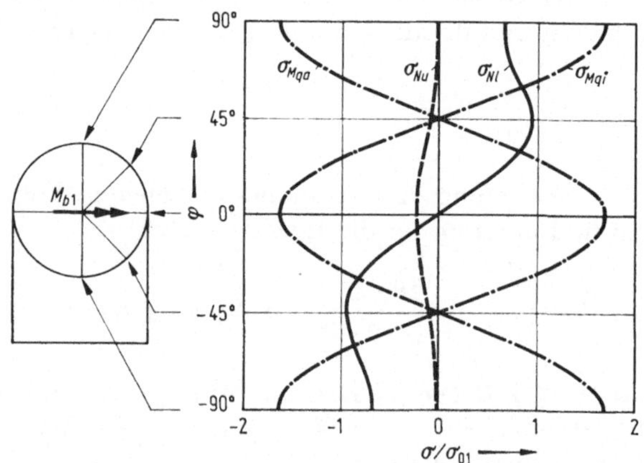

Abb. 13.14 Typischer Verlauf der Längs-Normalspannung σ_{Nl}, Umfangs-Normalspannung σ_{Nu} und Umfangsbiegespannung σ_{Mq} beim „Zubiegen“ eines Rohrbogens.

Da die β-, γ- und δ-Werte der 1. Näherung noch einigen Vorschriften zugrunde liegen, sei darauf hingewiesen, daß sich dann für β sowie δ nur bei $\lambda \geqq 0{,}2$ und für γ nur bei $\lambda \geqq 0{,}8$ genügend genaue Werte ergeben.

Aus den in *Abb. 13.15* gezeigten Verformungen des Rohrbogenquerschnittes ist zu erkennen, daß beim Wirken der den Bogen aus seiner Ebene herausbiegenden Momentenkomponente M_{b2} ähnliche Verhältnisse wie bei der in Bogenebene wirkenden Komponente M_{b1} vorliegen, sich aber schon wegen anderer Symmetrieverhältnisse bezüglich der Abtriebskräfte dN_z (vgl. Abb. 13.5) andere Ausdrücke für die β-, γ- und δ-Werte ergeben müssen. Beachtet man nun noch den Einfluß der Querkontraktion (vgl. 6.1), dann ergeben sich aus den „erzeugenden Spannungen"

$$\begin{aligned} \sigma_{Nl1} &= \sigma_{01} \cdot \beta_1, & \sigma_{Nl2} &= \sigma_{02} \cdot \beta_2, \\ \sigma_{Mq1} &= \pm \sigma_{01} \cdot \gamma_1, & \sigma_{Mq2} &= \mp \sigma_{02} \cdot \gamma_2, \\ \sigma_{Nu1} &= -\sigma_{01} \cdot \delta_1, & \sigma_{Nu2} &= \sigma_{02} \cdot \delta_2, \end{aligned} \tag{13.71}$$

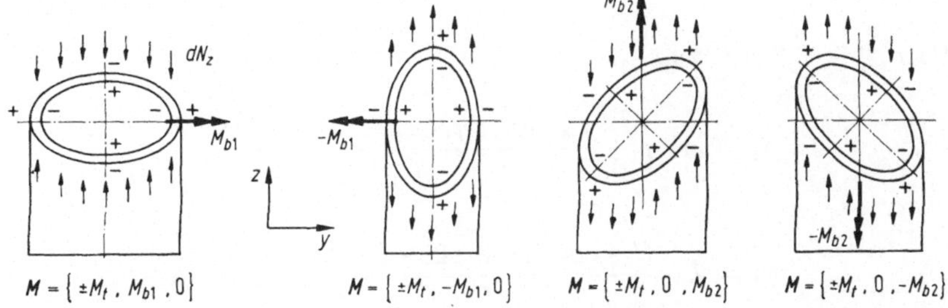

Abb. 13.15 Verformung des Rohrbogenquerschnittes in Abhängigkeit vom Vorzeichen der Biegemomentkoordinaten mit Eintragung der Vorzeichen für die Umfangsbiegespannungen σ_{Mq} und Angabe der Richtungen für die Abtriebskräfte dN_z.

die links in Abb. 13.13 gezeigten Membranspannungen zu

$$\begin{aligned} \sigma_{lm} &= \sigma_{Nl1} + \sigma_{Nl2} + \nu \cdot (\sigma_{Nu1} + \sigma_{Nu2}), \\ \sigma_{um} &= \nu \cdot (\sigma_{Nl1} + \sigma_{Nl2}), \end{aligned} \tag{13.72}$$

die rechts in Abb. 13.13 gezeigten Biegespannungen zu

$$\sigma_{lb} = \nu \cdot (\sigma_{Mq1} + \sigma_{Mq2}), \quad \sigma_{ub} = \sigma_{Mq1} + \sigma_{Mq2}, \tag{13.73}$$

und damit die Gesamtnormalspannungen für eine beliebige Stelle der Außen- oder Innenwand zu

$$\sigma_l = \sigma_{lm} + \sigma_{lb}, \quad \sigma_u = \sigma_{um} + \sigma_{ub}, \quad \sigma_r = 0. \tag{13.74}$$

Nach der amerikanischen Vorschrift für Atomkraftwerksleitungen (USAS B 31.7) ermitteln sich die Spannungsfaktoren β, γ, δ mit h nach

Tab. 13.2 sowie

$$\lambda_\nu = \frac{h}{\sqrt{1-\nu^2}}, \qquad \psi = \frac{p \cdot R^2}{E \cdot r \cdot s}$$

und den daraus zu bildenden Konstanten

$$C_1 = 5 + 6 \cdot \lambda_\nu^2 + 24 \cdot \psi, \qquad C_4 = (1-\nu^2) \cdot (C_3 - 4{,}5 \cdot C_2),$$

$$C_2 = 17 + 600 \cdot \lambda_\nu^2 + 480 \cdot \psi, \qquad C_5 = 1{,}5 \cdot C_2 - 18{,}75,$$

$$C_3 = C_1 \cdot C_2 - 6{,}25, \qquad C_6 = 9 \cdot C_2,$$

sofern $\lambda_\nu \geqq 0{,}2$ ist, zu:

$$\beta_1 = \sin\varphi + \frac{C_5 \cdot \sin 3\varphi + 11{,}25 \cdot \sin 5\varphi}{C_4},$$

$$\gamma_1 = \lambda_\nu \cdot \frac{C_6 \cdot \cos 2\varphi + 225 \cdot \cos 4\varphi}{C_4}, \qquad \delta_1 = 0,$$

$$\beta_2 = \cos\varphi + \frac{C_5 \cdot \cos 3\varphi + 11{,}25 \cdot \cos 5\varphi}{C_4}, \qquad (13.75)$$

$$\gamma_2 = \lambda_\nu \cdot \frac{C_6 \cdot \sin 2\varphi + 225 \cdot \cos 4\varphi}{C_4}, \qquad \delta_2 = 0.$$

Analog zu Gl. (13.54) berücksichtigt hierbei der Faktor ψ wieder die Verformungsbehinderung durch den Innendruck.

Das Arbeiten mit diesen Gleichungen ist sehr aufwendig, zumal zum Auffinden der größten Vergleichsspannung mehrere Stellen φ für Außen- und Innenwand untersucht werden müssen. Man hat daher in einschlägigen Vorschriften (z. B. USAS B 31.1.0) zur Ermittlung der Vergleichsspannung $\sigma_{\varepsilon lv}$ aus verhinderter Längsdehnung für den allgemeinen Rohrleitungsbau den auf der Schubspannungshypothese basierenden Wert

$$\sigma_{\varepsilon lv} = \sqrt{(i_K \cdot \sigma_0)^2 + 4 \cdot \tau^2} = \frac{\sqrt{i_K^2 \cdot (M_{b1}^2 + M_{b2}^2) + M_t^2}}{W} \qquad (13.76)$$

empfohlen. Dabei hat der sogenannte „Spannungserhöhungsfaktor i_K“

mit h nach Tab. 13.2 die Größe

$$i_K = \frac{0{,}9}{\sqrt[3]{h^2}}, \geqq 1 \tag{13.77}$$

und gibt im Hinblick auf Ermüdungsbruch das Verhältnis des vom geraden Rohr und vom Rohrbogen bei gleicher Abmessung und gleicher Lastwechselzahl ertragenen Biegemomentes an.

Soll analog zu Gl. (13.54) die Verformungsbehinderung durch den Innendruck berücksichtigt werden, dann ist i_k durch

$$i_{Kp} = \frac{i_K}{1 + 3.25 \cdot \dfrac{p \cdot r}{E \cdot s} \cdot \sqrt{\left(\dfrac{R}{s}\right)^3} \cdot \sqrt[3]{\left(\dfrac{R}{r}\right)^2}}, \geqq 1 \tag{13.78}$$

zu ersetzen. Damit sind also die Faktoren i_K und k_K sowie die Faktoren i_{Kp} und k_{Kp} einander zugeordnet.

Außerdem läßt sich mit i_K bzw. i_{Kp} in sehr guter Näherung der Maximalwert $\hat{\sigma}_{lm}$ der Längsspannung σ_{lm} infolge des resultierenden Biegemomentes zu

$$\hat{\sigma}_{lm} = \pm i_K \cdot \sigma_0 \tag{13.79}$$

angegeben. Die Gln. (13.76) bis (13.79) gelten ohne Einschränkung für die Größe der h-Werte.

13.5 Benennung der Systemteile

Innerhalb einer Industrieanlage sind in konstruktiver Hinsicht fast alle Rohrleitungen miteinander verbunden. Die erste Aufgabe der Elastizitätsberechnung besteht deshalb darin, diese Rohrleitungen in einzelne, statisch voneinander unabhängige Systeme aufzuteilen. Dabei gelten als Systemunterteilungsstellen alle diejenigen Maschinen, Behälter und sonstigen Leitungsbefestigungen, die auf Grund ihrer Verankerung das Übertragen von Kraftwirkungen und Verformungen eines Systems auf andere unterbinden.

13.5.1 Festpunkte

Die Anschlußpunkte eines Systems an die Systemunterteilungsstellen sind seine Endauflager und werden als Festpunkte bezeichnet. Nach Anzahl und Art der Freiheitsgrade (vgl. 3.9) unterscheidet man

Einspannfestpunkte (Null Freiheitsgrade) und Teilfestpunkte (1 bis 5 Freiheitsgrade). Als Gelenkfestpunkt bezeichnet man dabei einen Teilfestpunkt, bei dem die drei Drehungskoordinaten als Freiheitsgrade auftreten.

13.5.2 Stränge, Knoten, Führungen

Durch Zwischenauflager mit 1 bis 5 Freiheitsgraden (sog. Führungen) oder Abzweige (sog. Knoten) wird ein System in einzelne Stränge geteilt. So hat z. B. das System nach Abb. 13.1 fünf Stränge und das System nach Abb. 13.2 vier Stränge. Ein System zwischen zwei Festpunkten weist nur einen Strang auf.

13.5.3 Strangabschnitte und Teilstücke

Weist wiederum ein Strang Punkte auf, an denen sprungartige Änderungen der Rohrabmessungen, Materialkonstanten oder Temperaturen auftreten, dann wird dieser dadurch in Strangabschnitte unterteilt.

Der kleinste Teil eines Rohrleitungssystems bzw. seiner Stränge ist ein Teilstück. Das kann ein gerades Rohr oder ein Rohrbogen sein mit der Bedingung konstanten oder zumindest stetigen Querschnitt- und Krümmungsverlaufes.

14. Elastizitätsberechnung ebener Rohrleitungssysteme

Als eben bezeichnet man eine Rohrleitung dann, wenn sich ihr System (vgl. 3.7) nur in einer Ebene erstreckt. Zur Lagebestimmung eines Systempunktes i genügt dann die Angabe von zwei Koordinaten in bezug auf ein zweidimensionales Koordinatensystem, das ebenfalls in der Systemebene liegt.

Nun ist es praktisch und unbedingt anzuraten, innerhalb einer Anlage für alle Leitungssysteme das gleiche Bezugssystem zugrunde zu legen, das man dann zu den einzelnen Systemen hin verschiebt ohne es dabei zu drehen. Anderenfalls ergeben sich unnötige Umrechnungen oder zumindest Umbezeichnungen, sobald man die Gesamtwirkungen mehrerer Systeme für einen gemeinsamen Anschluß oder Festpunkt ermitteln muß.

14.1 Bezugssystem

Hat man vor Beginn jeglicher Rechnung das xyz-System entsprechend Abb. 2.1 nach markanten Richtungen festgelegt, dann wird man ebene Systeme finden, die (nach Verschieben des Koordinatensystems) in der

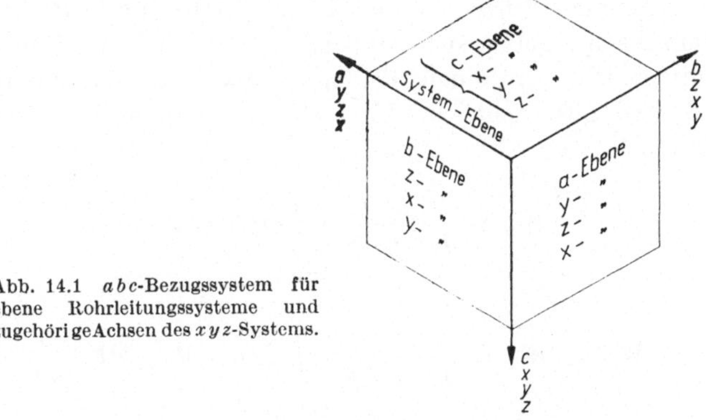

Abb. 14.1 abc-Bezugssystem für ebene Rohrleitungssysteme und zugehörige Achsen des xyz-Systems.

x-Ebene liegen, und andere, die in der y- oder z-Ebene liegen (vgl. Abb. 2.3). Um diese Fälle gemeinsam behandeln zu können, sei die Systemebene als c-Ebene und ihre beiden Achsen mit a und b bezeichnet. *Abb. 14.1* zeigt, welche Achsen des abc-Systems in der Praxis den Achsen des xyz-Systems entsprechen können.

14.2 Bewegungsanteile eines Teilstückes

Abb. 14.2 zeigt ein Teilstück mit konstanter Krümmung und der Länge L eines ebenen Rohrleitungssystems. Elastizitätsmodul und Rohrträgheitsmoment seien über die Länge konstant und mit E, I bezeichnet. Das eine Ende von L denke man sich festgehalten. Am anderen Ende sei

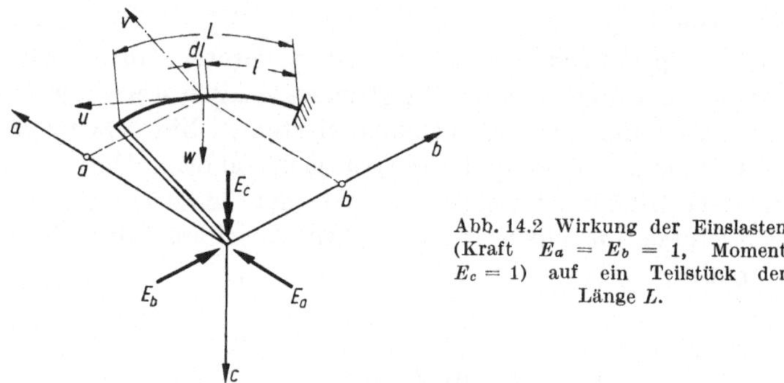

Abb. 14.2 Wirkung der Einslasten (Kraft $E_a = E_b = 1$, Moment $E_c = 1$) auf ein Teilstück der Länge L.

ein starrer Hebel biegefest angeschlossen, der bis zum Koordinatenursprung reicht. Am freien, also im Koordinatensprung liegenden Hebelende, mögen in positiver Richtung und von der Größe 1 die Kräfte E_a, E_b und das Moment E_c angreifen. Es handelt sich dabei also um die in Kap. 13 beschriebenen Einslasten. Die Bewegungen des freien Hebelendes in Richtung der Einslasten und damit gleichzeitig in Richtung der Koordinatenachsen ergeben sich dann mit den in 13.2 angeführten Gln. (13.16) und (13.17). Für einen Teilstückpunkt mit den Koordinaten $a, b, c = 0$ wird offensichtlich $M_u = M_v = 0$, so daß sich die Gln. (13.16) und (13.17) zu

$$W_{ii} = \frac{1}{E \cdot I \cdot K} \cdot \int_{l=0}^{L} M_{iw}^2 \cdot dl, \tag{14.1}$$

$$W_{ki} = W_{ik} = \frac{1}{E \cdot I \cdot K} \cdot \int_{l=0}^{L} M_{iw} \cdot M_{kw} \cdot dl \tag{14.2}$$

vereinfachen. Mit den Momenten

$$M_{wa} = E_a \cdot b = b, \tag{14.3}$$

$$M_{wb} = -E_b \cdot a = -a, \tag{14.4}$$

$$M_{wc} = E_c = 1 \tag{14.5}$$

ergibt sich dann infolge $E_a = 1$:

$$W_{aa} = \frac{1}{E \cdot I \cdot K} \cdot \int b^2 \cdot dl, \tag{14.6}$$

$$W_{ba} = \frac{-1}{E \cdot I \cdot K} \cdot \int a \cdot b \cdot dl, \tag{14.7}$$

$$W_{ca} = \frac{1}{E \cdot I \cdot K} \cdot \int b \cdot dl. \tag{14.8}$$

Infolge $E_b = 1$ wird:

$$W_{ab} = \frac{-1}{E \cdot I \cdot K} \cdot \int a \cdot b \cdot dl, \tag{14.9}$$

$$W_{bb} = \frac{1}{E \cdot I \cdot K} \cdot \int a^2 \cdot dl, \tag{14.10}$$

$$W_{cb} = \frac{-1}{E \cdot I \cdot K} \cdot \int a \cdot dl. \tag{14.11}$$

Und infolge $E_c = 1$:

$$W_{ac} = \frac{1}{E \cdot I \cdot K} \cdot \int b \cdot dl, \tag{14.12}$$

$$W_{bc} = \frac{-1}{E \cdot I \cdot K} \cdot \int a \cdot dl, \tag{14.13}$$

$$W_{cc} = \frac{1}{E \cdot I \cdot K} \cdot \int dl. \tag{14.14}$$

(Jeweils mit den Integralgrenzen $l = 0$ und $l = L$.)

14.3 Statische, Trägheits- und Zentrifugalmomente von Linien

In den Gln. (14.6) bis (14.14) tauchen 6 verschiedene Integrale auf, die sich geometrisch leicht deuten lassen. Es handelt sich nämlich um Trägheitsmomente [Gln. (14.6), (14.10)], Zentrifugalmomente [Gln. (14.7), (14.9)] und statische Momente [Gln.(14.8), (14.11), (14.12), (14.13)] der Teilstücksystemlinie in bezug auf die Koordinatenachsen a und b, sowie um deren Länge [Gl. (14.14)]. Bei den später behandelten räumlichen Systemen wird es erforderlich, diese Linienmomente nicht auf die Achsen, sondern auf die

Ebenen des Koordinatensystems (vgl. Abb. 2.3 bzw. 14.1) zu beziehen. Aus Gründen der Gemeinsamkeit sei diese Regelung auch schon hier bei den ebenen Systemen eingeführt. Für ein Teilstück mit der Länge L soll also gelten:

Linien-Trägheitsmoment für a-Ebene:

$$T_a = \int a^2 \cdot dl = T'_a + L \cdot a_g^2. \tag{14.15}$$

Linien-Trägheitsmoment für b-Ebene:

$$T_b = \int b^2 \cdot dl = T'_b + L \cdot b_g^2. \tag{14.16}$$

Statisches Linien-Moment für a-Ebene:

$$S_a = \int a \cdot dl = L \cdot a_g. \tag{14.17}$$

Statisches Linien-Moment für b-Ebene:

$$S_b = \int b \cdot dl = L \cdot b_g. \tag{14.18}$$

Linien-Zentrifugalmoment:

$$D_{ab} = \int a \cdot b \cdot dl = D'_{ab} + L \cdot a_g \cdot b_g. \tag{14.19}$$

Länge:

$$L = \int dl = L. \tag{14.20}$$

(Jeweils mit den Integralgrenzen $l = 0$ und $l = L$.)

Dabei sind mit a_g und b_g die Koordinaten des Schwerpunktes der Teilstücksystemlinie und mit T'_a, T'_b, D'_{ab} die Linienträgheitsmomente sowie das Linienzentrifugalmoment für das in den Teilstückschwerpunkt verschobene Bezugssystem bezeichnet.

Der Schwerpunkt G eines geraden Teilstückes liegt offensichtlich in dessen Mitte. Hat das Teilstück die Länge L und schließt es mit der a-Achse den Winkel ψ ein, dann ergeben sich entsprechend *Abb. 14.3* die Schwerpunktsträgheitsmomente mit $a' = (l - L/2) \cdot \cos\psi$ und $b' = (l - L/2) \cdot \sin\psi$ zu:

$$T'_a = \int a'^2 \cdot dl = \frac{L^3}{12} \cdot \cos^2\psi, \tag{14.21}$$

$$T'_b = \int b'^2 \cdot dl = \frac{L^3}{12} \cdot \sin^2\psi, \tag{14.22}$$

$$D'_{ab} = \int a' \cdot b' \cdot dl = \frac{L^3}{12} \cdot \sin\psi \cdot \cos\psi. \tag{14.23}$$

Für einen Bogen mit dem Biegeradius R, Öffnungswinkel α und mittlerem Neigungswinkel ψ erhält man mittels *Abb. 14.4* (α und ψ in rad):

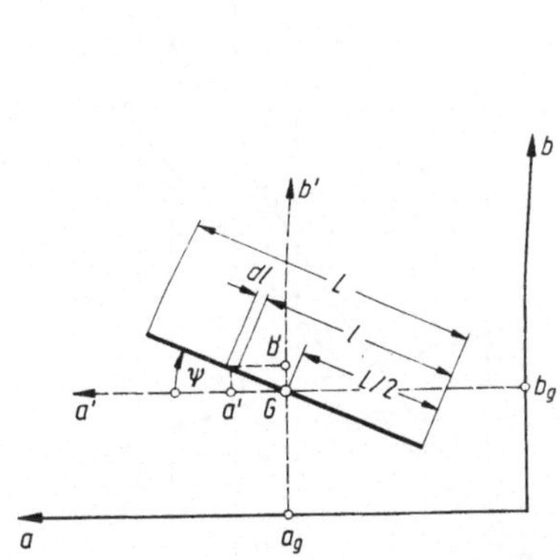

Abb. 14.3 Bezeichnungen beim geraden Teilstück zur Ermittlung seiner Linienmomente.

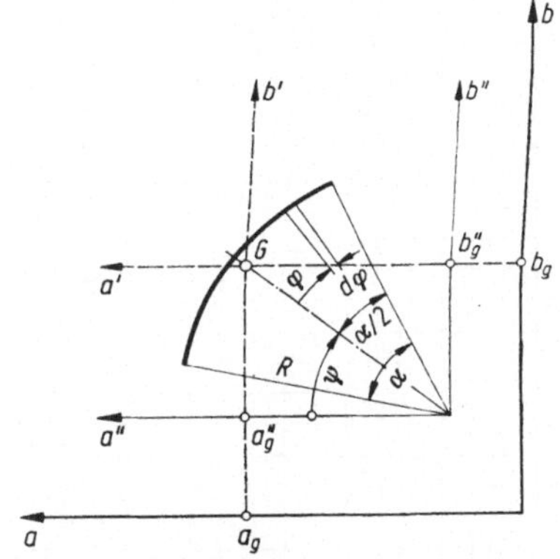

Abb. 14.4 Bezeichnungen beim Kreisbogen zur Ermittlung seiner Linienmomente.

$$dl = R \cdot d\varphi,$$

$$a'' = R \cdot \cos(\psi + \varphi) = R \cdot (\cos\psi \cdot \cos\varphi - \sin\psi \cdot \sin\varphi),$$

$$b'' = R \cdot \sin(\psi + \varphi) = R \cdot (\sin\psi \cdot \cos\varphi + \cos\psi \cdot \sin\varphi),$$

$$L = \int dl = R \cdot \alpha, \tag{14.24}$$

$$S_a'' = \int a'' \cdot dl = 2 \cdot R^2 \cdot \sin\frac{\alpha}{2} \cdot \cos\psi,$$

$$S_b'' = \int b'' \cdot dl = 2 \cdot R^2 \cdot \sin\frac{\alpha}{2} \cdot \sin\psi,$$

$$a_g'' = \frac{S_a''}{L} = R \cdot \frac{2}{\alpha} \cdot \sin\frac{\alpha}{2} \cdot \cos\psi, \tag{14.25}$$

$$b_g'' = \frac{S_b''}{L} = R \cdot \frac{2}{\alpha} \cdot \sin\frac{\alpha}{2} \cdot \sin\psi, \tag{14.26}$$

$$T_a'' = \int a''^2 \cdot dl = R^3 \cdot \left(\frac{\alpha + \sin\alpha}{2} \cdot \cos^2\psi + \frac{\alpha - \sin\alpha}{2} \cdot \sin^2\psi\right),$$

$$T_b'' = \int b''^2 \cdot dl = R^3 \cdot \left(\frac{\alpha + \sin\alpha}{2} \cdot \sin^2\psi + \frac{\alpha - \sin\alpha}{2} \cdot \cos^2\psi\right),$$

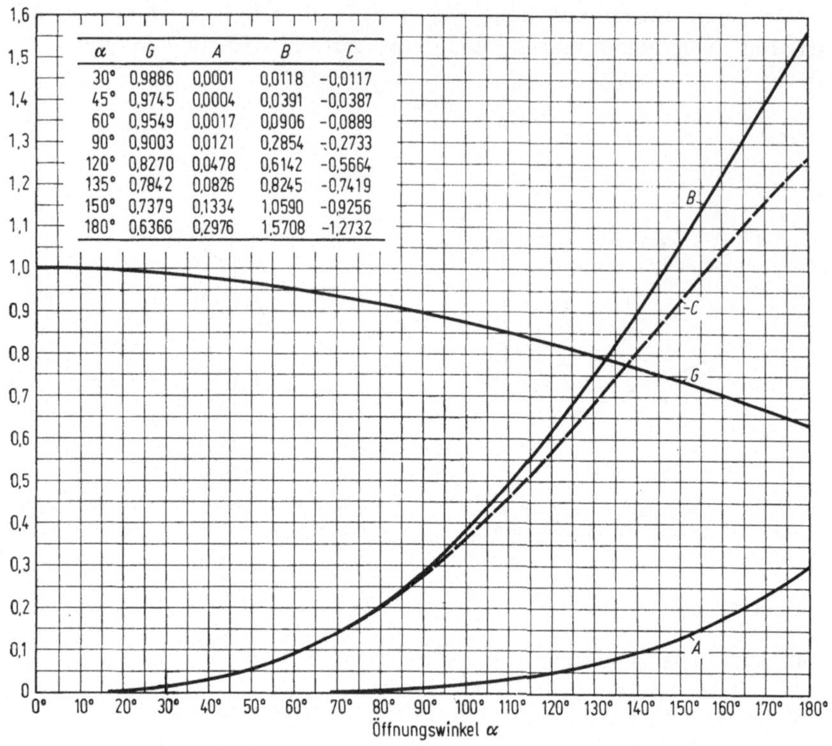

α	G	A	B	C
30°	0,9886	0,0001	0,0118	-0,0117
45°	0,9745	0,0004	0,0391	-0,0387
60°	0,9549	0,0017	0,0906	-0,0889
90°	0,9003	0,0121	0,2854	-0,2733
120°	0,8270	0,0478	0,6142	-0,5664
135°	0,7842	0,0826	0,8245	-0,7419
150°	0,7379	0,1334	1,0590	-0,9256
180°	0,6366	0,2976	1,5708	-1,2732

Abb. 14.5 Hilfswerte zur Ermittlung der Schwerpunkt-Linienmomente von Kreisbogen.

$$D''_{ab} = \int a'' \cdot b'' \cdot dl = R^3 \cdot \sin\alpha \cdot \sin\psi \cdot \cos\psi,$$

$$T'_a = T''_a - L \cdot a''^2_g, \tag{14.27}$$

$$T'_b = T''_b - L \cdot b''^2_g, \tag{14.28}$$

$$D'_{ab} = D''_{ab} - L \cdot a''_g \cdot b''_g. \tag{14.29}$$

Mit den aus *Abb. 14.5* für verschiedene Öffnungswinkel entnehmbaren Hilfswerten

$$G = \frac{2}{\alpha} \cdot \sin\frac{\alpha}{2}, \tag{14.30}$$

$$A = \frac{\alpha + \sin\alpha}{2} - \frac{4}{\alpha} \cdot \sin^2\frac{\alpha}{2}, \tag{14.31}$$

$$B = \frac{\alpha - \sin\alpha}{2}, \tag{14.32}$$

$$C = \sin\alpha - \frac{4}{\alpha} \cdot \sin^2\frac{\alpha}{2} \tag{14.33}$$

gehen die Gln. (14.25) bis (14.29) über in

$$a_g'' = R \cdot G \cdot \cos \psi, \tag{14.34}$$

$$b_g'' = R \cdot G \cdot \sin \psi, \tag{14.35}$$

$$T_a' = R^3 \cdot (A \cdot \cos^2 \psi + B \cdot \sin^2 \psi), \tag{14.36}$$

$$T_b' = R^3 \cdot (A \cdot \sin^2 \psi + B \cdot \cos^2 \psi), \tag{14.37}$$

$$D_{ab}' = R^3 \cdot C \cdot \sin \psi \cdot \cos \psi. \tag{14.38}$$

Zur praktischen Ermittlung der auf den Teilstückschwerpunkt bezogenen Werte T_a', T_b', D_{ab}' dienen bei schiefwinkligen Systemen für gerade Teilstücke *Tab. 14.1a* und für Bogen *Tab. 14.1b*. Die unterste Zeile des Tabellenkopfes gibt dabei jeweils an, woher oder durch welche

Tabelle 14.1a Schwerpunkt-Linienmomente von Geraden in ebenen Systemen

Nr.	L	ψ	$L^3:12$	$\cos\psi$	$\sin\psi$	$\cos^2\psi$	$\sin^2\psi$	$\cos\psi \cdot \sin\psi$	T_a'	T_b'	D_{ab}'
a	b	c	d	e	f	g	h	i	k	l	m
aus Zeichnung			$b^3:12$	aus Tab.werk		e^2	f^2	$e \cdot f$	$d \cdot g$	$d \cdot h$	$d \cdot i$
1	4,800	0°	9,216	1	0	1	0	0	9,216	0	0
3	1,800	90°	0,486	0	1	0	1	0	0	0,486	0
4	2,436	90°	1,205	0	1	0	1	0	0	1,205	0
6	5,196	-30°	11,690	0,86603	-0,5	0,75	0,25	-0,43302	8,768	2,923	-5,062

Tabelle 14.1b Schwerpunkt-Linienmomente von Kreisbogen in ebenen Systemen

Nr.	R	α	ψ	R^3	$\text{arc}\,\alpha$	G	A	B	C	$\cos\psi$	$\sin\psi$	$\cos^2\psi$	$\sin^2\psi$	$\cos\psi \cdot \sin\psi$	L	a_g''	b_g''	T_a'	T_b'	D_{ab}'
a	b	c	d	e	f	g	h	i	k	l	m	n	o	p	q	r	s	t	u	v
aus Zeichnung				b^3	$c \cdot 0{,}017453$	aus Gl. (14.30)…(14.33) od. Abb. 14.5				aus Tabellenwerk		l^2	m^2	$l \cdot m$	$b \cdot f$	$b \cdot g \cdot l$	$b \cdot g \cdot m$	$e(h \cdot n + i \cdot o)$	$e(h \cdot o + i \cdot n)$	$e \cdot k \cdot p$
2	1,200	90°	-135°	1,728	1,5708	0,9003	0,0121	0,2854	-0,2733	-0,70711	-0,70711	0,5	0,5	0,5	1,885	-0,764	-0,764	0,257	0,257	-0,236
5	1,000	60°	30°	1,000	1,0472	0,9549	0,0017	0,0906	-0,0889	0,86603	0,5	0,75	0,25	0,43302	1,047	0,827	0,477	0,024	0,068	-0,038

Rechenoperationen die Spaltenwerte erhalten werden. Die eingetragenen Zahlenwerte beziehen sich auf das in den folgenden Abschnitten durchgerechnete und in Abb. 14.7 dargestellte Beispiel. Für die Teilstücke von rechtwinkligen Systemen sind die nach den Gln. (14.34) bis (14.38) ermittelten Werte in *Tab. 14.2* angegeben.

Tabelle 14.2 Schwerpunkt-Linienmomente von Teilstücken in rechtwinkligen ebenen Systemen

	T'_a	T'_b	D'_{ab}
b', a', L/2, L	$l^3:12$	0	0
b', a'	0	$l^3:12$	0
b', a', 0,6366·R; b', a', R	$0{,}1488 \cdot R^3$	$0{,}1488 \cdot R^3$	$-0{,}1366 \cdot R^3$
b', a'; b', a'; $L = 1{,}5708 \cdot R$			$0{,}1366 \cdot R^3$

14.4 Korrekturfaktoren k_E, k_I, k_K

Zur Ermittlung der Gesamtbewegungsanteile mehrerer Teilstücke hat man entsprechend 13.2 die Anteile der Teilstücke lediglich zu addieren. Nun weisen in der Praxis normalerweise immer mehrere Teilstücke gleiche Werte für I und E auf. Es ist deshalb von Vorteil, die am häufigsten vorkommenden Werte von E und I durch Ausklammern vor das Summenzeichen Σ der Gln. (13.14) bis (13.17) zu setzen. Werden diese mit E_0 und I_0 bezeichnet, dann geht beispielsweise Gl. (13.17) für ebene Systeme in

$$W_{ki} = W_{ik} = \frac{1}{E_0 \cdot I_0} \cdot \sum_{l=0}^{L} \frac{E_0 \cdot I_0}{E \cdot I \cdot K} \cdot \int_{l=0}^{L_1} M_{iw} \cdot M_{kw} \cdot dl$$

über. Setzt man nun

$$\frac{E_0 \cdot I_0}{E \cdot I \cdot K} = k,$$

dann gilt

$$k = k_E \cdot k_I \cdot k_K \tag{14.39}$$

mit

$$k_E = \frac{E_0}{E}, \quad k_I = \frac{I_0}{I}, \quad k_K = \frac{1}{K}, \tag{14.40}$$

und man erhält

$$W_{ki} = W_{ik} = \frac{1}{E_0 \cdot I_0} \cdot \sum_{l=0}^{L} k \cdot \int_{l=0}^{L_1} M_{iw} \cdot M_{kw} \cdot dl.$$

E und I stellen dabei Elastizitätsmodul und axiales Rohrträgheitsmoment des Teilstückes dar. Für den Rohrbogenfaktor k_K gilt Tab. 13.2. Für gerade Rohre ($R = \infty$) wird dann $k_K = 1$.

14.5 Ermittlung des elastischen Schwerpunktes und der elastischen Linienmomente eines Leitungssystems

In 14.3 ist die Ermittlung der geometrischen Linienmomente angeführt. Zur Beschreibung des Zusammenhanges zwischen Kraftwirkungen und Formänderungen werden aber die sogenannten elastischen Linienmomente benötigt. Man erhält diese durch Multiplikation der geometrischen Werte mit dem in 14.4 definierten Korrekturfaktor k.

Ist beispielsweise C_{geom} der geometrische Wert der Länge oder eines der Linienmomente, dann ergibt sich der entsprechende elastische Wert C_{el} zu

$$C_{\text{el}} = k \cdot C_{\text{geom}} = C_{\text{geom}} + (k - 1) \cdot C_{\text{geom}}. \tag{14.41}$$

Das heißt man erhält den elastischen Wert auch, indem man zum geometrischen Wert einen Zuschlag der Größe $(k - 1) \cdot C_{\text{geom}}$ macht. Das Arbeiten mit diesem Zuschlag bringt hauptsächlich dann Vorteile, wenn sich bei den verschiedenen Lastfällen die k_E-Werte (vgl. 14.4) ändern.

Abb. 14.6 zeigt als Beispiel ein ebenes Rohrleitungssystem, für das die elastische Länge und die elastischen Linienmomente einmal für das in den Endpunkt B gelegte und zum anderen für das in den elastischen Systemschwerpunkt verschobene Bezugssystem ermittelt werden sollen.

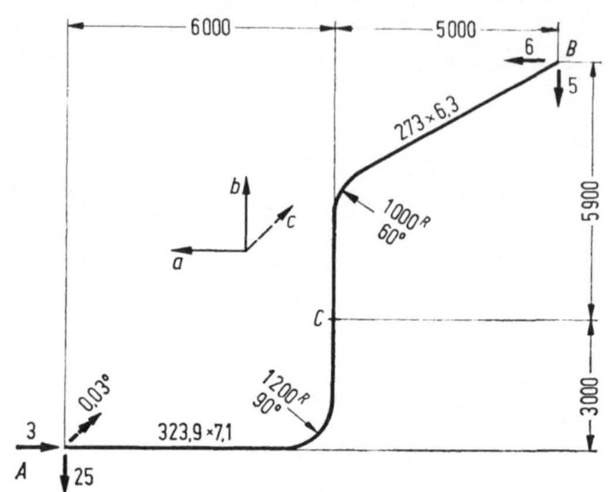

Abb. 14.6 Ebenes Rohrleitungssystem zwischen zwei Festpunkten A und B.

Um möglichst viele Besonderheiten zu erfassen, sei folgendes angenommen: Das System wird bei 20 °C montiert. Im Betrieb strömt von A nach B Heißdampf mit einer anfänglichen Temperatur von 500 °C,

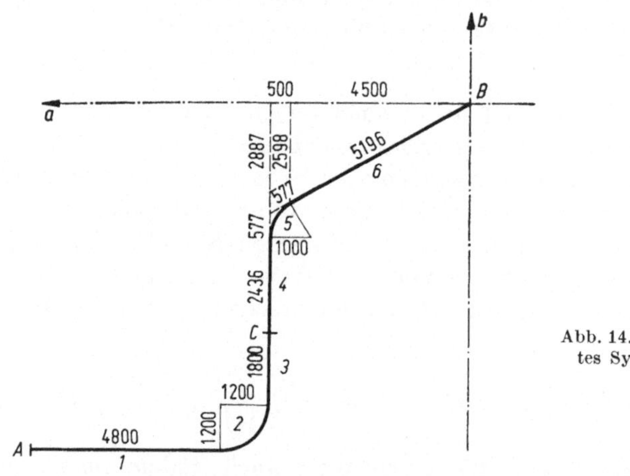

Abb. 14.7 In Teilstücke zerlegtes System nach Abb. 14.6.

der dann durch Einspritzung bei C auf 350 °C gekühlt wird. Für den heißeren Abschnitt $A-C$ wurde ein Rohr ä. ⌀ 323,9 × 7,1 und für den kälteren Abschnitt $C-B$ ein Rohr ä. ⌀ 273 × 6,3 gewählt.

Entsprechend *Abb. 14.7* zerlegt man das System zunächst in gerade Teilstücke (1, 3, 4, 6) und Bogen (2, 5). Mit Hilfe der schon in 14.3 angeführten Tab. 14.1 und 14.2 werden dann die auf die Teilstückschwerpunkte bezogenen Werte T'_a, T'_b, D'_{ab} sowie bei Bogen noch die Länge L und die Schwerpunktabstände a''_g, b''_g (vgl. Abb. 14.4) ermittelt. Als Längeneinheit wählt man praktischerweise das Meter (m).

Tabelle 14.3 Linienmomente ebener Systeme

(Zahlenwerte für Betriebszustand des Systems nach Abb. 14.6)

1.	2.	14.	15.	16.	17.	18.	6.	9.	3. 12.	7.	10.	4. 13.	8.	5. 11.
Nr.	L	k_E	k_I	k_K	k	$k-1$	a_g	S_a	T_a	b_g	S_b	T_b	$a_g \cdot b_g$	D_{ab}
a	b	c	d	e	f	g	h	i	k	l	m	n	o	p
	Tab. 14.1 und 14.2	$E_0 : E$	$I_0 : I$	Tab. 13.2	$c \cdot d \cdot e$	$f - 1$	Zeichng.	$b \cdot h$	$T'_a + h \cdot i$	Zeichng.	$b \cdot l$	$T'_b + l \cdot m$	$h \cdot l$	$D'_{ab} + b \cdot o$
1	4,800	1,09	0,53	1	0,58	-0,42	8,600	41,280	9,216 + 355,008	-8,900	-42,720	0 + 380,208	-76,540	0 -367,392
2	1,885	1,09	0,53	4,85	2,80	1,80	5,436	10,247	0,257 + 55,703	-8,464	-15,955	0,257 + 135,043	-46,010	-0,236 -86,729
3	1,800	1,09	0,53	1	0,58	-0,42	5,000	9,000	0 + 45,000	-6,800	-12,240	0,486 + 83,232	-34,000	0 -61,200
4	2,436	1	1	1	1	0	5,000	12,180	0 + 60,900	-4,682	-11,405	1,205 + 53,398	-23,410	0 -57,027
5	1,047	1	1	4,66	4,66	3,66	4,827	5,054	0,024 + 24,396	-2,987	-3,127	0,068 + 9,340	-14,418	-0,038 -15,096
6	5,196	1	1	1	1	0	2,250	11,691	8,768 + 26,305	-1,299	-6,750	2,923 + 8,768	-2,923	-5,062 -15,188
	17,164	geometr. Werte für Koordinatenursprung						89,452	585,577		-92,197	674,928		-607,968
1	-2,016	Zuschläge						-17,338	-152,974		17,942	-159,687		154,305
2	3,393							18,445	100,728		-28,719	243,540		-156,537
3	-0,756							-3,780	-18,900		5,141	-35,162		25,704
4	0							0	0		0	0		0
5	3,832							18,498	89,377		-11,445	34,433		-55,390
6	0							0	0		0	0		0
	21,617	elastische Werte für Koordinatenursprung						105,277	603,808		-109,278	758,052		-639,886
								$-S_a^2 : L =$	-512,710		$-S_b^2 : L =$	-552,421	$-S_a \cdot S_b : L =$	532,195
	elastische Werte für elastischen Systemschwerpunkt							$T_{ag} =$	91,098		$T_{bg} =$	205,631	$D_{agbg} =$	-107,691
	Koordinaten des elastischen Systemschwerpunktes							$\eta_a = S_a : L = 4,870$			$\eta_b = S_b : L = -5,055$			

Für die weitere Rechnung sei *Tab. 14.3* verwendet. Nach Eintragung der Teilstücknummern in Spalte a werden aus den Tab. 14.1a und 14.1b die Werte L in Spalte b und die Werte T'_a, P'_b, D''_{ab} in die linken Seiten der Spalten k, n, p übernommen. Anschließend werden die Teilstückschwerpunktkoordinaten a_g, b_g für das in den Endpunkt B gelegte Koordinatensystem in die Spalten h, l eingetragen. Nachdem diese Werte alle spaltenweise eingetragen wurden, werden jetzt die Spaltenprodukte h · l für Spalte o, dann die Spaltenprodukte b · h, b · l, b · o für die Spalten i, m, p und anschließend die Spaltenprodukte h · i, l · m für die rechten Seiten der Spalten k, n ermittelt. Auf diese praktischerweise einzuhaltende Reihenfolge ist durch die Ordnungszahlen über dem Tabellenkopf hingewiesen. Nun können bereits die Summen der Spalten b, i, k, m, n, p gebildet werden, um die geometrischen Werte für Länge L, statische Momente S_a, S_b, Trägheitsmomente T_a, T_b und Zentrifugalmoment D_{ab} zu erhalten.

Als nächstes muß man sich entscheiden, welche der Werte E und I man als E_0 und I_0 der Rechnung zugrunde legen will (vgl. 14.4). Man wählt dafür aus praktischen Gründen entweder die am häufigsten vorkommenden oder bei annähernd gleicher Häufigkeit die kleinsten Werte von E und I. Für den Betriebszustand mit 500/350 °C entnimmt man für die Abschnitte AC und CB aus Abb. 6.3 oder aus Werkstoffnormen

$$E_{AC} = 1{,}65 \cdot 10^{10}\ \mathrm{kp/m^2}, \qquad E_{CB} = 1{,}80 \cdot 10^{10}\ \mathrm{kp/m^2}$$

und aus einem Tabellenwerk oder durch Rechnung nach Tab. 4.1

$$I_{AC} = 8\,869\ \mathrm{cm^4} = 8\,869 \cdot 10^{-8}\ \mathrm{m^4},$$

$$I_{CB} = 4\,696\ \mathrm{cm^4} = 4\,696 \cdot 10^{-8}\ \mathrm{m^4}.$$

Wählt man die Werte von Abschnitt CB als E_0 und I_0, dann gilt entsprechend Gl. (14.40):

$$k_{E(AC)} = \frac{1{,}80 \cdot 10^{10}}{1{,}65 \cdot 10^{10}} = 1{,}09, \qquad k_{I(AC)} = \frac{4\,696 \cdot 10^{-8}}{8\,869 \cdot 10^{-8}} = 0{,}53,$$

$$k_{E(CB)} = \frac{1{,}80 \cdot 10^{10}}{1{,}80 \cdot 10^{10}} = 1, \qquad k_{I(CB)} = \frac{4\,696 \cdot 10^{-8}}{4\,696 \cdot 10^{-8}} = 1.$$

Nach Tab. 13.2 ergibt sich für den Bogen 2

$$h_2 = \frac{4 \cdot 1\,200 \cdot 7{,}1}{(323{,}9 - 7{,}1)^2} = 0{,}340, \qquad k_{K2} = \frac{1{,}65}{0{,}340} = 4{,}85$$

und für den Bogen 5

$$h_5 = \frac{4 \cdot 1\,000 \cdot 6{,}3}{(273 - 6{,}3)^2} = 0{,}354, \qquad k_{K5} = \frac{1{,}65}{0{,}354} = 4{,}66.$$

Für die geraden Teilstücke gilt, wie bereits erwähnt, $k_K = 1$.

Nachdem diese Werte bei den entsprechenden Teilstücken in die Spalten c, d, e der Tab. 14.3 eingetragen sind, kann für Spalte f der Wert k und für Spalte g der um 1 verminderte Wert von k ermittelt werden.

Durch zeilenweise Multiplikation der Spaltenwerte b, i, k, m, n, p mit $k - 1$ von Spalte g erhält man dann die Zuschläge für den unteren Teil dieser Spalten. Diese Zuschläge werden dann unter Beachtung ihres Vorzeichens zu den geometrischen Werten addiert, und man erhält die elastischen Werte für den Koordinatenursprung.

Nach Ermittlung der Koordinaten η_a, η_b des elastischen Systemschwerpunktes als Quotienten aus den elastischen statischen Momenten S_a, S_b und der elastischen Länge L werden für die vorletzte Zeile der Spalten k, n, p die Werte $-S_a^2/L$, $-S_b^2/L$, $-S_a \cdot S_b/L$ errechnet. Durch Addition dieser Werte zu dem der vorhergehenden Zeile erhält man

Tabelle 14.4 Linienmomente ebener Systeme
(Zahlenwerte für Einbauzustand des Systems nach Abb. 14.6)

1.	2.	14.	15.	16.	17.	18.	6.	9.	3. 12.	7.	10.	4. 13.	8.	5. 11.
Nr.	L	k_E	k_I	k_K	k	$k-1$	a_g	S_a	T_a	b_g	S_b	T_b	$a_g \cdot b_g$	D_{ab}
a	b	c	d	e	f	g	h	i	k	l	m	n	o	p
	Tab. 14.1 und 14.2	$E_0:E$	$I_0:I$	Tab. 13.2	$c \cdot d \cdot e$	$f-1$	Zeichng.	$b \cdot h$	$T_a' + h \cdot i$	Zeichng.	$b \cdot l$	$T_b' + l \cdot m$	$h \cdot l$	$D_{ab}' + b \cdot o$
1		1	0,53	1	0,53	-0,47								
2		1	0,53	4,85	2,57	1,57								
3		1	0,53	1	0,53	-0,47								
4	für die freigelassenen Felder und Zuschläge von Nr. 4, 5, 6 gelten hier die Werte von Tab. 14.3													
5														
6														
	17,164	geometr. Werte für Koordinatenursprung						89,452	585,577		-92,197	674,928		-607,968
1	-2,256	Zuschläge						-19,402	-171,185		20,078	-178,698		172,674
2	2,959							16,088	87,857		-25,049	212,421		-136,535
3	-0,846							- 4,230	-21,150		5,753	-39,347		28,764
4	0							0	0		0	0		0
5	3,832							18,498	89,377		-11,445	34,433		-55,390
6	0							0	0		0	0		0
	20,853	elastische Werte für Koordinatenursprung						100,406	570,476		-102,860	703,737		-598,455
								$-S_a^2 : L =$	-483,449		$-S_b^2 : L =$	-507,370	$-S_a \cdot S_b : L =$	495,265
elastische Werte für elastischen Systemschwerpunkt								$T_{ag} =$	87,027		$T_{bg} =$	196,367	$D_{agbg} =$	-103,190
Koordinaten des elastischen Systemschwerpunktes								$\eta_a = S_a : L = 4{,}815$			$\eta_b = S_b : L = -4{,}933$			

dann als letzte Werte der Spalten k, n, p die elastischen Trägheitsmomente T_{ag}, T_{bg} und das elastische Zentrifugalmoment D_{agbg} für das in den elastischen Schwerpunkt verschobene Koordinatensystem (vgl. 14.6).

Nun sei noch untersucht, welche Werte man für den Einbauzustand mit 20 °C erhält. Offensichtlich tritt weder eine Änderung der geometrischen Werte von Tab. 14.3 noch der Korrekturfaktoren k_I, k_K ein. Mit

$$E_{AC} = E_{CB} = 2{,}1 \cdot 10^{10}\ \text{kp/m}^2 = E_0$$

aus Abb. 6.3 wird jetzt aber

$$k_{E(AC)} = k_{E(CB)} = 1\,,$$

so daß sich für die Teilstücke von Abschnitt AC wegen $k_{E(AC)} = 1$ statt wie zuvor 1,09 auch der Korrekturfaktor k ändert. Indem nach *Tab. 14.4* nur die unbedingt notwendigen Werte von Tab. 14.3 übernommen wurden, sind dann dort die für den Einbauzustand maßgebenden Größen ermittelt worden.

14.6 Linienmomente für ein paralleles Koordinatensystem

Für das in *Abb. 14.8* dargestellte Leitungssystem seien elastische Länge L und elastische Linienmomente S_a, S_b, T_a, T_b, D_{ab} in bezug auf das ab-Koordinatensystem bekannt und die entsprechenden Werte für das dazu parallel in den Punkt i mit den Koordinaten a_i, b_i verschobene $a'b'$-Koordinatensystem gesucht. Wegen $a' = a - a_i$ und $b' = b - b_i$ erhält man dann

$$\begin{aligned} L' &= L, \\ S_{a'} &= S_a - L \cdot a_i, \\ S_{b'} &= S_b - L \cdot b_i, \\ T_{a'} &= T_a + L \cdot a_i^2 - 2 \cdot S_a \cdot a_i, \\ T_{b'} &= T_b + L \cdot b_i^2 - 2 \cdot S_b \cdot b_i, \\ D_{a'b'} &= D_{ab} + L \cdot a_i \cdot b_i - S_a \cdot b_i - S_b \cdot a_i. \end{aligned} \tag{14.42}$$

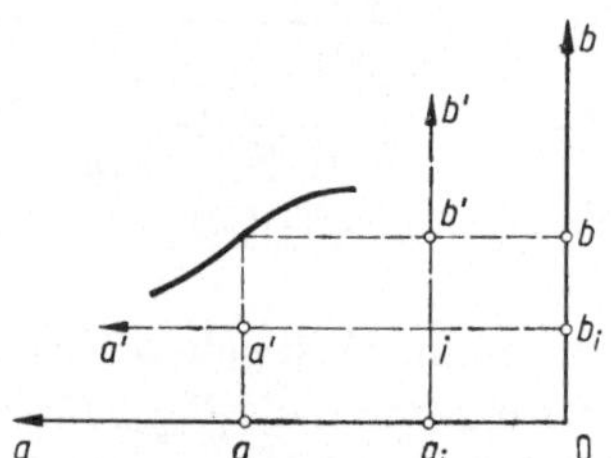

Abb. 14.8 Linienmomente für ein paralleles Koordinatensystem.

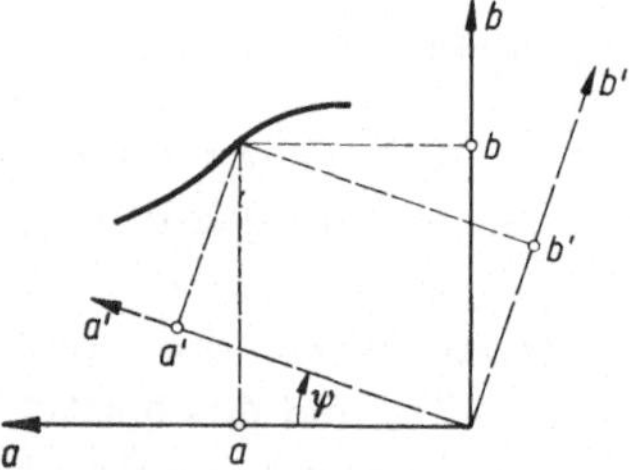

Abb. 14.9 Linienmomente für ein gedrehtes Koordinatensystem.

14.7 Linienmomente für ein gedrehtes Koordinatensystem

Für das in *Abb. 14.9* dargestellte Leitungssystem seien elastische Länge L und elastische Linienmomente S_a, S_b, T_a, T_b, D_{ab} in bezug auf das ab-Koordinatensystem bekannt und die entsprechenden Werte für das dazu um den Winkel ψ gedrehte $a'b'$-Koordinatensystem gesucht. Wegen

$$a' = a \cdot \cos \psi + b \cdot \sin \psi, \quad b' = b \cdot \cos \psi - a \cdot \sin \psi$$

erhält man dann:

$$
\begin{aligned}
L' &= L, \\
S_{a'} &= S_a \cdot \cos\psi + S_b \cdot \sin\psi, \\
S_{b'} &= S_b \cdot \cos\psi - S_a \cdot \sin\psi, \\
T_{a'} &= T_a \cdot \cos^2\psi + T_b \cdot \sin^2\psi + 2 \cdot D_{ab} \cdot \sin\psi \cdot \cos\psi, \\
T_{b'} &= T_b \cdot \cos^2\psi + T_a \cdot \sin^2\psi - 2 \cdot D_{ab} \cdot \sin\psi \cdot \cos\psi, \\
D_{a'b'} &= D_{ab} \cdot (\cos^2\psi - \sin^2\psi) + (T_b - T_a) \cdot \sin\psi \cdot \cos\psi.
\end{aligned} \qquad (14.43)
$$

Hat man die Linienmomente für ein $a'b'$-Bezugssystem zu ermitteln, das zum ab-Bezugssystem gedreht ist, aber dessen Ursprung 0′ nicht im Ursprung 0 liegt, dann ermittelt man zunächst nach den Gln. (14.42) die Werte für ein in 0′ liegendes paralleles Bezugssystem und anschließend daraus nach den Gln. (14.43) die Werte für das um 0′ gedrehte Bezugssystem.

14.8 Beziehungen zwischen Kraftwirkungen und Bewegungen am freien Systemende

Das in *Abb. 14.10* gezeigte System sei an dem einen Ende A, dem sogenannten festen Ende, unverschieblich und unverdrehbar festgehalten. An dem freien Ende B mögen die Kräfte $\boldsymbol{P}_a$, $\boldsymbol{P}_b$ und das Moment $\boldsymbol{M}_c$ angreifen.

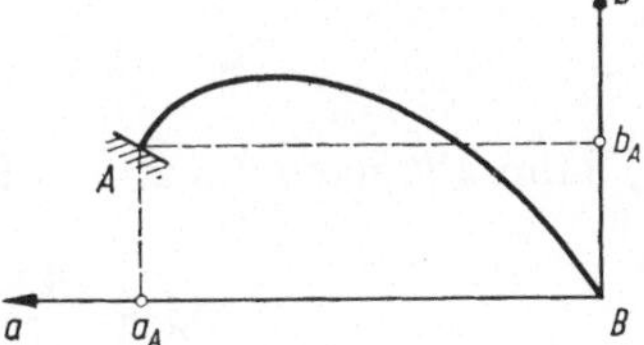

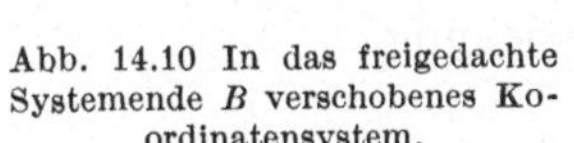
Abb. 14.10 In das freigedachte Systemende B verschobenes Koordinatensystem.

Legt man nun das Bezugssystem mit seinem Ursprung ebenfalls in das freie Ende B, dann läßt sich mit den bisher abgeleiteten Beziehungen (Abschnitte 13.2, 14.1 bis 14.5) der Zusammenhang zwischen den Kraftwirkungen und den dort von ihnen hervorgerufenen Verschiebungen δ_{Ka}, δ_{Kb} und der Verdrehung φ_{Kc} in Form der

Tab. 14.5 zusammenstellen. Man erhält also z. B. die Verschiebung in b-Richtung infolge einer ebenfalls in b-Richtung wirkenden Kraft zu

$$\delta_{Kb} = \frac{T_a \cdot P_b}{E_0 \cdot I_0},$$

Tabelle 14.5 Beziehungen zwischen Kraftwirkungen und Bewegungen am freien Systemende

	P_a	P_b	M_c
$E_0 \cdot I_0 \cdot \delta_{Ka}$	T_b	$-D_{ab}$	S_b
$E_0 \cdot I_0 \cdot \delta_{Kb}$	$-D_{ab}$	T_a	$-S_a$
$E_0 \cdot I_0 \cdot \varphi_{Kc}$	S_b	$-S_a$	L

oder infolge der gleichen Kraft die Drehung um die c-Achse zu

$$\varphi_{Kc} = -\frac{S_a \cdot P_b}{E_0 \cdot I_0}$$

usw. Stellt man die Kraftwirkungen zu einem Vektor

$$\boldsymbol{K} = \{P_a, P_b, M_c\},$$

die Bewegungen zu einem Vektor

$$\boldsymbol{\delta}_K = \{\delta_{Ka}, \delta_{Kb}, \varphi_{Kc}\}$$

und die Werte der Tab. 14.5 in der dortigen Anordnung zu einer Matrix

$$\boldsymbol{A}_K = \begin{Vmatrix} T_b & -D_{ab} & S_b \\ -D_{ab} & T_a & -S_a \\ S_b & -S_a & L \end{Vmatrix} \tag{14.44}$$

zusammen, dann gilt nach 2.3.20 die Beziehung

$$\boldsymbol{\delta}_K = \frac{\boldsymbol{A}_K \cdot \boldsymbol{K}}{E_0 \cdot I_0}. \tag{14.45}$$

Dem entspricht in ausgeschriebener Form das lineare Gleichungssystem:

$$E_0 \cdot I_0 \cdot \delta_{Ka} = T_b \cdot P_a - D_{ab} \cdot P_b + S_b \cdot M_c, \tag{14.46a}$$

$$E_0 \cdot I_0 \cdot \delta_{Kb} = -D_{ab} \cdot P_a + T_a \cdot P_b - S_a \cdot M_c, \tag{14.46b}$$

$$E_0 \cdot I_0 \cdot \varphi_{Kc} = S_b \cdot P_a - S_a \cdot P_b + L \cdot M_c. \tag{14.46c}$$

14.9 Bewegungsdifferenzen am freien Systemende

Bei ebenen Systemen ist die Bewegung eines Punktes eindeutig bestimmt durch Angabe der Verschiebungen δ_a, δ_b in Richtung der Bezugsachsen a, b und der Drehung φ_c um die zur Systemebene senkrechte Bezugsachse c. Damit läßt sich die Bewegung in Form eines Vektors

$$\boldsymbol{\delta} = \{\delta_a, \delta_b, \varphi_c\}$$

anschreiben. Zwangskräfte in ebenen Systemen zwischen zwei Festpunkten A und B werden nun durch folgende Bewegungen verursacht:

a) Bewegung $\boldsymbol{\delta}_{\varepsilon l}$ des frei gedachten Systemendes B infolge Längsdehnung ε_l des Systems (vgl. Kap. 12):

$$\boldsymbol{\delta}_{\varepsilon l} = \{\delta l_a, \delta l_b, 0\} = \{\varepsilon_l \cdot l_a, \varepsilon_l \cdot l_b, 0\}.$$

b) Vorgegebene Bewegung $\boldsymbol{\delta}_A$ des Anfangspunktes A:

$$\boldsymbol{\delta}_A = \{\delta_{Aa}, \delta_{Ab}, \varphi_{Ac}\}.$$

c) Vorgegebene Bewegung $\boldsymbol{\delta}_B$ des Endpunktes B:

$$\boldsymbol{\delta}_B = \{\delta_{Ba}, \delta_{Bb}, \varphi_{BC}\}.$$

Infolge der Bewegung $\boldsymbol{\delta}_A$ des Anfangspunktes A ergibt sich bei Lage des Koordinatenursprunges in B (vgl. Abb. 14.10) eine Bewegung $\delta_{B(A)}$ des frei gedachten Systemendes B von

$$\boldsymbol{\delta}_{B(A)} = \{\delta_{Aa} + \varphi_{Ac} \cdot b_A, \delta_{Ab} - \varphi_{Ac} \cdot a_A, \varphi_{Ac}\},$$

so daß es sich insgesamt um $\boldsymbol{\delta}_{\varepsilon l} + \boldsymbol{\delta}_{B(A)}$ bewegen würde. Da sich das Systemende B aber um nur $\boldsymbol{\delta}_B$ bewegen kann, verbleibt zwischen frei gedachtem Systemende B und Festpunkt B eine Bewegungsdifferenz

$$\boldsymbol{\Delta} = \boldsymbol{\delta}_{\varepsilon l} + \boldsymbol{\delta}_{B(A)} - \boldsymbol{\delta}_B = \{\Delta a, \Delta_b, \boldsymbol{\Phi}_c\} \qquad \textbf{(14.47)}$$

mit den Koordinaten

$$\Delta_a = \delta l_a + \delta_{Aa} + \varphi_{Ac} \cdot b_A - \delta_{Ba}, \qquad \textbf{(14.48a)}$$

$$\Delta_b = \delta l_b + \delta_{Ab} - \varphi_{Ac} \cdot a_A - \delta_{Bb}, \qquad \textbf{(14.48b)}$$

$$\Phi_c = \varphi_{Ac} - \varphi_{Bc}. \qquad \textbf{(14.48c)}$$

Läge der Koordinatenursprung nicht in B, dann wäre in den Gln. (14.48) a_A durch $a_A - a_B$ und b_A durch $b_A - b_B$ zu ersetzen.

Für das Beispiel nach Abb. 14.6 erhält man infolge der Temperaturänderung (vgl. 12.1) von 20 °C auf 500/350 °C über Abb. 6.4 bei Annahme eines ferritischen Stahles mit Gl. (12.6):

$$\varepsilon_{l\vartheta AC} = 13{,}9 \cdot 10^{-6} \cdot (500 - 20) = 6{,}67 \cdot 10^{-3},$$

$$\varepsilon_{l\vartheta CB} = 13{,}2 \cdot 10^{-6} \cdot (350 - 20) = 4.36 \cdot 10^{-3}.$$

Infolge eines angenommenen Innendruckes von 50 atü = 0,5 kp/mm² erhält man nach 12.2, Gl. (12.7):

$$\varepsilon_{lpAC} = \frac{0{,}5}{16500} \cdot \frac{1 - 2 \cdot 0{,}3}{(323{,}9/309{,}7)^2 - 1} = 0{,}13 \cdot 10^{-3},$$

$$\varepsilon_{lpCB} = \frac{0{,}5}{18000} \cdot \frac{1 - 2 \cdot 0{,}3}{(273/260{,}4)^2 - 1} = 0{,}11 \cdot 10^{-3}.$$

Die Gesamtlängsdehnung wird dann nach Gl. (12.1):

$$\varepsilon_{lAC} = (6{,}67 + 0{,}13) \cdot 10^{-3} = 6{,}80 \cdot 10^{-3},$$

$$\varepsilon_{lCB} = (4{,}36 + 0{,}11) \cdot 10^{-3} = 4{,}47 \cdot 10^{-3}.$$

Wegen

$$\boldsymbol{r}_A = \{+11{,}0,\ -8{,}9,\ 0\},$$

$$\boldsymbol{r}_C = \{+\ 5{,}0,\ -5{,}9,\ 0\},$$

$$\boldsymbol{r}_B = \{\ 0,\ 0\ ,\ 0\},$$

erhält man nach Gl. (12.2) die Dehnungslängen

$$l_{aAC} = 5{,}0 - 11{,}0 = -6{,}0\ \text{m}, \qquad l_{aCB} = 0 - 5{,}0 = -5{,}0\ \text{m},$$

$$l_{bAC} = -5{,}9 - (-8{,}9) = +3{,}0\ \text{m}, \qquad l_{bCB} = 0 - (-5{,}9) = +5{,}9\ \text{m}$$

und damit die Längenänderung nach Gl. (12.4) zu

$$\delta l_a = (-6{,}0 \cdot 6{,}80 - 5{,}0 \cdot 4{,}47) \cdot 10^{-3} = -63{,}15 \cdot 10^{-3}\ \text{m},$$

$$\delta l_b = (+3{,}0 \cdot 6{,}80 + 5{,}9 \cdot 4{,}47) \cdot 10^{-3} = +46{,}77 \cdot 10^{-3}\ \text{m}.$$

Mit den in Abb. 14.6 eingetragenen Festpunktbewegungen wird (mit m und rad)

$$\delta_{Aa} = -3 \cdot 10^{-3}\ \text{m}, \qquad \delta_{Ba} = +6 \cdot 10^{-3}\ \text{m},$$

$$\delta_{Ab} = -25 \cdot 10^{-3}\ \text{m}, \qquad \delta_{Bb} = -5 \cdot 10^{-3}\ \text{m},$$

$$\varphi_{Ac} = +0{,}524 \cdot 10^{-3}\ \text{rad}, \qquad \varphi_{Bc} = 0,$$

so daß sich die Bewegungsdifferenzen zu

$$\Delta_a = (-63{,}15 - 3 - 0{,}524 \cdot 8{,}9 - 6) \cdot 10^{-3} = -76{,}81 \cdot 10^{-3}\,\mathrm{m},$$

$$\Delta_b = (+46{,}77 - 25 - 0{,}524 \cdot 11{,}0 + 5) \cdot 10^{-3} = +21{,}01 \cdot 10^{-3}\,\mathrm{m},$$

$$\Phi_c = (+0{,}524 - 0) \cdot 10^{-3} = +0{,}524 \cdot 10^{-3}\,\mathrm{rad}$$

ergeben.

14.10 Aufstellung der Elastizitätsgleichungen und Gleichgewichtsbedingungen

Die in 14.9 erläuterte und mit Gl. (14.47) angeschriebene Differenz $\boldsymbol{\Delta}$ zwischen der Bewegung, die das frei gedachte Systemende B (vgl. Abb. 14.10) ausführen möchte und der Bewegung, die es nur ausführen kann, fordert:

Die in 14.8 durch Gl. (14.45) gegebene Bewegung $\boldsymbol{\delta}_K$ infolge der auf das freie Systemende B anzusetzenden Kraftwirkungen $\boldsymbol{K}$ muß so groß wie die Differenz $\boldsymbol{\Delta}$, aber ihr entgegengerichtet sein.

Damit erhält man die sogenannten Elastizitätsgleichungen über

$$\boldsymbol{\delta}_K = -\boldsymbol{\Delta}$$

zunächst mit Gl. (14.45) zu

$$\boldsymbol{A}_K \cdot \boldsymbol{K} = -E_0 \cdot I_0 \cdot \boldsymbol{\Delta} \tag{14.49}$$

und dann in ausgeschriebener Form mit den Werten der Gln. (14.44) und (14.47) zu

$$T_b \cdot P_a - D_{ab} \cdot P_b + S_b \cdot M_c = -E_0 \cdot I_0 \cdot \Delta_a, \tag{14.50a}$$

$$-D_{ab} \cdot P_a + T_a \cdot P_b - S_a \cdot M_c = -E_0 \cdot I_0 \cdot \Delta_b, \tag{14.50b}$$

$$S_b \cdot P_a - S_a \cdot P_b + L \cdot M_c = -E_0 \cdot I_0 \cdot \Phi_c. \tag{14.50c}$$

Außer diesen Bedingungen hinsichtlich der Verformung des Systems ergeben sich auf Grund der Gleichgewichtsbedingungen (vgl. 3.5) noch folgende Zusammenhänge zwischen der Auflagerreaktion (vgl. 3.6)

$$\boldsymbol{A} = \{P_{Aa}, P_{Ab}, M_{Ac}\} \tag{14.51}$$

am Anfangspunkt A und der mit der Auflagerreaktion im Endpunkt B identischen Kraftwirkung $\boldsymbol{K}$:

$$P_{Aa} = -P_a, \tag{14.52a}$$

$$P_{Ab} = -P_b, \tag{14.52b}$$

$$M_{Ac} = -P_a \cdot b_A + P_b \cdot a_A - M_c. \tag{14.52c}$$

Mit Hilfe der sechs, durch die Gln. (14.50) und (14.52) gegebenen Beziehungen lassen sich die Kraftwirkungen auf Grund der Leitungsdehnung und Endpunktbewegungen für alle ebenen Leitungssysteme zwischen zwei beliebig ausgebildeten Festpunkten ermitteln.

Die Schnittlasten $\boldsymbol{S}_i = \{P_{ia}, P_{ib}, M_{ic}\}$ (vgl. 3.8) für einen beliebigen Punkt i mit $\boldsymbol{r}_i = \{a_i, b_i, 0\}$ ergeben sich mit Vorzeichen für die von B aus gesehen abliegende Schnittfläche zu:

$$P_{ia} = P_a, \tag{14.53a}$$

$$P_{ib} = P_b, \tag{14.53b}$$

$$M_{ic} = P_a \cdot b_i - P_b \cdot a_i + M_c. \tag{14.53c}$$

14.11 Ebenes System zwischen zwei Gelenkfestpunkten

Abb. 14.11 zeigt ein Leitungssystem zwischen zwei Festpunkten A und B, die zwar vom System her nicht verschoben, aber ohne jeglichen

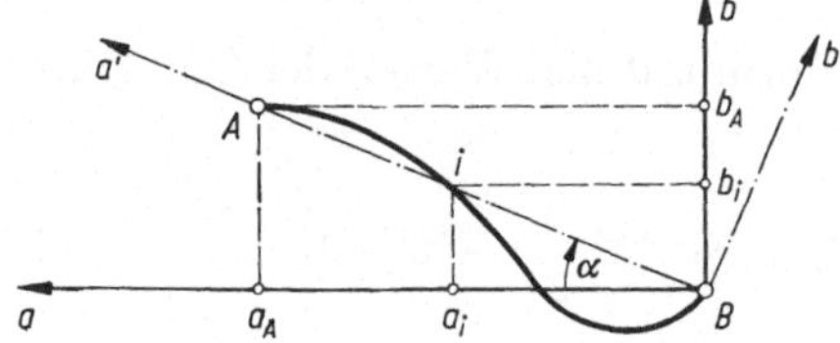

Abb. 14.11 Ebenes Rohrleitungssystem zwischen zwei Gelenkfestpunkten A und B.

Widerstand gedreht werden können. Setzt man zur Vereinfachung

$$C = \frac{a_A}{b_A}, \tag{14.54a}$$

$$\Delta_a' = \delta l_a + \delta_{Aa} - \delta_{Ba}, \tag{14.54b}$$

$$\Delta_b' = \delta l_b + \delta_{Ab} - \delta_{Bb}, \tag{14.54c}$$

dann folgt wegen $M_c = M_{Ac} = 0$ aus Gl. (14.52c) $P_b = P_a \cdot b_A/a_A = P_a/C$, so daß die Gln. (14.50a) und (14.50b) in

$$(T_b - D_{ab}/C) \cdot P_a = -E_0 \cdot I_0 \cdot (\Delta_a' + \varphi_{Ac} \cdot b_A),$$

$$(T_a/C - D_{ab}) \cdot P_a = -E_0 \cdot I_0 \cdot (\Delta_b' - \varphi_{Ac} \cdot a_A)$$

übergehen. Daraus erhält man P_a und anschließend die übrigen Wert zu:

$$P_a = -P_{Aa} = -E_0 \cdot I_0 \cdot \frac{\Delta_a' \cdot C + \Delta_b'}{T_a/C + T_b \cdot C - 2 \cdot D_{ab}}, \quad \textbf{(14.55a)}$$

$$P_b = -P_{Ab} = \frac{P_a}{C}, \quad \textbf{(14.55b)}$$

$$M_c = M_{Ac} = 0, \quad \textbf{(14.55c)}$$

$$M_{ic} = P_a \cdot b_i - P_b \cdot a_i. \quad \textbf{(14.55d)}$$

Für den *Sonderfall* $a_A = b_A$ (einschließlich $a_A = b_A = 0$) folgt mit $C = 1$ aus den Gln. (14.55):

$$P_a = P_b = -P_{Aa} = -P_{Ab} = -E_0 \cdot I_0 \cdot \frac{\Delta_a' + \Delta_b'}{T_a + T_b - 2 \cdot D_{ab}}, \quad \textbf{(14.56a)}$$

$$M_c = M_{Ac} = 0, \quad \textbf{(14.56b)}$$

$$M_{ic} = P_a \cdot (b_i - a_i). \quad \textbf{(14.56c)}$$

Die Gln. (14.55) versagen bei $a_A = 0,\ b_A \neq 0$ bzw. $a_A \neq 0,\ b_A = 0$. Aus Gl. (14.52c) folgt dann nämlich schon $P_a = 0$ bzw. $P_b = 0$. Über die Gln. (14.50b) bzw. (14.50a) erhält man dann für den *Sonderfall* $a_A = 0,\ b_A \neq 0$:

$$P_a = P_{Aa} = 0, \quad \textbf{(14.57a)}$$

$$P_b = -P_{Ab} = -\frac{E_0 \cdot I_0 \cdot \Delta_b'}{T_a}, \quad \textbf{(14.57b)}$$

$$M_c = M_{Ac} = 0, \quad \textbf{(14.57c)}$$

$$M_{ic} = -P_b \cdot a_i, \quad \textbf{(14.57d)}$$

und für den *Sonderfall* $a_A \neq 0$, $b_A = 0$:

$$P_a = -P_{Aa} = -\frac{E_0 \cdot I_0 \cdot \Delta'_a}{T_b}, \tag{14.58a}$$

$$P_b = -P_{Ab} = 0, \tag{14.58b}$$

$$M_c = M_{Ac} = 0, \tag{14.58c}$$

$$M_{ic} = P_a \cdot b_i. \tag{14.58d}$$

Bezieht man die Linienmomente auf das in Abb. 14.11 eingezeichnete $a'b'$-System, dann braucht nur der Wert $T_{b'}$ ermittelt zu werden, und es gilt:

$$\Delta'_{a'} = \Delta'_a \cdot \cos\alpha + \Delta'_b \cdot \sin\alpha,$$

$$P_{a'} = -\frac{E_0 \cdot I_0 \cdot \Delta'_{a'}}{T_{b'}}, \quad P_{b'} = 0,$$

$$P_a = -P_{Aa} = P_{a'} \cdot \cos\alpha, \quad P_b = -P_{Ab} = P_{a'} \cdot \sin\alpha.$$

14.12 Ebenes System zwischen einem Einspannfestpunkt und einem Gelenkfestpunkt

Abb. 14.12 zeigt ein Leitungssystem zwischen einem Einspannfestpunkt A, der vom System her weder verschoben noch gedreht werden kann, und einem Gelenkfestpunkt B (vgl. 14.11), den man praktischerweise als Endpunkt betrachtet.

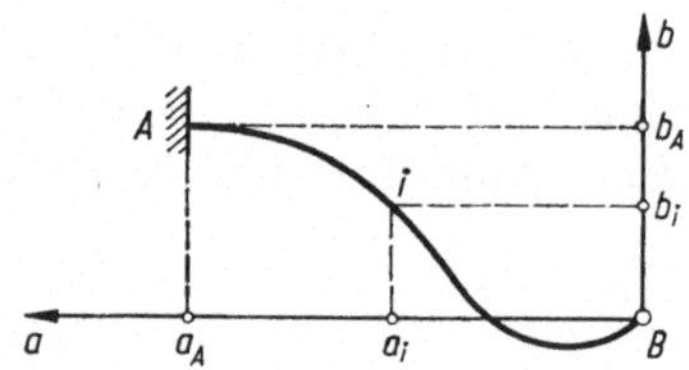

Abb. 14.12 Ebenes Rohrleitungssystem zwischen einem Einspannfestpunkt A und einem Gelenkfestpunkt B.

Mit $M_c = 0$ sowie Δ_a und Δ_b nach den Gln. (14.48a, b) gehen die Gln. (14.50a, b) in

$$T_b \cdot P_a - D_{ab} \cdot P_b = -E_0 \cdot I_0 \cdot \Delta_a,$$

$$-D_{ab} \cdot P_a + T_a \cdot P_b = -E_0 \cdot I_0 \cdot \Delta_b$$

über, und man erhält

$$P_a = -P_{Aa} = -E_0 \cdot I_0 \cdot \frac{\Delta_a \cdot T_a + \Delta_b \cdot D_{ab}}{T_a \cdot T_b - D_{ab}^2}, \tag{14.59a}$$

$$P_b = -P_{Ab} = -E_0 \cdot I_0 \cdot \frac{\Delta_b \cdot T_b + \Delta_a \cdot D_{ab}}{T_a \cdot T_b - D_{ab}^2}, \tag{14.59b}$$

$$M_c = 0, \tag{14.59c}$$

$$M_{Ac} = -P_a \cdot b_A + P_b \cdot a_A, \tag{14.59d}$$

$$M_{ic} = P_a \cdot b_i - P_b \cdot a_i. \tag{14.59e}$$

14.13 Ebenes System zwischen zwei Einspannfestpunkten

Abb. 14.13 zeigt ein Leitungssystem zwischen zwei Einspannfestpunkten A und B (vgl. 14.12). Setzt man die sich aus Gl. (14.50c) für

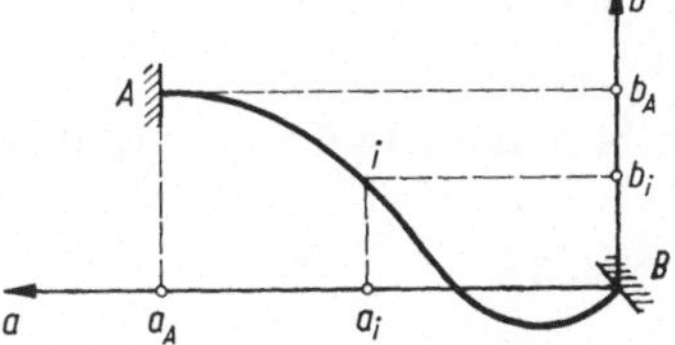

Abb. 14.13 Ebenes Rohrleitungssystem zwischen zwei Einspannfestpunkten A und B.

M_c ergebenden Werte in die Gln. (14.50a, b) ein, dann gehen diese in

$$(T_b - S_b^2/L) \cdot P_a - (D_{ab} - S_a \cdot S_b/L) \cdot P_b = -E_0 \cdot I_0 \cdot (\Delta_a - \Phi_c \cdot S_b/L),$$

$$-(D_{ab} - S_a \cdot S_b/L) \cdot P_a + (T_a - S_a^2/L) \cdot P_b = -E_0 \cdot I_0 \cdot (\Delta_b + \Phi_c \cdot S_a/\mathrm{L})$$

über. Da die Klammerausdrücke der linken Gleichungsseiten die Linienmomente für das in den elastischen Schwerpunkt verschobene $a_g b_g$-Koordinatensystem darstellen, und die Quotienten S_a/L, S_b/L mit den Koordinaten η_a, η_b des elastischen Schwerpunktes identisch sind, kann man auch

$$T_{bg} \cdot P_a - D_{agbg} \cdot P_b = -E_0 \cdot I_0 \cdot (\Delta_a - \Phi_c \cdot \eta_b),$$

$$-D_{agbg} \cdot P_a + T_{ag} \cdot P_b = -E_0 \cdot I_0 \cdot (\Delta_b + \Phi_c \cdot \eta_a)$$

schreiben und erhält daraus:

$$P_a = -P_{Aa} = -E_0 \cdot I_0 \cdot \frac{(\Delta_a - \Phi_c \cdot \eta_b) \cdot T_{ag} + (\Delta_b + \Phi_c \cdot \eta_a) \cdot D_{agbg}}{T_{ag} \cdot T_{bg} - D^2_{agbg}}, \tag{14.60a}$$

$$P_b = -P_{Ab} = -E_0 \cdot I_0 \cdot \frac{(\Delta_b + \Phi_c \cdot \eta_a) \cdot T_{bg} + (\Delta_a - \Phi_c \cdot \eta_b) \cdot D_{agbg}}{T_{ag} \cdot T_{bg} - D^2_{agbg}}, \tag{14.60b}$$

$$M_c = -\frac{E_0 \cdot I_0 \cdot \Phi_c}{L} - P_a \cdot \eta_b + P_b \cdot \eta_a, \tag{14.60c}$$

$$M_{Ac} = -P_a \cdot b_A + P_b \cdot a_A - M_c, \tag{14.60d}$$

$$M_{ic} = P_a \cdot b_i - P_b \cdot a_i + M_c. \tag{14.60e}$$

Für das Beispiel nach Abb. 14.6 erhält man mit

$$E_0 \cdot I_0 = 1{,}8 \cdot 10^{10} \cdot 4696 \cdot 10^{-8} = 845{,}3 \cdot 10^3 \text{ kp} \cdot \text{m}^2$$

und den bereits in 14.5 sowie 14.9 ermittelten Werten:

$$P_a = -845{,}3$$

$$\cdot \frac{(-76{,}81 + 0{,}524 \cdot 5{,}055) \cdot 91{,}1 - (21{,}01 + 0{,}524 \cdot 4{,}87) \cdot 107{,}7}{91{,}1 \cdot 205{,}6 - 107{,}7^2},$$

$$P_a = 1102 \text{ kp}, \qquad P_{Aa} = -1102 \text{ kp},$$

$$P_b = -845{,}3$$

$$\cdot \frac{(21{,}01 + 0{,}524 \cdot 4{,}87) \cdot 205{,}6 - (76{,}81 + 0{,}524 \cdot 5{,}055) \cdot 107{,}7}{91{,}1 \cdot 205{,}6 - 107{,}7^2},$$

$$P_b = -1521 \text{ kp}, \qquad P_{Ab} = 1521 \text{ kp},$$

$$M_c = -\frac{845{,}3 \cdot 0{,}524}{21{,}62} + 1102 \cdot 5{,}055 - 1521 \cdot 4{,}87 \approx -1857 \text{ kpm}$$

$$M_{Ac} = 1102 \cdot 8{,}9 - 1521 \cdot 11 + 1857 = -5066 \text{ kpm}.$$

14.14 Ebenes System zwischen zwei Einspannfestpunkten, die keine Drehung ausführen

Der hier zu behandelnde Sonderfall von 14.13, bei dem die beiden Einspannfestpunkte (von außen her) keine Drehungen erleiden, erfaßt die Masse der in der Praxis vorkommenden ebenen Systeme. Wegen $\varphi_{Ac} = \varphi_{Bc} = 0$ folgt mit

$$\begin{aligned} \Delta'_a &= \delta l_a + \delta_{Aa} - \delta_{Ba} \\ \Delta'_b &= \delta l_b + \delta_{Ab} - \delta_{Bb} \end{aligned} \tag{14.61}$$

aus den Gln. (14.60):

$$P_a = -P_{Aa} = -E_0 \cdot I_0 \cdot \frac{\Delta'_a \cdot T_{ag} + \Delta'_b \cdot D_{agbg}}{T_{ag} \cdot T_{bg} - D^2_{agbg}}, \tag{14.62a}$$

$$P_b = -P_{Ab} = -E_0 \cdot I_0 \cdot \frac{\Delta'_b \cdot T_{bg} + \Delta'_a \cdot D_{agbg}}{T_{ag} \cdot T_{bg} - D^2_{agbg}}, \tag{14.62b}$$

$$M_c = -P_a \cdot \eta_b + P_b \cdot \eta_a, \tag{14.62c}$$

$$M_{Ac} = -P_a \cdot b_A + P_b \cdot a_A - M_c, \tag{14.62d}$$

$$M_{ic} = P_a \cdot b_i - P_b \cdot a_i + M_c. \tag{14.62e}$$

Dabei stellen T_{ag}, T_{bg}, D_{agbg} wieder die Linienmomente für das in den elastischen Schwerpunkt verschobene Koordinatensystem und η_a, η_b die Koordinaten des elastischen Schwerpunktes in bezug auf das in das freie Ende B gelegte Koordinatensystem dar (vgl. 14.5).

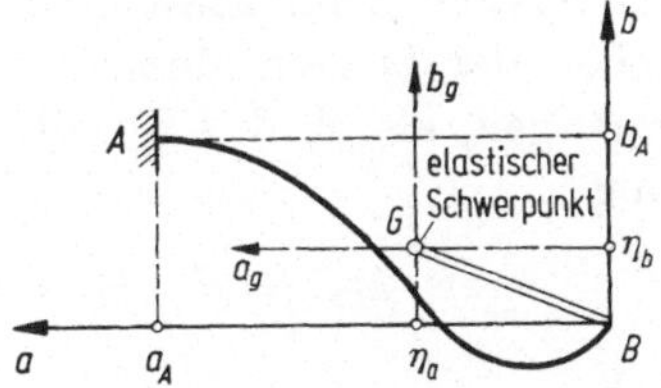

Abb. 14.14 Ebenes Rohrleitungssystem zwischen zwei Einspannfestpunkten A und B, die keine Drehungen ausführen.

Zu den mit den Gln. (14.62) gegebenen Zusammenhängen kommt man auch durch folgende Betrachtung:

Man denkt sich an dem Endpunkt B des Systems entsprechend Abb. 14.14 einen Hebelarm angeschlossen, der bis zum elastischen Systemschwerpunkt G reicht und so starr ist ($I = \infty$), daß er keine Verformung erleidet. Außerdem soll er keinerlei Längenänderung unterworfen sein ($\varepsilon_l = 0$). Somit führt der freie Hebelendpunkt G infolge

Systemlängsdehnung und Anfangspunktverschiebung die gleiche Bewegung wie der eigentliche Systemendpunkt B aus (vorausgesetzt $\varphi_{Ac} = 0$). Läßt man jetzt die unbekannten Kräfte $\boldsymbol{P}_a$ und $\boldsymbol{P}_b$ in G statt wie vor in B angreifen, dann erfolgt durch sie keine Drehung des Punktes G und damit auch nicht des Punktes B. Das geht aus Tab. 14.5 oder auch Gl. (14.46c) hervor, wenn man beachtet, daß jetzt $S_a = S_b = 0$ gilt. Damit ist die Bedingung $\varphi_{Bc} = 0$ bereits erfüllt, ohne in G noch ein Moment ansetzen zu müssen. Durch Verschieben des Kraftangriffspunktes in eine von vornherein bekannte Stelle, nämlich den elastischen Systemschwerpunkt, ist es hier also gelungen, die Anzahl der Unbekannten von 3 auf 2 zu reduzieren.

14.15 Ebenes System mit zwei Einspannfestpunkten und Gelenk an beliebiger Stelle

Abb. 14.15 zeigt ein ebenes Leitungssystem zwischen zwei Einspannfestpunkten A und B, das außerdem an der Stelle k ein vollkommenes Gelenk aufweist. Dieser Fall ist in der Praxis z. B. dann von Interesse,

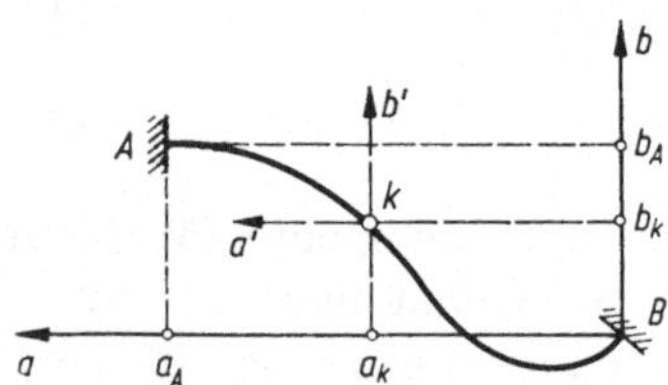

Abb. 14.15 Ebenes Rohrleitungssystem mit zwei Einspannfestpunkten A und B sowie Gelenk im Punkt k.

wenn das System beim Einbau so vorgespannt wird, daß an der Vorspannstelle (hier k) kein Moment aufgebracht wird. Zunächst sei aber so vorgegangen, als ob das Gelenk immer zur Wirkung käme. Aus der Forderung

$$M_{kc} = P_a \cdot b_k - P_b \cdot a_k + M_c = 0$$

folgt zunächst

$$M_c = -P_a \cdot b_k + P_b \cdot a_k .$$

Da sich das System im Gelenkpunkt k um einen Winkel φ_{kc} abwinkeln kann, ergibt sich dadurch eine zusätzliche Bewegung des Systemendes B von

$$\boldsymbol{\delta}_{B(\varphi kc)} = \{\varphi_{kc} \cdot b_k , \; -\varphi_{kc} \cdot a_k , \; \varphi_{kc}\} .$$

Somit gehen die Gln. (14.50) über in:

$$(T_b - S_b \cdot b_k) \cdot P_a - (D_{ab} - S_b \cdot a_k) \cdot P_b = -E_0 \cdot I_0 \cdot (\Delta_a + \varphi_{kc} \cdot b_k),$$

$$-(D_{ab} - S_a \cdot b_k) \cdot P_a + (T_a - S_a \cdot a_k) \cdot P_b = -E_0 \cdot I_0 \cdot (\Delta_b - \varphi_{kc} \cdot a_k),$$

$$(S_b - L \cdot b_k) \cdot P_a - (S_a - L \cdot a_k) \cdot P_b = -E_0 \cdot I_0 \cdot (\Phi_c + \varphi_{kc}).$$

Setzt man den sich aus der dritten Gleichung für φ_{kc} ergebenden Wert in die beiden anderen ein, dann erhält man

$$(T_b - 2 \cdot S_b \cdot b_k + L \cdot b_k^2) \cdot P_a - (D_{ab} - S_a \cdot b_k - S_b \cdot a_k + L \cdot a_k \cdot b_k) \cdot P_b = -E_0 \cdot I_0 \cdot (\Delta_a - \Phi_c \cdot b_k),$$

$$-(D_{ab} - S_a \cdot b_k - S_b \cdot a_k + L \cdot a_k \cdot b_k) \cdot P_a + (T_a - 2 \cdot S_a \cdot a_k + L \cdot a_k^2) \cdot P_b = -E_0 \cdot I_0 \cdot (\Delta_b + \Phi_c \cdot a_k).$$

Nun stellen aber die Klammerausdrücke der linken Gleichungsseiten nach 14.6 die elastischen Linienmomente $T_{a'}$, $T_{b'}$, $D_{a'b'}$ für das in den Gelenkpunkt k gelegte $a'b'$-Koordinatensystem dar, so daß man auch

$$T_{b'} \cdot \mathrm{P}_a - D_{a'b'} \cdot P_b = -E_0 \cdot I_0 \cdot (\Delta_a - \Phi_c \cdot b_k),$$

$$-D_{a'b'} \cdot P_a + T_{a'} \cdot P_b = -E_0 \cdot I_0 \cdot (\Delta_b + \Phi_c \cdot a_k)$$

schreiben kann und daraus

$$P_a = -P_{Aa} = -E_0 \cdot I_0 \cdot \frac{(\Delta_a - \Phi_c \cdot b_k) \cdot T_{a'} + (\Delta_b + \Phi_c \cdot a_k) \cdot D_{a'b'}}{T_{a'} \cdot T_{b'} - D_{a'b'}^2}, \tag{14.63a}$$

$$P_b = -P_{Ab} = -E_0 \cdot I_0 \cdot \frac{(\Delta_b + \Phi_c \cdot a_k) \cdot T_{b'} + (\Delta_a - \Phi_c \cdot b_k) \cdot D_{a'b'}}{T_{a'} \cdot T_{b'} - D_{a'b'}^2}, \tag{14.63b}$$

$$M_c = -P_a \cdot b_k + P_b \cdot a_k, \tag{14.63c}$$

$$M_{Ac} = -P_a \cdot (b_A - b_k) + P_b \cdot (a_A - a_k), \tag{14.63d}$$

$$M_{ic} = P_a \cdot (b_i - b_k) - P_b \cdot (a_i - a_k) \tag{14.63e}$$

erhält. Dabei gelten für Δ_a, Δ_b, Φ_c wieder die Gln. (14.48).

14.16 Berücksichtigung von Gelenkkompensatoren

Wie in 14.8 sei zunächst geklärt, welche Beziehungen bei einem einseitig eingespannten System zwischen der Bewegung $\boldsymbol{\delta}_K$ und der Kraftwirkung $\boldsymbol{K}$ am freien Ende bestehen, wenn beliebig viele Gelenkkompen-

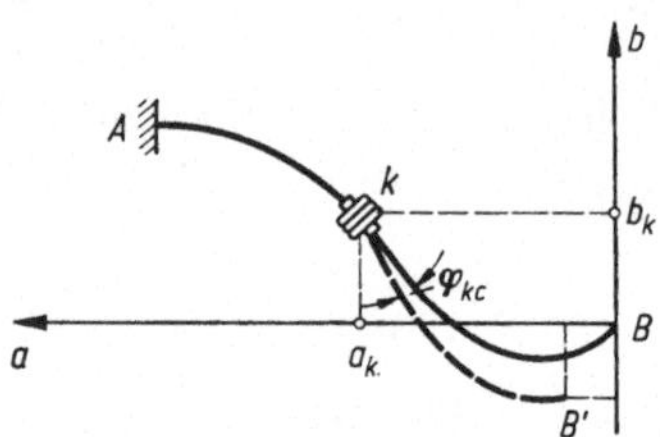

Abb. 14.16 Bewegungsanteile eines Gelenk-Kompensators im Punkt k.

satoren eingebaut werden. Wie in 12.5.5 dargelegt, winkelt sich ein im Punkt k liegender Gelenkkompensator mit der Abwinklungskonstanten C_φ (z. B. kpm/rad) unter Einwirkung des Momentes M_{kc} um

$$\varphi_{kc} = \frac{M_{kc}}{C_\varphi}$$

ab. Wie anhand von *Abb. 14.16* leicht zu verfolgen, ergibt sich dadurch am Ende B eine Bewegung von

$$\boldsymbol{\delta}_K = \{\delta_{Ka}, \delta_{Kb}, \varphi_{Kc}\} = \{\varphi_{kc} \cdot b_k, -\varphi_{kc} \cdot a_k, \varphi_{kc}\} = \frac{M_{kc}}{C_\varphi} \cdot \{b_k, -a_k, 1\},$$

so daß man mit

$$M_{kc} = P_a \cdot b_k - P_b \cdot a_k + M_c$$

erhält:

$$\delta_{Ka} = \frac{1}{C_\varphi} \cdot (b_k^2 \cdot P_a - a_k \cdot b_k \cdot P_b + b_k \cdot M_c),$$

$$\delta_{Kb} = \frac{1}{C_\varphi} \cdot (-a_k \cdot b_k \cdot P_a + a_k^2 \cdot P_b - a_k \cdot M_c),$$

$$\varphi_{kc} = \frac{1}{C_\varphi} \cdot (b_k \cdot P_a - a_k \cdot P_b + M_b).$$

Multipliziert man die letzten drei Gleichungen mit $E_0 \cdot I_0$, dann taucht auf den rechten Gleichungsseiten der Quotient $E_0 \cdot I_0/C_\varphi$ auf, der dimensionsmäßig eine Länge darstellt, und als äquivalente Länge L_k

des Kompensators aufgefaßt werden kann. Das heißt, man kann sich den Gelenkkompensator ersetzt denken durch ein Stück Leitungsrohr mit $I = I_0$, $E = E_0$ und der Länge

$$L_k = \frac{E_0 \cdot I_0}{C_k^2}, \tag{14.64}$$

das beispielsweise in der Form nach *Abb. 14.17* im Punkt k untergebracht worden ist. Man erhält also die Bewegungsanteile eines Kompensators zu:

$$E_0 \cdot I_0 \cdot \delta_{Ka} = L_k \cdot b_k^2 \cdot P_a - L_k \cdot a_k \cdot b_k \cdot P_b + L_k \cdot b_k \cdot M_c,$$

$$E_0 \cdot I_0 \cdot \delta_{Kb} = -L_k \cdot a_k \cdot b_k \cdot P_a + L_k \cdot a_k^2 \cdot P_b - L_k \cdot a_k \cdot M_c,$$

$$E_0 \cdot I_0 \cdot \varphi_{Kc} = L_k \cdot b_k \cdot P_a - L_k \cdot a_k \cdot P_b + L_k \cdot M_c.$$

Vergleicht man die vor den Koordinaten der Kraftwirkungen stehenden Produkte mit den Gln. (14.15) bis (14.20), so erkennt man, daß es sich um Linienmomente eines Teilstückes der Länge L_k handelt, dessen

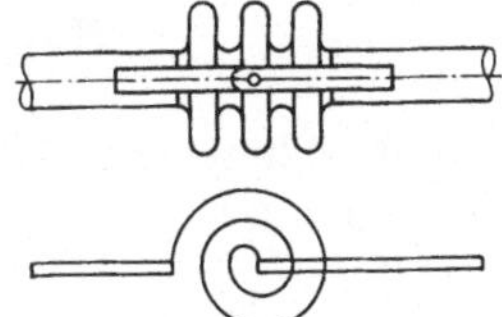

Abb. 14.17 Äquivalente Rohrlänge für einen Gelenk-Kompensator.

Schwerpunkt in k liegt, aber dessen auf seinen Schwerpunkt bezogenen Linienmomente den Wert Null aufweisen.

Damit ist der Weg zum Erfassen von Gelenkkompensatoren, die in ein Rohrleitungssystem eingebaut sind, in einfacher Weise gegeben. Die Kompensatoren werden nämlich wie jedes andere Teilstück des Systems in Tab. 14.3 aufgenommen, jedoch gilt:

$$L = L_k$$

$$k_E = k_I = k_K = 1 \tag{14.65}$$

$$T'_a = T'_b = D'_{ab} = 0.$$

14.17 Berücksichtigung von Querkompensatoren

Der in das einseitig eingespannte System von *Abb. 14.18* eingebaute Querkompensator (vgl. 12.5.6/7) führt nur eine Bewegung in Richtung der v-Achse des eingezeichneten inneren Koordinatensystems durch.

Ist δ_v die Größe dieser Bewegung, dann ergibt sich die Bewegung des freien Endes B in bezug auf das abc-System zu

$$\boldsymbol{\delta}_K = \{\delta_{Ka}, \delta_{Kb}, \varphi_{Kc}\} = \delta_v \cdot \{-\sin\psi, \cos\psi, 0\}.$$

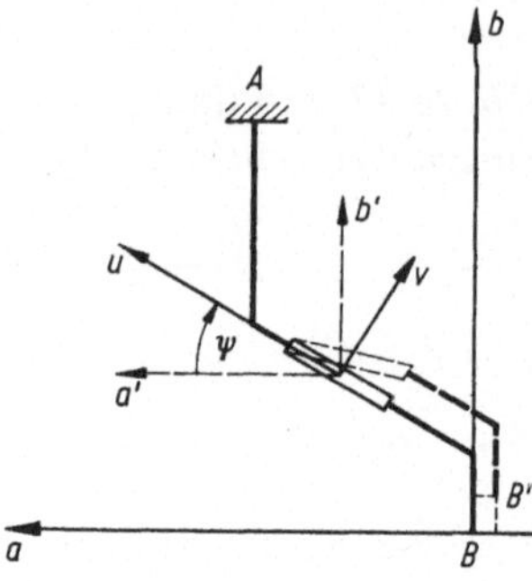

Abb. 14.18 Bewegungsanteile eines Querkompensators.

Durch die in B angreifende Kraftwirkung

$$\boldsymbol{K} = \{P_a, P_b, M_c\}$$

ergibt sich die Größe der die Kompensatorverschiebung δ_v verursachenden Querkraft zu

$$P_v = -\sin\psi \cdot P_a + \cos\psi \cdot P_b,$$

daraus die Verschiebung δ_v über die Federkonstante C_h (z. B. kp/m) des Kompensators zu

$$\delta_v = \frac{P_v}{C_h}$$

und damit

$$\boldsymbol{\delta}_K = \frac{1}{C_h} \cdot \{\sin^2\psi \cdot P_a - \sin\psi \cdot \cos\psi \cdot P_b, \\ -\sin\psi \cdot \cos\psi \cdot P_a + \cos^2\psi \cdot P_b, 0\}.$$

Multipliziert man diese Gleichung noch mit $E_0 \cdot I_0$, dann taucht auf der rechten Seite der Quotient $E_0 \cdot I_0/C_h$ auf, der wie ein Linienträgheitsmoment als Dimension die dritte Potenz der Längeneinheit aufweist, und deshalb mit T_k bezeichnet sei. Es soll also gelten:

$$T_k = \frac{E_0 \cdot I_0}{C_h}. \qquad (14.66)$$

Damit ergeben sich die Bewegungsanteile eines Querkompensators zu:

$$E_0 \cdot I_0 \cdot \delta_{Ka} = T_k \cdot \sin^2 \psi \cdot P_a - T_k \cdot \sin \psi \cdot \cos \psi \cdot P_b,$$

$$E_0 \cdot I_0 \cdot \delta_{Kb} = -T_k \cdot \sin \psi \cdot \cos \psi \cdot P_a + T_k \cdot \cos^2 \psi \cdot P_b,$$

$$E_0 \cdot I_0 \cdot \varphi_{Kc} = 0.$$

Vergleicht man die vor den Kraftkoordinaten stehenden Produkte mit den Gln. (14.21) bis (14.23), so erkennt man sie als Trägheits- und Zentrifugalmomente eines geraden Teilstückes mit $L^3/12 = T_k$ für sein Schwerpunktsystem. Man kann also diese Kompensatoren wie jedes andere Teilstück des Systems mit in Tab. 14.3 aufnehmen, indem man setzt:

$$\begin{aligned} L &= 0, \\ k_E &= k_I = k_K = 1, \\ T'_a &= T_k \cdot \cos^2 \psi, \\ T'_b &= T_k \cdot \sin^2 \psi, \\ D'_{ab} &= T_k \cdot \sin \psi \cdot \cos \psi. \end{aligned} \qquad (14.67)$$

Die Werte für T'_a, T'_b und D'_{ab} wird man zuvor innerhalb Tab. 14.1a für $L^3/12 = T_k$ ermitteln.

14.18 Der U-Bogen und der Lyra-Bogen

Bei längeren und gerade verlaufenden Leitungen werden zur Kompensation der Längsdehnungen häufig sogenannte U-Bogen nach *Abb. 14.19* oder Lyra-Bogen nach *Abb. 14.20* eingebaut. Unter der Voraussetzung, daß die beiden Festpunkte A und B nur Verschiebungen in Richtung des Leitungsverlaufes und keine Drehungen erfahren, erhält man

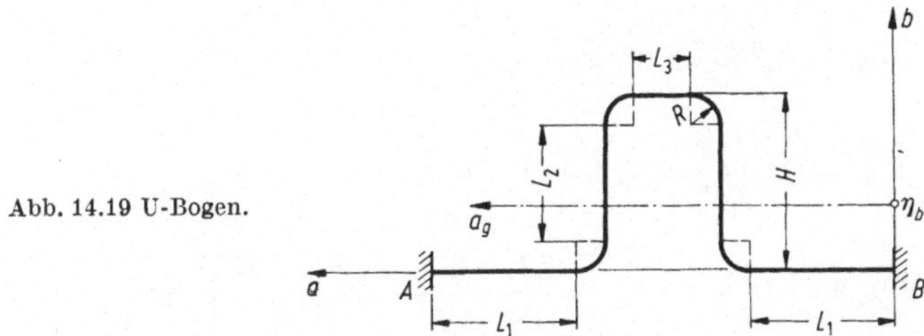

Abb. 14.19 U-Bogen.

$$\Delta'_a = \delta l_a + \delta_{Aa} - \delta_{Ba}. \qquad (14.68)$$

Da $\Delta_b' = 0$ und auf Grund der symmetrischen Systemform auch $D_{agbg} = 0$ wird, liefern die in 14.14 angeführten Gln. (14.62):

$$\begin{aligned} P_a &= -P_{Aa} = \frac{-E_0 \cdot I_0 \cdot \Delta_a'}{T_{bg}}, \\ P_b &= P_{Ab} = 0, \\ M_c &= -M_{Ac} = -P_a \cdot \eta_b, \\ M_{\max} &= P_a \cdot (H - \eta_b). \end{aligned} \tag{14.69}$$

Während der Elastizitätsmodul für alle Teilstücke wohl immer gleich ist, kommt doch häufiger der Fall vor, daß die Biegungen — vor allem

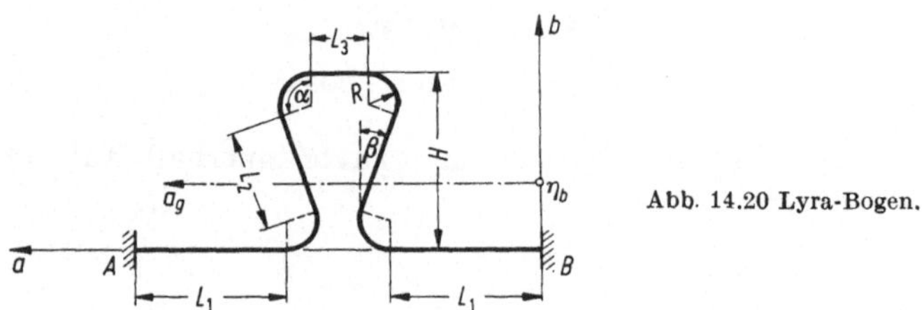

Abb. 14.20 Lyra-Bogen.

bei Ausführung als Einschweißbogen — ein anderes Trägheitsmoment als die geraden Rohre aufweisen. Mit I_0 für die geraden Rohre und I_B für die Bögen erhält man dann für den U-Bogen nach Abb. 14.19

$$L_B = 6{,}2832 \cdot R \cdot k_K \cdot \frac{I_0}{I_B},$$

$$L = 2 \cdot (L_1 + L_2) + L_3 + L_B,$$

$$\begin{aligned} T_{bg} = {} & \left[L - 2 \cdot L_2 - \frac{(2 \cdot L_1 - L_3)^2}{L}\right] \cdot \left(\frac{H}{2}\right)^2 + \frac{L_2^3}{6} \\ & - L_B \cdot R \cdot (0{,}3634 \cdot H - 0{,}2268 \cdot R), \end{aligned} \tag{14.70}$$

$$\eta_b = \frac{H}{2} \cdot \left(1 - \frac{2 \cdot L_1 - L_3}{L}\right)$$

und für den Lyra-Bogen nach Abb. 14.20

$$\alpha = 90° + \beta,$$

$$L_B = 4 \cdot R \cdot k_K \cdot \frac{I_0}{I_B} \cdot \operatorname{arc} \alpha,$$

$$L_2 = \frac{H - 2 \cdot R \cdot (1 + \sin \beta)}{\cos \beta},$$

$$L = 2 \cdot (L_1 + L_2) + L_3 + L_B, \tag{14.71}$$

$$T_{bg} = \left[L - 2 \cdot L_2 - \frac{(2 \cdot L_1 - L_3)^2}{L}\right] \cdot \left(\frac{H}{2}\right)^2 + \frac{L_2^3}{6} \cdot \cos^2 \beta$$

$$- L_B \cdot R \cdot \left[H \cdot \left(1 - \frac{\cos \beta}{\operatorname{arc} \alpha}\right)\right.$$

$$\left. - R \cdot \left(1{,}5 - \frac{2 + 0{,}5 \cdot \sin \beta}{\operatorname{arc} \alpha} \cdot \cos \beta\right)\right],$$

$$\eta_b = \frac{H}{2} \cdot \left(1 - \frac{2 \cdot L_1 - L_3}{L}\right).$$

Bei großem Abstand der Festpunkte A und B empfiehlt es sich in den Gln. (14.70) und (14.71) die Länge L_1 mit nicht mehr als $2 \cdot H$ einzusetzen, damit die Verformungsbehinderung durch die Leitungslager eine näherungsweise Berücksichtigung findet.

14.19 Ebene Systeme mit drei Einspannfestpunkten

Ein ebenes Leitungssystem mit drei Einspannfestpunkten A, C, D nach *Abb. 14.21* ist 6fach statisch unbestimmt. *Abb. 14.22* zeigt das statisch bestimmt gemachte System, an dessen Enden C und D starre Hebelarme angeschlossen sind, deren freie Endpunkte C' und D' im Koordinatenursprung 0 liegen. Dort läßt man dann die unbekannten

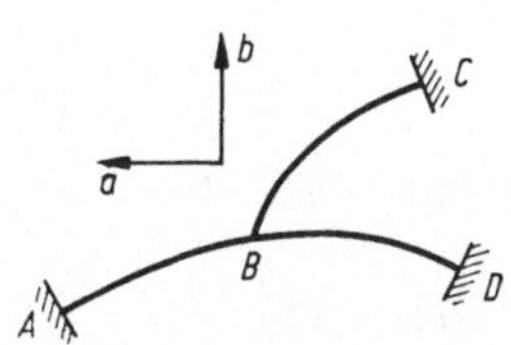

Abb. 14.21 Ebenes Leitungssystem mit 3 Einspannfestpunkten A, C, D.

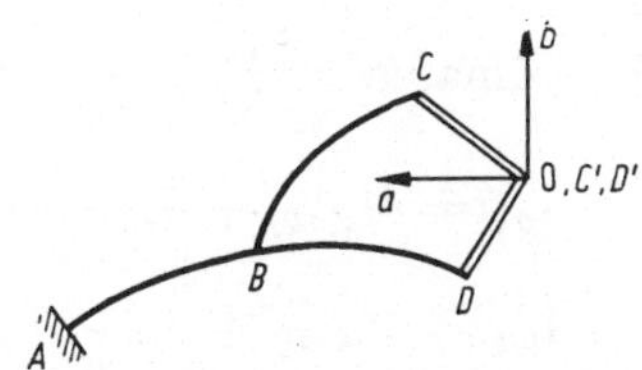

Abb. 14.22 Statisch bestimmt gemachtes System nach Abb. 14.21.

Kraftwirkungen

$$\boldsymbol{K} = \{\boldsymbol{K}_{C'}, \boldsymbol{K}_{D'}\} = \{P_{C'a}, P_{C'b}, M_{C'c}, P_{D'a}, P_{D'b}, M_{D'c}\} \quad (14.72)$$

angreifen, wobei $\boldsymbol{K}_{C'}$ auf C und $\boldsymbol{K}_{D'}$ auf D wirkt. Als rechnungsmäßig günstiger Ort des Koordinatenursprungs zeigt sich meist der Verzweigungspunkt B (Symmetrie ausnutzen!).

Zunächst werden mit Hilfe von 3 Sätzen der Tab. 14.3 getrennt für die 3 Abschnitte $A-B$, $B-C$, $B-D$ die elastischen Längen und Linienmomente für den Koordinatenursprung ermittelt (vgl. 14.5). Indem man diese Werte für jeden Abschnitt zu einer 3mal 3-Matrix entsprechend Tab. 14.5 zusammenstellt, erhält man zunächst die drei Matrizen $\boldsymbol{A}_{K(AB)}$, $\boldsymbol{A}_{K(BC)}$, $\boldsymbol{A}_{K(BD)}$. Daraus bildet man dann eine 6mal 6-Matrix folgender Form (vgl. 2.3.15):

$$\boldsymbol{A}_K = \begin{Vmatrix} \boldsymbol{A}_{K(AB)} + \boldsymbol{A}_{K(BC)}, & \boldsymbol{A}_{K(AB)} \\ \boldsymbol{A}_{K(AB)}, & \boldsymbol{A}_{K(AB)} + \boldsymbol{A}_{K(BD)} \end{Vmatrix}. \quad (14.73)$$

Die Bewegungsdifferenzen ergeben sich mit den Bezeichnungen von 14.) für das System $A-B-C$ im Punkt C' zu

$$\boldsymbol{\Delta}_{C'} = \{\Delta_{C'a}, \Delta_{C'b}, \Phi_{C'c}\}$$

mit den Koordinaten

$$\Delta_{C'a} = \delta l_{a(AC)} + \delta_{Aa} + \varphi_{Ac} \cdot b_A - \delta_{Ca} - \varphi_{Cc} \cdot b_C,$$

$$\Delta_{C'b} = \delta l_{b(AC)} + \delta_{Ab} - \varphi_{Ac} \cdot a_A - \delta_{Cb} + \varphi_{Cc} \cdot a_C,$$

$$\Phi_{C'c} = \varphi_{AC} - \varphi_{Cc}$$

und für das System $A-B-D$ im Punkt D' zu

$$\boldsymbol{\Delta}_{D'} = \{\Delta_{D'a}, \Delta_{D'b}, \Phi_{D'c}\}$$

mit den Koordinaten

$$\Delta_{D'a} = \delta l_{a(AD)} + \delta_{Aa} + \varphi_{Ac} \cdot b_A - \delta_{Da} - \varphi_{Dc} \cdot b_D,$$

$$\Delta_{D'b} = \delta l_{b(AD)} + \delta_{Ab} - \varphi_{Ac} \cdot a_A - \delta_{Db} + \varphi_{Dc} \cdot a_D,$$

$$\Phi_{D'c} = \varphi_{Ac} - \varphi_{Dc}.$$

Die 6 Elastizitätsgleichungen ergeben sich dann mit

$$\Delta = \{\Delta_{C'}, \Delta_{D'}\} = \{\Delta_{C'a}, \Delta_{C'b}, \Phi_{C'c}, \Delta_{D'a}, \Delta_{D'b}, \Phi_{C'c}\} \tag{14.74}$$

aus

$$\boldsymbol{A}_K \cdot \boldsymbol{K} = -E_0 \cdot I_0 \cdot \Delta$$

nach den Anweisungen der Abschnitte 2.3.18, 2.3.20, 2.2.18. Ihre Auflösung liefert die Reaktionen in den Punkten C' und D'.

Bei Ermittlung der Schnittlasten ist zu beachten, daß $\boldsymbol{K}_C'$ nur auf den Abschnitt $B-C$, $\boldsymbol{K}_{D'}$ nur auf den Abschnitt $B-D$ wirkt, dagegen auf den Abschnitt $A-B$ die Kraftwirkung $\boldsymbol{K} = \boldsymbol{K}_{C'} + \boldsymbol{K}_{D'}$ anzusetzen ist.

15. Elastizitätsberechnung schiefwinkliger räumlicher Rohrleitungssysteme

Bei der Elastizitätsberechnung räumlicher Rohrleitungssysteme geht man im Prinzip genau so vor wie bei ebenen Systemen. Nur wird der Rechenaufwand viel größer, da jetzt Kraftwirkung und Bewegung jeweils sechs Koordinaten aufweisen. Innerhalb der räumlichen Systeme zeigen wiederum die schiefwinkligen Systeme einen wesentlich größeren Rechenaufwand als die rechtwinkligen Systeme. Letztere werden deshalb gesondert in Kap. 16 behandelt.

15.1 Bezugssystem und Transformation der Momentenkoordinaten

Als Bezugssystem wird das in den Abb. 2.1 und 2.3 gezeigte rechtsorientierte xyz-Koordinatensystem gewählt, in dem die Lage eines beliebigen Punktes durch seine Koordinaten x, y, z bzw. entsprechend Abb. 2.24 durch seinen Radiusvektor

$$\boldsymbol{r} = \{x, y, z\}$$

bestimmt ist.

Für den Übergang vom äußeren xyz-System zum inneren uvw-System (vgl. 13.1) sind bei Rohrsträngen allgemein zwei Drehungen erforderlich. Es sei entsprechend *Abb. 15.1* vereinbart, daß zuerst durch Drehung um ψ_z der Übergang zum $x'y'z'$-System erfolgt und anschließend dann durch Drehung um $\psi_{y'}$ der endgültige Übergang zum uvw-System (vgl. 2.1.4 und 2.3.24).

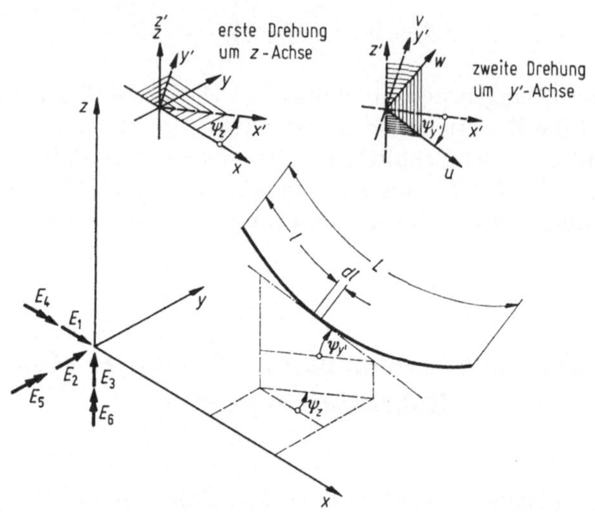

Abb. 15.1 Einslasten und Übergang vom xyz-System zum uvw-System.

Soll dieser Übergang von

$$\boldsymbol{M} = \{M_x, M_y, M_z\}$$

in

$$\boldsymbol{M}'' = \{M_{x''}, M_{y''}, M_{z''}\} = \{M_u, M_v, M_w\}$$

durch

$$\boldsymbol{M}'' = \boldsymbol{T}_M \cdot \boldsymbol{M} \tag{15.1}$$

beschrieben werden, dann ergibt sich mit den Gln. (2.35) und (2.36) von 2.3.24 wegen $\boldsymbol{T}_M = \boldsymbol{T}_{\psi y'} \cdot \boldsymbol{T}_{\psi z}$ die Transformationsmatrix $\boldsymbol{T}_M$ zu

$$\boldsymbol{T}_M = \begin{Vmatrix} \cos\psi_z \cdot \cos\psi_{y'} & \sin\psi_z \cdot \cos\psi_{y'} & -\sin\psi_{y'} \\ -\sin\psi_z & \cos\psi_z & 0 \\ \cos\psi_z \cdot \sin\psi_{y'} & \sin\psi_z \cdot \sin\psi_{y'} & \cos\psi_{y'} \end{Vmatrix} \tag{15.2}$$

und man erhält die Koordinaten von $\boldsymbol{M}''$ zu:

$$\begin{aligned} M_u &= \cos\psi_z \cdot \cos\psi_{y'} \cdot M_x + \sin\psi_z \cdot \cos\psi_{y'} \cdot M_y - \sin\psi_{y'} \cdot M_z. \\ M_v &= -\sin\psi_z \cdot M_x + \cos\psi_z \cdot M_y. \\ M_w &= \cos\psi_z \cdot \sin\psi_{y'} \cdot M_x + \sin\psi_z \cdot \sin\psi_{y'} \cdot M_y + \cos\psi_{y'} \cdot M_z. \end{aligned} \tag{15.3}$$

15.2 Bewegungsanteile eines Teilstückes

Die Bewegungsanteile eines Teilstückes der Länge L ergeben sich nach den Gln. (13.16) und (13.17) zu

$$W_{ii} = \frac{1}{E \cdot I} \cdot \int_{l=0}^{L} \left[1{,}3 \cdot M_{iu}^2 + \frac{1}{K} \cdot (M_{iv}^2 + M_{iw}^2)\right] \cdot dl,$$

$$W_{ik} = W_{ki} = \frac{1}{E \cdot I} \int_{l=0}^{L} \cdot \left[1{,}3 \cdot M_{iu} \cdot M_{ku} + \frac{1}{K} \cdot (M_{iv} \cdot M_{kv} + M_{iw} \cdot M_{kw})\right] \cdot dl.$$

Durch die in Abb. 15.1 eingezeichneten, im Koordinatenursprung angreifenden Einslasten $E_1, E_2 \cdots E_6$ ergeben sich die Momentenkoordinaten für das äußere xyz-System nach den oberen 3 Zeilen von *Tab. 15.1.* Über die Gln. (15.3) erhält man daraus die Momentenkoordinaten für das innere uvw-System entsprechend den unteren 3 Zeilen von Tab. 15.1. Mit den zur Vereinfachung nicht mit angeschriebenen Integralgrenzen $l = 0$ und $l = L$ ergeben sich dann folgende Ausdrücke für die $E \cdot I$-fachen Bewegungsanteile eines Teilstückes:

$$\begin{aligned} E \cdot I \cdot W_{11} = & \int \left[\left(1{,}3 - \frac{1}{K}\right) \cdot \sin^2 \psi_y + \frac{1}{K}\right] \cdot y^2 \cdot dl \\ & + \int \left[\left(1{,}3 - \frac{1}{K}\right) \cdot \sin^2 \psi_z \cdot \cos^2 \psi_{y'} + \frac{1}{K}\right] \cdot z^2 \cdot dl \\ & + 2 \cdot \left(1{,}3 - \frac{1}{K}\right) \cdot \int \sin \psi_z \cdot \sin \psi_{y'} \cdot \cos \psi_{y'} \cdot y \cdot z \cdot dl. \end{aligned} \tag{15.4}$$

$$\begin{aligned} E \cdot I \cdot W_{12} = & -\left(1{,}3 - \frac{1}{K}\right) \cdot \int \sin \psi_z \cdot \cos \psi_z \cdot \cos^2 \psi_{y'} \cdot z^2 \cdot dl \\ & - \int \left[\left(1{,}3 - \frac{1}{K}\right) \cdot \sin^2 \psi_{y'} + \frac{1}{K}\right] \cdot x \cdot y \cdot dl \\ & - \left(1{,}3 - \frac{1}{K}\right) \cdot \int \sin \psi_z \cdot \sin \psi_{y'} \cdot \cos \psi_{y'} \cdot x \cdot z \cdot dl \\ & - \left(1{,}3 - \frac{1}{K}\right) \cdot \int \cos \psi_z \cdot \sin \psi_{y'} \cdot \cos \psi_{y'} \cdot y \cdot z \cdot dl. \end{aligned} \tag{15.5}$$

Tabelle 15.1 Momente (M_x, M_y, M_z für das äußere System und M_u, M_v, M_w für das innere System) in Abhängigkeit von den Einslasten E_1 bis E_6.

	E_1	E_2	E_3	E_4	E_5	E_6
M_x	0	z	$-y$	1	0	0
M_y	$-z$	0	x	0	1	0
M_z	y	$-x$	0	0	0	1
M_u	$-\sin\psi_z \cdot \cos\psi_{y'} \cdot z$ $-\sin\psi_{y'} \cdot y$	$\cos\psi_z \cdot \cos\psi_{y'} \cdot z$ $+\sin\psi_{y'} \cdot x$	$-\cos\psi_z \cdot \cos\psi_{y'} \cdot y$ $+\sin\psi_z \cdot \cos\psi_{y'} \cdot x$	$\cos\psi_z \cdot \cos\psi_{y'}$	$\sin\psi_z \cdot \cos\psi_{y'}$	$-\sin\psi_{y'}$
M_v	$-\cos\psi_z \cdot z$	$-\sin\psi_z \cdot z$	$\sin\psi_z \cdot y$ $+\cos\psi_z \cdot x$	$-\sin\psi_z$	$\cos\psi_z$	0
M_w	$-\sin\psi_z \cdot \sin\psi_{y'} \cdot z$ $+\cos\psi_{y'} \cdot y$	$\cos\psi_z \cdot \sin\psi_{y'} \cdot z$ $-\cos\psi_{y'} \cdot x$	$-\cos\psi_z \cdot \sin\psi_{y'} \cdot y$ $+\sin\psi_z \cdot \sin\psi_{y'} \cdot x$	$\cos\psi_z \cdot \sin\psi_{y'}$	$\sin\psi_z \cdot \sin\psi_{y'}$	$\cos\psi_{y'}$

$$
\begin{aligned}
E \cdot I \cdot W_{13} = {} & \left(1{,}3 - \frac{1}{K}\right) \cdot \int \cos\psi_z \cdot \sin\psi_{y'} \cdot \cos\psi_{y'} \cdot y^2 \cdot dl \\
& - \left(1{,}3 - \frac{1}{K}\right) \cdot \int \sin\psi_z \cdot \sin\psi_{y'} \cdot \cos\psi_{y'} \cdot x \cdot y \cdot dl \\
& - \int \left[\left(1{,}3 - \frac{1}{K}\right) \cdot \sin^2\psi_z \cdot \cos^2\psi_{y'} + \frac{1}{K}\right] \cdot x \cdot z \cdot dl \\
& + \left(1{,}3 - \frac{1}{K}\right) \cdot \int \sin\psi_z \cdot \cos\psi_z \cdot \cos^2\psi_{y'} \cdot y \cdot z \cdot dl .
\end{aligned} \tag{15.6}
$$

$$
\begin{aligned}
E \cdot I \cdot W_{14} = {} & -\left(1{,}3 - \frac{1}{K}\right) \cdot \int \cos\psi_z \cdot \sin\psi_{y'} \cdot \cos\psi_{y'} \cdot y \cdot dl \\
& - \left(1{,}3 - \frac{1}{K}\right) \cdot \int \sin\psi_z \cdot \cos\psi_z \cdot \cos^2\psi_{y'} \cdot z \cdot dl .
\end{aligned} \tag{15.7}
$$

$$
\begin{aligned}
E \cdot I \cdot W_{15} = {} & -\left(1{,}3 - \frac{1}{K}\right) \cdot \int \sin\psi_z \cdot \sin\psi_{y'} \cdot \cos\psi_{y'} \cdot y \cdot dl \\
& - \int \left[\left(1{,}3 - \frac{1}{K}\right) \cdot \sin^2\psi_z \cdot \cos^2\psi_{y'} + \frac{1}{K}\right] \cdot z \cdot dl .
\end{aligned} \tag{15.8}
$$

$$
\begin{aligned}
E \cdot I \cdot W_{16} = {} & \int \left[\left(1{,}3 - \frac{1}{K}\right) \cdot \sin^2\psi_{y'} + \frac{1}{K}\right] \cdot y \cdot dl \\
& + \left(1{,}3 - \frac{1}{K}\right) \cdot \int \sin\psi_z \cdot \sin\psi_{y'} \cdot \cos\psi_{y'} \cdot z \cdot dl .
\end{aligned} \tag{15.9}
$$

$$
\begin{aligned}
E \cdot I \cdot W_{22} = {} & \int \left[\left(1{,}3 - \frac{1}{K}\right) \cdot \sin^2\psi_{y'} + \frac{1}{K}\right] \cdot x^2 \cdot dl \\
& + \int \left[\left(1{,}3 + \frac{1}{K}\right) \cdot \cos^2\psi_z \cdot \cos^2\psi_{y'} + \frac{1}{K}\right] \cdot z^2 \cdot dl \\
& + 2 \cdot \left(1{,}3 - \frac{1}{K}\right) \cdot \int \cos\psi_z \cdot \sin\psi_{y'} \cdot \cos\psi_{y'} \cdot x \cdot z \cdot dl .
\end{aligned} \tag{15.10}
$$

$$E \cdot I \cdot W_{23} = \left(1{,}3 - \frac{1}{K}\right) \cdot \int \sin\psi_z \cdot \sin\psi_{y'} \cdot \cos\psi_{y'} \cdot x^2 \cdot dl$$
$$- \left(1{,}3 - \frac{1}{K}\right) \cdot \int \cos\psi_z \cdot \sin\psi_{y'} \cdot \cos\psi_{y'} \cdot x \cdot y \cdot dl$$
$$+ \left(1{,}3 - \frac{1}{K}\right) \cdot \int \sin\psi_z \cdot \cos\psi_z \cdot \cos^2\psi_{y'} \cdot x \cdot z \cdot dl$$
$$- \int \left[\left(1{,}3 - \frac{1}{K}\right) \cdot \cos^2\psi_z \cdot \cos^2\psi_{y'} + \frac{1}{K}\right] \cdot y \cdot z \cdot dl. \tag{15.11}$$

$$E \cdot I \cdot W_{24} = \left(1{,}3 - \frac{1}{K}\right) \cdot \int \cos\psi_z \cdot \sin\psi_{y'} \cdot \cos\psi_{y'} \cdot x \cdot dl$$
$$+ \int \left[\left(1{,}3 - \frac{1}{K}\right) \cdot \cos^2\psi_z \cdot \cos^2\psi_{y'} + \frac{1}{K}\right] \cdot z \cdot dl. \tag{15.12}$$

$$E \cdot I \cdot W_{25} = \left(1{,}3 - \frac{1}{K}\right) \cdot \int \sin\psi_z \cdot \sin\psi_{y'} \cdot \cos\psi_{y'} \cdot x \cdot dl$$
$$+ \left(1{,}3 - \frac{1}{K}\right) \cdot \int \sin\psi_z \cdot \cos\psi_z \cdot \cos^2\psi_{y'} \cdot z \cdot dl. \tag{15.13}$$

$$E \cdot I \cdot W_{26} = -\int \left[\left(1{,}3 - \frac{1}{K}\right) \cdot \sin^2\psi_{y'} + \frac{1}{K}\right] \cdot x \cdot dl$$
$$- \left(1{,}3 - \frac{1}{K}\right) \cdot \int \cos\psi_z \cdot \sin\psi_{y'} \cdot \cos\psi_{y'} \cdot z \cdot dl. \tag{15.14}$$

$$E \cdot I \cdot W_{33} = \int \left[\left(1{,}3 - \frac{1}{K}\right) \cdot \sin^2\psi_z \cdot \cos^2\psi_{y'} + \frac{1}{K}\right] \cdot x^2 \cdot dl$$
$$+ \int \left[\left(1{,}3 - \frac{1}{K}\right) \cdot \cos^2\psi_z \cdot \cos^2\psi_{y'} + \frac{1}{K}\right] \cdot y^2 \cdot dl$$
$$- 2 \cdot \left(1{,}3 - \frac{1}{K}\right) \cdot \int \sin\psi_z \cdot \cos\psi_z \cdot \cos^2\psi_{y'} \cdot x \cdot y \cdot dl. \tag{15.15}$$

$$E \cdot I \cdot W_{34} = \left(1{,}3 - \frac{1}{K}\right) \cdot \int \sin \psi_z \cdot \cos \psi_z \cdot \cos^2 \psi_{y'} \cdot x \cdot dl$$
$$- \int \left[\left(1{,}3 - \frac{1}{K}\right) \cdot \cos^2 \psi_z \cdot \cos^2 \psi_{y'} + \frac{1}{K}\right] \cdot y \cdot dl. \tag{15.16}$$

$$E \cdot I \cdot W_{35} = \int \left[\left(1{,}3 - \frac{1}{K}\right) \cdot \sin^2 \psi_z \cdot \cos^2 \psi_{y'} + \frac{1}{K}\right] \cdot x \cdot dl$$
$$- \left(1{,}3 - \frac{1}{K}\right) \cdot \int \sin \psi_z \cdot \cos \psi_z \cdot \cos^2 \psi_{y'} \cdot y \cdot dl. \tag{15.17}$$

$$E \cdot I \cdot W_{36} = -\left(1{,}3 - \frac{1}{K}\right) \cdot \int \sin \psi_z \cdot \sin \psi_{y'} \cdot \cos \psi_{y'} \cdot x \cdot dl$$
$$+ \left(1{,}3 - \frac{1}{K}\right) \cdot \int \cos \psi_z \cdot \sin \psi_{y'} \cdot \cos \psi_{y'} \cdot y \cdot dl. \tag{15.18}$$

$$E \cdot I \cdot W_{44} = \int \left[\left(1{,}3 - \frac{1}{K}\right) \cdot \cos^2 \psi_z \cdot \cos^2 \psi_{y'} + \frac{1}{K}\right] \cdot dl. \tag{15.19}$$

$$E \cdot I \cdot W_{45} = \left(1{,}3 - \frac{1}{K}\right) \cdot \int \sin \psi_z \cdot \cos \psi_z \cdot \cos^2 \psi_{y'} \cdot dl. \tag{15.20}$$

$$E \cdot I \cdot W_{46} = -\left(1{,}3 - \frac{1}{K}\right) \cdot \int \cos \psi_z \cdot \sin \psi_{y'} \cdot \cos \psi_{y'} \cdot dl. \tag{15.21}$$

$$E \cdot I \cdot W_{55} = \int \left[\left(1{,}3 - \frac{1}{K}\right) \cdot \sin^2 \psi_z \cdot \cos^2 \psi_{y'} + \frac{1}{K}\right] \cdot dl. \tag{15.22}$$

$$E \cdot I \cdot W_{56} = -\left(1{,}3 - \frac{1}{K}\right) \cdot \int \sin \psi_z \cdot \sin \psi_{y'} \cdot \cos \psi_{y'} \cdot dl. \tag{15.23}$$

$$E \cdot I \cdot W_{66} = \int \left[\left(1{,}3 - \frac{1}{K}\right) \cdot \sin^2 \psi_{y'} + \frac{1}{K}\right] \cdot dl. \tag{15.24}$$

Bei geraden Teilstücken sind die Winkel ψ_z und $\psi_{y'}$ entsprechend *Abb. 15.2* über die Länge L konstant, so daß deren Funktionen in den Gln. (15.4) bis (15.24) vor das Integralzeichen gesetzt werden können. Bei zu den Bezugsebenen des xyz-Systems parallel liegenden Rohrbogen ist einer der Winkel variabel, und bei beliebig im Raum liegenden Rohrbogen sind dann beide Winkel variabel.

Im allgemeinen rechnet man aber bei Bogen mit Öffnungswinkeln bis 90° genügend genau, wenn man als Mittelwerte für ψ_z und $\psi_{y'}$ die zu der Bogensehne gehörenden Werte einsetzt. Diese sind dann ebenfalls

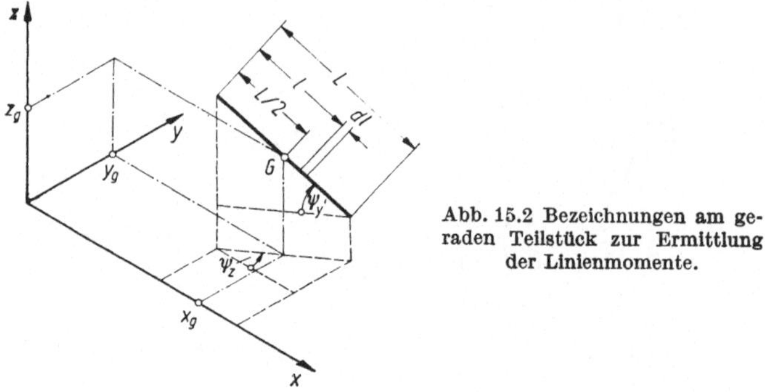

Abb. 15.2 Bezeichnungen am geraden Teilstück zur Ermittlung der Linienmomente.

über die Bogenlänge konstant und können vor das Integralzeichen gesetzt werden. Denkt man sich nun noch den Bogen gestreckt und in die Lage der Sehne verschoben, dann hat man es in der weiteren Rechnung

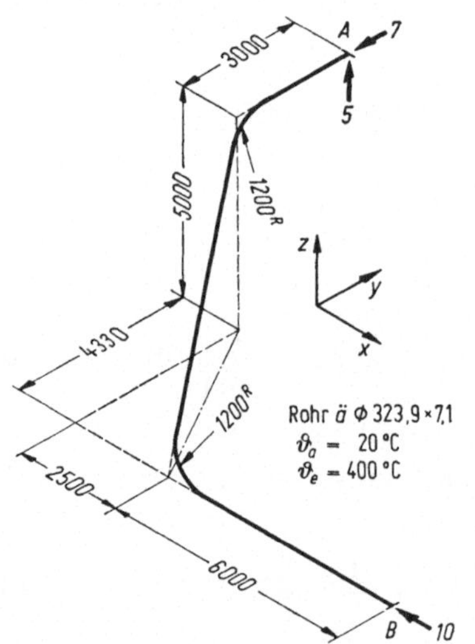

Abb. 15.3 Beispiel für schiefwinkliges räumliches Leitungssystem.

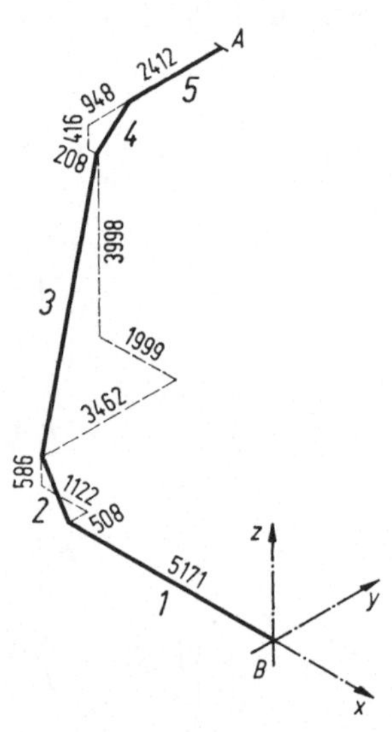

Abb. 15.4 In Teilstücke zerlegtes System nach Abb. 15.3 mit Koordinatenursprung im freigedachten Endpunkt *B*.

nur mit geraden Teilstücken zu tun. Der Unterschied zwischen einem wirklich geraden Teilstück und einer Bogen-Ersatzgeraden liegt dabei nur noch im Wert $1/K$.

In den nachfolgenden, dem Rechnungsgang entsprechend angeordneten Abschnitten sei nun gezeigt, wie sich die Bewegungsanteile der einzelnen Teilstücke unter Umgehung der Infinitesimalrechnung mit Hilfe korrigierter Linienmomente ermitteln lassen.

Als Beispiel dient dazu das System nach *Abb. 15.3*, das entsprechend *Abb. 15.4* fünf Teilstücke aufweist.

Die Öffnungswinkel der Bögen 2 und 4 wurden über Gl. (2.15) zu

$$\alpha_2 = 69{,}31^\circ, \qquad \alpha_4 = 52{,}25^\circ$$

ermittelt, womit sich die Tangentenlängen zu

$$t_2 = 0{,}829\ \text{m}, \qquad t_4 = 0{,}588\ \text{m}$$

und die Bogenlängen zu

$$L_2 = 1{,}452\ \text{m}, \qquad L_4 = 1{,}094\ \text{m}$$

ergaben. Die restlichen Teilstücklängen folgten zu:

$$L_1 = 6 - 0{,}829 = 5{,}171\ \text{m}, \qquad L_5 = 3 - 0{,}588 = 2{,}412\ \text{m},$$

$$L_3 = \sqrt{2{,}5^2 + 4{,}33^2 + 5^2} - 0{,}829 - 0{,}588 = 5{,}654\ \text{m}.$$

15.3 Bestimmung der Neigungswinkel und ihrer Funktionen

Erstreckt sich das betrachtete Teilstück zwischen den beiden Punkten 1 und 2 mit den Radiusvektoren (vgl. 2.2.24)

$$\boldsymbol{r}_1 = \{x_1, y_1, z_1\},$$
$$\boldsymbol{r}_2 = \{x_2, y_2, z_2\},$$

dann ergeben sich die Funktionen der beiden in Abb. 15.2 gezeigten Neigungswinkel ψ_z und $\psi_{y'}$ in folgender Weise und Reihenfolge:

$$\Delta x = x_2 - x_1, \qquad \Delta y = y_2 - y_1, \qquad \Delta z = z_2 - z_1,$$

$$\cos\psi_z = \frac{1}{\sqrt{1 + \left(\frac{\Delta y}{\Delta x}\right)^2}}, \qquad \sin\psi_z = \frac{\Delta y}{\Delta x} \cdot \cos\psi_z,$$

$$\Delta x' = \Delta x \cdot \cos\psi_z + \Delta y \cdot \sin\psi_z, \tag{15.25}$$

$$\cos\psi_{y'} = \frac{1}{\sqrt{1 + \left(\frac{\Delta z}{\Delta x'}\right)^2}}, \qquad \sin\psi_{y'} = -\frac{\Delta z}{\Delta x'} \cdot \cos\psi_{y'}.$$

Es spielt hierbei keine Rolle, welchen der Teilstückendpunkte man mit 1 und 2 bezeichnet. Für den Sonderfall $\Delta x = \Delta y = 0$, bei dem das Teilstück parallel zur z-Achse liegt, wählt man praktischerweise $\psi_z = \psi_{y'} = 90°$, also $\sin\psi_z = \sin\psi_{y'} = 1$ und $\cos\psi_z = \cos\psi_{y'} = 0$. Bei $\Delta x = 0$ und $\Delta y \neq 0$ wird $\psi_z = 90°$.

15.4 Neigungswinkelfaktoren k_ψ

In den Gleichungen von 15.2 und 15.5 erscheinen insgesamt sechs verschiedene Produkte der Neigungswinkelfunktionen, denen folgende Bezeichnung gegeben sei:

$$
\begin{aligned}
k_{\psi 1} &= \cos^2\psi_z \cdot \cos^2\psi_{y'}, \\
k_{\psi 2} &= \sin^2\psi_z \cdot \cos^2\psi_{y'}, \\
k_{\psi 3} &= \sin^2\psi_{y'}, \\
k_{\psi 4} &= \sin\psi_z \cdot \cos\psi_z \cdot \cos^2\psi_{y'}, \\
k_{\psi 5} &= \cos\psi_z \cdot \sin\psi_{y'} \cdot \cos\psi_{y'}, \\
k_{\psi 6} &= \sin\psi_z \cdot \sin\psi_{y'} \cdot \cos\psi_{y'}.
\end{aligned}
\tag{15.26}
$$

Für das Beispiel nach Abb. 15.3 sind diese Faktoren in *Tab. 15.2* ermittelt, und zwar jeweils als oberer Wert der Spalten k bis p.

Tabelle 15.2 Neigungswinkelfaktoren k_ψ und Schwerpunkt-Linienmomente von Geraden in schiefwinkligen räumlichen Systemen

Nr.	l	ψ_z	$\psi_{y'}$	$l^3:12$	$\sin\psi_z$	$\cos\psi_z$	$\sin\psi_{y'}$	$\cos\psi_{y'}$	$k_{\psi 1}$ T'''_x	$k_{\psi 2}$ T'''_y	$k_{\psi 3}$ T'''_z	$k_{\psi 4}$ D'''_{xy}	$k_{\psi 5}$ D'''_{xz}	$k_{\psi 6}$ D'''_{yz}
a	b	c	d	e	f	g	h	i	k	l	m	n	o	p
aus Zeichnung				$b^3:12$	aus Tabellenwerk oder nach 15.3				$g^2\cdot i^2$ $e\cdot k$	$f^2\cdot i^2$ $e\cdot l$	h^2 $e\cdot m$	$f\cdot g\cdot i^2$ $e\cdot n$	$g\cdot h\cdot i$ $-e\cdot o$	$f\cdot h\cdot i$ $-e\cdot p$
1	5,171	0°	0°	11,522	0	1	0	1	1 11,522	0 0	0 0	0 0	0 0	0 0
2	1,452	-24,36°	25,44°	0,255	-0,4125	0,9110	0,4296	0,9030	0,6767 0,1730	0,1387 0,0350	0,1846 0,0470	-0,3064 -0,0780	0,3534 -0,0900	-0,1600 0,0410
3	5,654	-60°	45°	15,062	-0,8660	0,5	0,7071	0,7071	0,1250 1,8830	0,3750 5,6480	0,5 7,5310	-0,2165 -3,2610	0,25 -3,7650	-0,4330 6,5220
4	1,094	-77,63°	23,21°	0,109	-0,9768	0,2143	0,3940	0,9191	0,0388 0,0040	0,8060 0,0880	0,1552 0,0170	-0,1768 -0,0190	0,0776 -0,0080	-0,3537 0,0390
5	2,412	90°	0°	1,169	1	0	0	1	0 0	1 1,1690	0 0	0 0	0 0	0 0

15.5 Statische, Trägheits- und Zentrifugalmomente von Linien im Raum

Die für ein gerades Teilstück oder eine Bogen-Ersatzgerade nach *Abb. 15.2* in den Gln. (15.4) bis (15.24) verbleibenden Integrale haben nochfolgende Bedeutung und Größe. Dabei stellen x_g, y_g, z_g die Koordinaten des in der Mitte des Teilstückes liegenden Teilstückschwerpunktes dar.

Länge:

$$L = \int_{l=0}^{L} dl = L. \tag{15.27}$$

Statische Linienmomente:

$$S_x = \int_{l=0}^{L} x \cdot dl = L \cdot x_g, \tag{15.28}$$

$$S_y = \int_{l=0}^{L} y \cdot dl = L \cdot y_g, \tag{15.29}$$

$$S_z = \int_{l=0}^{L} z \cdot dl = L \cdot z_g. \tag{15.30}$$

Linien-Trägheitsmomente:

$$T_x = \int_{l=0}^{L} x^2 \cdot dl = T_x''' + L \cdot x_g^2, \tag{15.31}$$

$$T_y = \int_{l=0}^{L} y^2 \cdot dl = T_y''' + L \cdot y_g^2, \tag{15.32}$$

$$T_z = \int_{l=0}^{L} z^2 \cdot dl = T_z''' + L \cdot z_g^2. \tag{15.33}$$

Linien-Zentrifugalmomente:

$$D_{xy} = \int_{l=0}^{L} x \cdot y \cdot dl = D_{xy}''' + L \cdot x_g \cdot y_g, \tag{15.34}$$

$$D_{xz} = \int_{l=0}^{L} x \cdot z \cdot dl = D_{xz}''' + L \cdot x_g \cdot z_g, \tag{15.35}$$

$$D_{yz} = \int_{l=0}^{L} y \cdot z \cdot dl = D_{yz}''' + L \cdot y_g \cdot z_g. \tag{15.36}$$

Wie schon in **14.3** bei den ebenen Systemen vereinbart, gibt der Index bei den Linienmomenten an, auf welche der in Abb. 2.3 gezeigten Ebenen diese bezogen sind. Die auf das in den Teilstückschwerpunkt verschobene Koordinatensystem bezogenen Werte T''' und D''' ergeben sich aus Abb. 15.2 mit

$$x''' = (l - L/2) \cdot \cos\psi_z \cdot \cos\psi_{y'},$$

$$y''' = (l - L/2) \cdot \sin\psi_z \cdot \cos\psi_{y'},$$

$$z''' = -(l - L/2) \cdot \sin\psi_{y'}$$

zu:

$$T'''_x = \int_{l=0}^{L} x'''^2 \cdot dl = \frac{L^3}{12} \cdot \cos^2\psi_z \cdot \cos^2\psi_{y'} = \frac{L^3}{12} \cdot k_{\psi 1}, \quad (15.37)$$

$$T'''_y = \int_{l=0}^{L} y'''^2 \cdot dl = \frac{L^3}{12} \cdot \sin^2\psi_z \cdot \cos^2\psi_{y'} = \frac{L^3}{12} \cdot k_{\psi 2}, \quad (15.38)$$

$$T'''_z = \int_{l=0}^{L} z'''^2 \cdot dl = \frac{L^3}{12} \cdot \sin^2\psi_{y'} = \frac{L^3}{12} \cdot k_{\psi 3}, \quad (15.39)$$

$$D'''_{xy} = \int_{l=0}^{L} x''' \cdot y''' \cdot dl = \frac{L^3}{12} \cdot \sin\psi_z \cdot \cos\psi_z \cdot \cos^2\psi_{y'} = \frac{L^3}{12} \cdot k_{\psi 4}, \quad (15.40)$$

$$D'''_{xz} = \int_{l=0}^{L} x''' \cdot z''' \cdot dl = -\frac{L^3}{12} \cdot \cos\psi_z \cdot \sin\psi_{y'} \cdot \cos\psi_{y'} = -\frac{L^3}{12} \cdot k_{\psi 5}, \quad (15.41)$$

$$D'''_{yz} = \int_{l=0}^{L} y''' \cdot z''' \cdot dl = -\frac{L^3}{12} \cdot \sin\psi_z \cdot \sin\psi_{y'} \cdot \cos\psi_{y'} = -\frac{L^3}{12} \cdot k_{\psi 6}. \quad (15.42)$$

Zur praktischen Ermittlung dieser Linienmomente dient ebenfalls Tab. 15.2. Die dort eingetragenen Zahlenwerte beziehen sich auf das Beispiel nach Abb. 15.3, und die unteren Werte der Spalten k bis p gelten für T''' bzw. D'''.

Die Linienmomente der einzelnen Teilstücke für das in B liegende xyz-System lassen sich dann anschließend mit *Tab. 15.3* ermitteln. Dazu werden die Werte für T''' und D''' aus Tab. 15.2 übernommen.

Tabelle 15.3 Linienmomente von Geraden in schiefwinkligen räumlichen Systemen

Nr.	L	x_g	y_g	z_g	S_x	S_y	S_z	T_x	T_y	T_z	D_{xy}	D_{xz}	D_{yz}
a	b	c	d	e	f	g	h	i	k	l	m	n	o
aus Tabelle 15.2		aus Zeichnung			$b \cdot c$	$b \cdot d$	$b \cdot e$	T_x''' $b \cdot c^2$ Σ	T_y''' $b \cdot d^2$ Σ	T_z''' $b \cdot e^2$ Σ	D_{xy}''' $b \cdot c \cdot d$ Σ	D_{xz}''' $b \cdot c \cdot e$ Σ	D_{yz}''' $b \cdot d \cdot e$ Σ
1	5,171	-2,5855	0	0	-13,370	0	0	11,522 34,567 46,089	0 0 0	0 0 0	0 0 0	0 0 0	0 0 0
2	1,452	-5,732	0,254	0,293	-8,323	0,369	0,425	0,173 47,707 47,880	0,035 0,094 0,129	0,047 0,125 0,172	-0,078 -2,114 -2,192	-0,090 -2,439 -2,529	0,041 0,108 0,149
3	5,654	-7,2925	2,239	2,585	-41,232	12,659	14,616	1,883 300,683 302,566	5,648 28,344 33,992	7,531 37,781 45,312	-3,261 -92,318 -95,579	-3,765 -106,584 -110,349	6,522 32,724 39,246
4	1,094	-8,396	4,444	4,792	-9,185	4,862	5,242	0,004 77,119 77,123	0,088 21,606 21,694	0,017 25,122 25,139	-0,019 -40,819 -40,838	-0,008 -44,016 -44,024	0,039 23,297 23,336
5	2,412	-8,5	6,124	5	-20,502	14,771	12,060	0 174,267 174,267	1,169 90,458 91,627	0 60,300 60,300	0 -125,554 -125,554	0 -102,510 -102,510	0 73,855 73,855

T''' und D''' aus Tabelle 15.2

15.6 Korrekturfaktoren k_R und k_1 bis k_6

In 14.4 wurde angeführt, warum es vorteilhaft ist, mit den $E_0 \cdot I_0$-fachen Werten der Bewegungsanteile zu rechnen. Mit den bereits in 14.4 erläuterten Faktoren

$$k_E = \frac{E_0}{E}, \qquad k_I = \frac{I_0}{I}, \qquad k_K = \frac{1}{K}$$

und den in 15.4 angeführten Neigungswinkelfaktoren k_ψ ermittelt man dazu die sogenannten Korrekturfaktoren k_1 bis k_6 für die Linienmomente von Tab. 15.3. Aus den Gleichungen von 15.2 ergeben sich diese mit der Abkürzung

$$k_R = 1{,}3 - k_K \tag{15.43}$$

zu:

$$\begin{aligned}
k_1 &= k_E \cdot k_I \cdot (k_R \cdot k_{\psi 1} + k_K)\,, \\
k_2 &= k_E \cdot k_I \cdot (k_R \cdot k_{\psi 2} + k_K)\,, \\
k_3 &= k_E \cdot k_I \cdot (k_R \cdot k_{\psi 3} + k_K)\,, \\
k_4 &= k_E \cdot k_I \cdot k_R \cdot k_{\psi 4}\,, \\
k_5 &= k_E \cdot k_I \cdot k_R \cdot k_{\psi 5}\,, \\
k_6 &= k_E \cdot k_I \cdot k_R \cdot k_{\psi 6}\,.
\end{aligned} \tag{15.44}$$

In *Tab. 15.4* wurden die Korrekturfaktoren für das Beispiel nach Abb. 15.3 errechnet. Da hier Elastizitätsmodul und Rohrträgheits-

Tabelle 15.4 Korrekturfaktoren k_1 bis k_6 für Teilstücke in schiefwinkligen räumlichen Systemen

Nr.	k_E	k_I	k_K	k_R	$k_E \cdot k_I \cdot k_K$	$k_E \cdot k_I \cdot k_R$	k_1	k_2	k_3	k_4	k_5	k_6
a	b	c	d	e	f	g	h	i	k	l	m	n
	$E_0 : E$	$I_0 : I$	nach Tabelle 13.2	$1{,}3 - d$	$b \cdot c \cdot d$	$b \cdot c \cdot e$	f $g \cdot k_{\psi 1}$ Σ	f $g \cdot k_{\psi 2}$ Σ	f $g \cdot k_{\psi 3}$ Σ	$g \cdot k_{\psi 4}$	$g \cdot k_{\psi 5}$	$g \cdot k_{\psi 6}$
1	1	1	1	0,3	1	0,3	1,0 0,3 1,3	1 0 1	1 0 1	0	0	0
2	1	1	4,85	-3,55	4,85	-3,55	4,8500 -2,4023 2,4477	4,8500 -0,4924 4,3576	4,8500 -0,6553 4,1947	1,0877	-1,2546	0,5680
3	1	1	1	0,3	1	0,3	1,0000 0,0375 1,0375	1,0000 0,1125 1,1125	1,0000 0,1500 1,1500	-0,0650	0,0750	-0,1299
4	1	1	4,85	-3,55	4,85	-3,55	4,8500 -0,1377 4,7123	4,8500 -2,8613 1,9887	4,8500 -0,5510 4,2290	0,6276	-0,2755	1,2556
5	1	1	1	0,3	1	0,3	1 0 1	1,0 0,3 1,3	1 0 1	0	0	0

$k_{\psi 1}$ bis $k_{\psi 6}$ nach Tabelle 15.2

moment über die Systemlänge konstant sind, gilt für alle Teilstücke $k_E = 1$, $k_I = 1$. Für die beiden Bogen wird entsprechend Tab. 13.2:

$$h = \frac{4 \cdot 7{,}1 \cdot 1200}{(323{,}9 - 7{,}1)^2} = 0{,}34, \qquad k_K = \frac{1{,}65}{0{,}34} = 4{,}85.$$

15.7 $E_0 \cdot J_0$-fache Bewegungen des Gesamtsystems infolge der Einslasten

Abb. 15.5 zeigt ein in A fest eingespanntes System, für das die $E_0 \cdot I_0$-fachen Bewegungen (Verschiebungen und Drehungen) des frei-

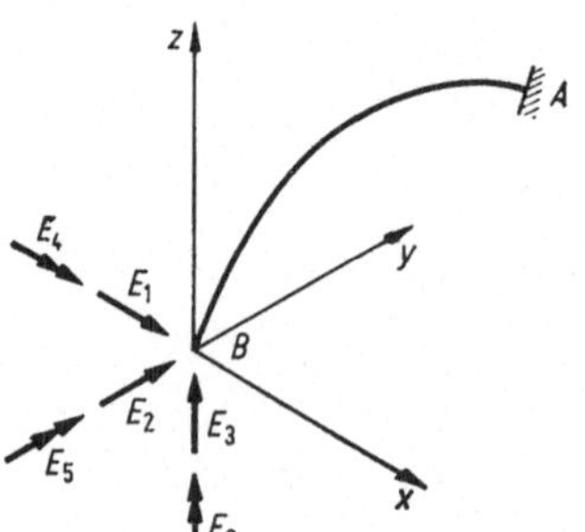

Abb. 15.5 Einslasten am freigedachten Systemende B.

gedachten Endes B infolge dort angreifender Einslasten zu ermitteln seien. Mit der Abkürzung

$$a_{ik} = E_0 \cdot I_0 \cdot W_{ik}$$

Tabelle 15.5a Ermittlung des Wertes A_{11}

Nr.	T_y	T_z	D_{yz}	k_3	k_2	$2 \cdot k_6$	$k_3 \cdot T_y$	$k_2 \cdot T_z$	$2 \cdot k_6 \cdot D_{yz}$
a	b	c	d	e	f	g	h	i	k
aus Tabelle 15.3				entsprechend Tabelle 15.4			b · e	c · f	d · g
1	0	0	0	1	1	0	0	0	0
2	0,129	0,172	0,149	4,1947	4,3576	1,1360	0,54	0,75	0,17
3	33,992	45,312	39,246	1,1500	1,1125	-0,2598	39,09	50,41	-10,20
4	21,694	25,139	23,336	4,2990	1,9887	2,5112	93,26	49,99	58,60
5	91,627	60,300	73,855	1	1,3000	0	91,63	78,39	0
							A_{11} = 452,63		

Tabelle 15.5b Ermittlung des Wertes A_{22}

Nr.	T_x	T_z	D_{xz}	k_3	k_1	$2 \cdot k_5$	$k_3 \cdot T_x$	$k_1 \cdot T_z$	$2 \cdot k_5 \cdot D_{xz}$
a	b	c	d	e	f	g	h	i	k
aus Tabelle 15.3				entsprechend Tabelle 15.4			b · e	c · f	d · g
1	46,089	0	0	1	1,3000	0	46,09	0	0
2	47,880	0,172	-2,529	4,1947	2,4477	-2,5092	200,84	0,42	6,35
3	302,566	45,312	-110,349	1,1500	1,0375	0,1500	347,95	47,01	-16,55
4	77,123	25,139	-44,024	4,2990	4,7123	-0,5510	331,55	118,46	24,26
5	174,267	60,300	-102,510	1	1	0	174,27	60,30	0
							A_{22} = 1340,95		

Tabelle 15.5c Ermittlung des Wertes A_{33}

Nr.	T_x	T_y	D_{xy}	k_2	k_1	$-2 \cdot k_4$	$k_2 \cdot T_x$	$k_1 \cdot T_y$	$-2 \cdot k_4 \cdot D_{xy}$
a	b	c	d	e	f	g	h	i	k
aus Tabelle 15.3				entsprechend Tabelle 15.4			b · e	c · f	d · g
1	46,089	0	0	1	1,3000	0	46,09	0	0
2	47,880	0,129	-2,192	4,3576	2,4477	-2,1754	208,64	0,32	4,77
3	302,566	33,992	-95,579	1,1125	1,0375	0,1300	336,60	35,27	-12,43
4	77,123	21,694	-40,838	1,9887	4,7123	-1,2552	153,37	102,23	51,26
5	174,267	91,627	-125,554	1,3000	1	0	226,55	91,63	0
							A_{33} = 1244,30		

Tabelle 15.5d Ermittlung des Wertes A_{12}

Nr.	T_z	D_{xy}	D_{xz}	D_{yz}	$-k_4$	$-k_3$	$-k_6$	$-k_5$	$-k_4 \cdot T_z$	$-k_3 \cdot D_{xy}$	$-k_6 \cdot D_{xz}$	$-k_5 \cdot D_{yz}$
a	b	c	d	e	f	g	h	i	k	l	m	n
aus Tabelle 15.3					entsprechend Tabelle 15.4				b · f	c · g	d · h	e · i
1	0	0	0	0	0	-1	0	0	0	0	0	0
2	0,172	-2,192	-2,529	0,149	-1,0877	-4,1947	-0,5680	1,2546	-0,19	9,19	1,44	0,19
3	45,312	-95,579	-110,349	39,246	0,0650	-1,1500	0,1299	-0,0750	2,94	109,92	-14,33	-2,94
4	25,139	-40,838	-44,024	23,336	-0,6276	-4,2990	-1,2556	-0,2755	-15,78	175,56	55,28	6,43
5	60,300	-125,554	-102,510	73,855	0	-1	0	0	0	125,55	0	0
									$A_{12} = A_{21}$ = 453,26			

Tabelle 15.5e Ermittlung des Wertes A_{13}

Nr.	T_y	D_{xy}	D_{xz}	D_{yz}	k_5	$-k_6$	$-k_2$	k_4	$k_5 \cdot T_y$	$-k_6 \cdot D_{xy}$	$-k_2 \cdot D_{xz}$	$k_4 \cdot D_{yz}$
a	b	c	d	e	f	g	h	i	k	l	m	n
aus Tabelle 15.3					entsprechend Tabelle 15.4				$b \cdot f$	$c \cdot g$	$d \cdot h$	$e \cdot i$
1	0	0	0	0	0	0	-1	0	0	0	0	0
2	0,129	-2,192	-2,529	0,149	-1,2546	-0,5680	-4,3576	1,0877	-0,16	1,25	11,02	0,16
3	33,992	-95,579	-110,349	39,246	0,0750	0,1299	-1,1125	-0,0650	2,55	-12,42	122,76	-2,55
4	21,694	-40,838	-44,024	23,336	-0,2755	-1,2556	-1,9887	0,6276	-5,98	51,28	87,55	14,65
5	91,627	-125,554	-102,510	73,855	0	0	-1,3000	0	0	0	133,26	0
									$A_{13} = A_{31}$ = 403,37			

Tabelle 15.5f Ermittlung des Wertes A_{23}

Nr.	T_x	D_{xy}	D_{xz}	D_{yz}	k_6	$-k_5$	k_4	$-k_1$	$k_6 \cdot T_x$	$-k_5 \cdot D_{xy}$	$k_4 \cdot D_{xz}$	$-k_1 \cdot D_{yz}$
a	b	c	d	e	f	g	h	i	k	l	m	n
aus Tabelle 15.3					entsprechend Tabelle 15.4				$b \cdot f$	$c \cdot g$	$d \cdot h$	$e \cdot i$
1	46,089	0	0	0	0	0	0	-1,3000	0	0	0	0
2	47,880	-2,192	-2,529	0,149	0,5680	1,2546	1,0877	-2,4477	27,20	-2,75	-2,75	-0,36
3	302,566	-95,579	-110,349	39,246	-0,1299	-0,0750	-0,0650	-1,0375	-39,30	7,17	7,17	-40,72
4	77,123	-40,838	-44,024	23,336	1,2556	0,2755	0,6276	-4,7123	96,84	-11,25	-27,63	-109,97
5	174,267	-125,554	-102,510	73,855	0	0	0	-1	0	0	0	-73,86
									$A_{23} = A_{32}$ = -170,21			

Tabelle 15.5g Ermittlung der Werte A_{14}, A_{15}, A_{16}

Nr.	S_y	S_z	$-k_5$	$-k_4$	$-k_5 \cdot S_y$	$-k_4 \cdot S_z$	$-k_6$	$-k_2$	$-k_6 \cdot S_y$	$-k_2 \cdot S_z$	k_3	k_6	$k_3 \cdot S_y$	$k_6 \cdot S_z$
a	b	c	d	e	f	g	h	i	k	l	m	n	o	p
aus Tabelle 15.3			entspr. Tab. 15.4		$b \cdot d$	$c \cdot e$	entspr. Tab. 15.4		$b \cdot h$	$c \cdot i$	entspr. Tab. 15.4		$b \cdot m$	$c \cdot n$
1	0	0	0	0	0	0	0	-1	0	0	1	0	0	0
2	0,369	0,425	1,2546	-1,0877	0,46	-0,46	-0,5680	-4,3576	-0,21	-1,85	4,1947	0,5680	1,55	0,24
3	12,659	14,616	-0,0750	0,0650	-0,95	0,95	0,1299	-1,1125	1,64	-16,26	1,1500	-0,1299	14,56	-1,90
4	4,862	5,242	0,2755	-0,6276	1,34	-3,29	-1,2556	-1,9887	-6,10	-10,42	4,2990	1,2556	20,90	6,58
5	14,771	12,060	0	0	0	0	0	-1,3000	0	-15,68	1	0	14,77	0
					$A_{14} = A_{41}$ = -1,95				$A_{15} = A_{51}$ = -48,88				$A_{16} = A_{61}$ = 56,70	

Tabelle 15.5h Ermittlung der Werte A_{24}, A_{25}, A_{26}

Nr.	S_x	S_z	k_5	k_1	$k_5 \cdot S_x$	$k_1 \cdot S_z$	k_6	k_4	$k_6 \cdot S_x$	$k_4 \cdot S_z$	$-k_3$	$-k_5$	$-k_3 \cdot S_x$	$-k_5 \cdot S_z$
a	b	c	d	e	f	g	h	i	k	l	m	n	o	p
aus Tabelle 15.3			entspr. Tab. 15.4		$b \cdot d$	$c \cdot e$	entspr. Tab. 15.4		$b \cdot h$	$c \cdot i$	entspr. Tab. 15.4		$b \cdot m$	$c \cdot n$
1	-13,370	0	0	1,3000	0	0	0	0	0	0	-1	0	13,37	0
2	-8,323	0,425	-1,2546	2,4477	10,44	1,04	0,5680	1,0877	-4,73	0,46	-4,1947	1,2546	34,91	0,53
3	-41,232	14,616	0,0750	1,0375	-3,09	15,16	-0,1299	-0,0650	5,36	-0,95	-1,1500	-0,0750	47,42	-1,10
4	-9,185	5,242	-0,2755	4,7123	2,53	24,70	1,2556	0,6276	-11,53	3,29	-4,2990	0,2755	39,49	1,44
5	-20,502	12,060	0	1	0	12,06	0	0	0	0	-1	0	20,50	0
					$A_{24} = A_{42}$ = 62,84				$A_{25} = A_{52}$ = -8,10				$A_{26} = A_{62}$ = 156,56	

Tabelle 15.5i Ermittlung der Werte A_{34}, A_{35}, A_{36}

Nr.	S_x	S_y	k_4	$-k_1$	$k_4 \cdot S_x$	$-k_1 \cdot S_y$	k_2	$-k_4$	$k_2 \cdot S_x$	$-k_4 \cdot S_y$	$-k_6$	k_5	$-k_6 \cdot S_x$	$k_5 \cdot S_y$
a	b	c	d	e	f	g	h	i	k	l	m	n	o	p
aus Tabelle 15.3			entspr. Tab. 15.4		b·d	c·e	entspr. Tab. 15.4		b·h	c·i	entspr. Tab. 15.4		b·m	c·n
1	-13,370	0	0	-1,3000	0	0	1	0	-13,37	0	0	0	0	0
2	-8,323	0,369	1,0877	-2,4477	-9,05	-0,90	4,3576	-1,0877	-36,27	-0,40	-0,5680	-1,2546	4,73	-0,46
3	-41,232	12,659	-0,0650	-1,0375	2,68	-13,13	1,1125	0,0650	-45,87	0,82	0,1299	0,0750	-5,36	0,95
4	-9,185	4,862	0,6276	-4,7123	-5,76	-22,91	1,9887	-0,6276	-18,27	-3,05	-1,2556	-0,2755	11,53	-1,34
5	-20,502	14,771	0	-1	0	-14,77	1,3000	0	-26,65	0	0	0	0	0
					$A_{34}=A_{43}=-63{,}84$				$A_{35}=A_{53}=-143{,}06$				$A_{36}=A_{63}=10{,}05$	

Tabelle 15.5k Ermittlung der Werte A_{44}, A_{55}, A_{66}, A_{45}, A_{46}, A_{56}

Nr.	L	k_1	k_2	k_3	k_4	$-k_5$	$-k_6$	$k_1 \cdot L$	$k_2 \cdot L$	$k_3 \cdot L$	$k_4 \cdot L$	$-k_5 \cdot L$	$-k_6 \cdot L$
a	b	c	d	e	f	g	h	i	k	l	m	n	o
aus Tab. 15.3	entsprechend Tabelle 15.4							b·c	b·d	b·e	b·f	b·g	b·h
1	5,171	1,3	1	1	0	0	0	6,72	5,17	5,17	0	0	0
2	1,452	2,4477	4,3576	4,1947	1,0877	1,2546	-0,5680	3,55	6,33	6,09	1,58	1,82	-0,82
3	5,654	1,0375	1,1125	1,1500	-0,0650	-0,0750	0,1299	5,87	6,29	6,50	-0,37	-0,42	0,73
4	1,094	4,7123	1,9887	4,2990	0,6276	0,2755	-1,2556	5,16	2,18	4,70	0,69	0,30	-1,37
5	2,412	1	1,3	1	0	0	0	2,41	3,14	2,41	0	0	0
								23,71	23,11	24,87	1,90	1,70	-1,46
								A_{44}	A_{55}	A_{66}	$A_{45}=A_{54}$	$A_{46}=A_{64}$	$A_{56}=A_{65}$

für die Bewegungsanteile der einzelnen Teilstücke ergeben sich dann die Bewegungen für das Gesamtsystem mit n Teilstücken zu

$$A_{ik} = \sum_{1}^{n} a_{ik}.$$

Bei dem hier gewählten Verfahren werden in den *Tab. 15.5a bis 15.5k* zunächst die a_{ik}-Werte ermittelt, und zwar mit Hilfe der aus Tab. 15.3 und Tab. 15.4 zu übernehmenden Linienmomente und Korrekturfaktoren. Die Addition der a_{ik}-Werte gibt dann die gesuchten A_{ik}-Werte. Also:

$$A_{11} = \sum a_{11} = \sum (k_3 \cdot T_y + k_2 \cdot T_z + 2 \cdot k_6 \cdot D_{yz}), \tag{15.45}$$

$$A_{22} = \sum a_{22} = \sum (k_3 \cdot T_x + k_1 \cdot T_z + 2 \cdot k_5 \cdot D_{xz}), \tag{15.46}$$

$$A_{33} = \sum a_{33} = \sum (k_2 \cdot T_x + k_1 \cdot T_y - 2 \cdot k_4 \cdot D_{xy}), \tag{15.47}$$

$$A_{12} = \sum a_{12} = \sum(-k_4 \cdot T_z - k_3 \cdot D_{xy} - k_6 \cdot D_{xz} - k_5 \cdot D_{yz}) = A_{21}, \quad (15.48)$$

$$A_{13} = \sum a_{13} = \sum(k_5 \cdot T_y - k_6 \cdot D_{xy} - k_2 \cdot D_{xz} + k_4 \cdot D_{yz}) = A_{31}, \quad (15.49)$$

$$A_{23} = \sum a_{23} = \sum(k_6 \cdot T_x - k_5 \cdot D_{xy} + k_4 \cdot D_{xz} - k_1 \cdot D_{yz}) = A_{32}, \quad (15.50)$$

$$A_{14} = \sum a_{14} = \sum(-k_5 \cdot S_y - k_4 \cdot S_z) = A_{41}, \quad (15.51)$$

$$A_{15} = \sum a_{15} = \sum(-k_6 \cdot S_y - k_2 \cdot S_z) = A_{51}, \quad (15.52)$$

$$A_{16} = \sum a_{16} = \sum(k_3 \cdot S_y + k_6 \cdot S_z) = A_{61}, \quad (15.53)$$

$$A_{24} = \sum a_{24} = \sum(k_5 \cdot S_x + k_1 \cdot S_z) = A_{42}, \quad (15.54)$$

$$A_{25} = \sum a_{25} = \sum(k_6 \cdot S_x + k_4 \cdot S_z) = A_{52}, \quad (15.55)$$

$$A_{26} = \sum a_{26} = \sum(-k_3 \cdot S_x - k_5 \cdot S_z) = A_{62}, \quad (15.56)$$

$$A_{34} = \sum a_{34} = \sum(k_4 \cdot S_x - k_1 \cdot S_y) = A_{43}, \quad (15.57)$$

$$A_{35} = \sum a_{35} = \sum(k_2 \cdot S_x - k_4 \cdot S_y) = A_{53}, \quad (15.58)$$

$$A_{36} = \sum a_{36} = \sum(-k_6 \cdot S_x + k_5 \cdot S_y) = A_{63}, \quad (15.59)$$

$$A_{44} = \sum a_{44} = \sum(k_1 \cdot L), \quad (15.60)$$

$$A_{55} = \sum a_{55} = \sum(k_2 \cdot L), \quad (15.61)$$

$$A_{66} = \sum a_{66} = \sum(k_3 \cdot L), \quad (15.62)$$

$$A_{45} = \sum a_{45} = \sum(k_4 \cdot L) = A_{54}, \quad (15.63)$$

$$A_{46} = \sum a_{46} = \sum(-k_5 \cdot L) = A_{64}, \quad (15.64)$$

$$A_{56} = \sum a_{56} = \sum(-k_6 \cdot L) = A_{65}. \quad (15.65)$$

15.8 Beziehungen zwischen Kraftwirkungen und Bewegungen am freien Systemende

Greift, wie in Abb. 16.5 gezeigt, am freien Systemende anstelle der Einslasten die Kraftwirkung

$$\boldsymbol{K} = \{P_x, P_y, P_z, M_x, M_y, M_z\}$$

an, dann ergibt sich die dort durch sie hervorgerufene Bewegung

$$\boldsymbol{\delta}_K = \{\delta_{Kx}, \delta_{Ky}, \delta_{Kz}, \varphi_{Kx}, \varphi_{Ky}, \varphi_{Kz}\}$$

zu:

$$\delta_K = \frac{\boldsymbol{A}_K \cdot \boldsymbol{K}}{E_0 \cdot I_0}. \tag{15.66}$$

Dabei entsprechen die Elemente der Matrix $\boldsymbol{A}_K = \| A_{ik} \|$ den in 15.7 ermittelten A_{ik}-Werten in der Anordnung nach *Tab. 15.6*. Man erhält also z. B. die Verschiebung in x-Richtung infolge einer in y-Richtung wirkenden Kraft zu

$$\delta_{Kx(Py)} = \frac{A_{12} \cdot P_y}{E_0 \cdot I_0}.$$

Tabelle 15.6 Beziehungen zwischen Kraftwirkungen und Bewegungen am freienSystemende. Elemente der Elastizitätsgleichungen

	P_x	P_y	P_z	M_x	M_y	M_z	$-E_0 \cdot I_0$-fache Bewegungsdifferenzen
$E_0 \cdot I_0 \cdot \delta_{Kx}$	A_{11} 452,63	A_{12} 453,26	A_{13} 403,37	A_{14} -1,95	A_{15} -48,88	A_{16} 56,70	$-E_0 \cdot I_0 \cdot \Delta_x$ -84 894
$E_0 \cdot I_0 \cdot \delta_{Ky}$	A_{21} 453,26	A_{22} 1340,95	A_{23} -170,21	A_{24} 62,84	A_{25} -8,10	A_{26} 156,56	$-E_0 \cdot I_0 \cdot \Delta_y$ 70 771
$E_0 \cdot I_0 \cdot \delta_{Kz}$	A_{31} 403,37	A_{32} -170,21	A_{33} 1244,30	A_{34} -63,84	A_{35} -143,06	A_{36} 10,05	$-E_0 \cdot I_0 \cdot \Delta_z$ 33 058
$E_0 \cdot I_0 \cdot \varphi_{Kx}$	A_{41} -1,95	A_{42} 62,84	A_{43} -63,84	A_{44} 23,71	A_{45} 1,90	A_{46} 1,70	$-E_0 \cdot I_0 \cdot \Phi_x$ 0
$E_0 \cdot I_0 \cdot \varphi_{Ky}$	A_{51} -48,88	A_{52} -8,10	A_{53} -143,06	A_{54} 1,90	A_{55} 23,11	A_{56} -1,46	$-E_0 \cdot I_0 \cdot \Phi_y$ 0
$E_0 \cdot I_0 \cdot \varphi_{Kz}$	A_{61} 56,70	A_{62} 156,56	A_{63} 10,05	A_{64} 1,70	A_{65} -1,46	A_{66} 24,87	$-E_0 \cdot I_0 \cdot \Phi_z$ 0

15.9 Bewegungsdifferenzen am freien Systemende

Bei räumlichen Systemen ist die Bewegung eines Punktes eindeutig bestimmt durch die Verschiebungen δ_x, δ_y, δ_z in Richtung der Bezugsachsen und die Drehungen φ_x, φ_y, φ_z um die Bezugsachsen. Damit läßt sie sich in Form eines Vektors

$$\boldsymbol{\delta} = \{\delta_x, \delta_y, \delta_z, \varphi_x, \varphi_y, \varphi_z\}$$

schreiben.

Zwangskräfte in räumlichen Systemen zwischen zwei Festpunkten A und B werden nun durch folgende Bewegungen verursacht:

a) Bewegung des frei gedachten Endes B infolge Längsdehnung ε_l des Systems (vgl. Kap. 12):

$$\boldsymbol{\delta}_{\varepsilon l} = \{\delta l_x, \delta l_y, \delta l_z, 0, 0, 0\}.$$

b) Vorgegebene Bewegung des Anfangspunktes A:

$$\boldsymbol{\delta}_A = \{\delta_{Ax}, \delta_{Ay}, \delta_{Az}, \varphi_{Ax}, \varphi_{Ay}, \varphi_{Az}\}.$$

c) Vorgegebene Bewegung des Endpunktes B:

$$\boldsymbol{\delta}_B = \{\delta_{Bx}, \delta_{By}, \delta_{Bz}, \varphi_{Bx}, \varphi_{By}, \varphi_{Bz}\}.$$

Infolge der Bewegung $\boldsymbol{\delta}_A$ des Anfangspunktes A ergibt sich bei Lage des Koordinatenursprungs in B eine Bewegung des freigedachten Systemendes B von

$$\boldsymbol{\delta}_{B(A)} = \{\delta_{Ax} - \varphi_{Ay} \cdot z_A + \varphi_{Az} \cdot y_A, \delta_{Ay} + \varphi_{Ax} \cdot z_A - \varphi_{Az} \cdot x_A,$$
$$\delta_{Az} - \varphi_{Ax} \cdot y_A + \varphi_{Ay} \cdot x_A, \varphi_{Ax}, \varphi_{Ay}, \varphi_{Az}\},$$

so daß es sich insgesamt um $\boldsymbol{\delta}_{\varepsilon l} + \boldsymbol{\delta}_{B(A)}$ bewegen würde. Damit verbleibt zwischen freigedachtem Systemende B und Festpunkt B eine Bewegungsdifferenz

$$\boldsymbol{\Delta} = \boldsymbol{\delta}_{\varepsilon l} + \boldsymbol{\delta}_{B(A)} - \boldsymbol{\delta}_B = \{\Delta_x, \Delta_y, \Delta_z, \Phi_x, \Phi_y, \Phi_z\} \qquad (15.67)$$

mit den Koordinaten:

$$\begin{aligned}
\Delta_x &= dl_x + \delta_{Ax} - \varphi_{Ay} \cdot z_A + \varphi_{Az} \cdot y_A - \delta_{Bx},\\
\Delta_y &= \delta l_y + \delta_{Ay} + \varphi_{Ax} \cdot z_A - \varphi_{Az} \cdot x_A - \delta_{By},\\
\Delta_z &= \delta l_z + \delta_{Az} - \varphi_{Ax} \cdot y_A + \varphi_{Ay} \cdot x_A - \delta_{Bz},\\
\Phi_x &= \varphi_{Ax} - \varphi_{Bx},\\
\Phi_y &= \varphi_{Ay} - \varphi_{By},\\
\Phi_z &= \varphi_{Az} - \varphi_{Bz}.
\end{aligned} \qquad (15.68)$$

Läge der Koordinatenursprung nicht in B, dann wäre in den Gln. (15.68) x_A durch $x_A - x_B$, y_A durch $y_A - y_B$ und z_A durch $z_A - z_B$ zu ersetzen.

Für das Beispiel nach Abb. 15.3 und auch für das in Kap. 16 behandelte Beispiel nach Abb. 16.3 erhält man infolge der Temperaturänderung (vgl. 12.1) von 20 °C. auf 400 °C über Abb. 6.4 bei Annahme eines ferritischen Stahles mit Gl. (12.6):

$$\varepsilon_{l\vartheta} = 13{,}5 \cdot 10^{-6} \cdot (400 - 20) = 5{,}13 \cdot 10^{-3}.$$

Infolge eines angenommenen Innendruckes von 50 atü = 0,5 kp/mm² wird nach 12.2 mit Gl. (12.7):

$$\varepsilon_{lp} = \frac{0{,}5}{17000} \cdot \frac{1 - 2 \cdot 0{,}3}{(323{,}9/309{,}7)^2 - 1} = 0{,}13 \cdot 10^{-3}.$$

Damit beträgt die Gesamtlängsdehnung:

$$\varepsilon_l = (5{,}13 + 0{,}13) \cdot 10^{-3} = 5{,}26 \cdot 10^{-3}.$$

Die Dehnungslängen ergeben sich mit

$$\boldsymbol{r}_A = \{-8{,}5,\ 7{,}33,\ 5{,}0\}, \qquad \boldsymbol{r}_B = \{0, 0, 0\}$$

nach Gl. (12.2) zu

$$\begin{aligned} l_x &= 0 - (-8{,}5) = +8{,}5\,\text{m}, \\ l_y &= 0 - 7{,}33 \quad = -7{,}33\,\text{m}, \\ l_z &= 0 - 5{,}0 \quad\;\; = -5{,}0\,\text{m} \end{aligned}$$

und damit die Längenänderungen zu

$$\begin{aligned} \delta l_x &= 8{,}5 \cdot 5{,}26 \cdot 10^{-3} = 44{,}7 \cdot 10^{-3}\,\text{m}, \\ \delta l_y &= -7{,}33 \cdot 5{,}26 \cdot 10^{-3} = -38{,}6 \cdot 10^{-3}\,\text{m}, \\ \delta l_z &= 5{,}0 \cdot 5{,}26 \cdot 10^{-3} = -26{,}3 \cdot 10^{-3}\,\text{m}. \end{aligned}$$

Mit den in Abb. 15.3 eingetragenen Festpunktbewegungen

$$\begin{array}{llll} \delta_{Ax} = 0, & \varphi_{Ax} = 0, & \delta_{Bx} = -10 \cdot 10^{-3}\,\text{m}, & \varphi_{Bx} = 0, \\ \delta_{Ay} = -7 \cdot 10^{-3}\,\text{m}, & \varphi_{Ay} = 0, & \delta_{By} = 0, & \varphi_{By} = 0, \\ \delta_{Az} = 5 \cdot 10^{-3}\,\text{m}, & \varphi_{Az} = 0, & \delta_{Bz} = 0, & \varphi_{Bz} = 0 \end{array}$$

ergeben sich dann die Bewegungsdifferenzen nach Gl. (15.68) zu:

$$\begin{array}{ll} \Delta_x = (44,7 + 10) \cdot 10^{-3} = 54{,}7 \cdot 10^{-3}\,\text{m}, & \Phi_x = 0, \\ \Delta_y = (-38{,}6 - 7) \cdot 10^{-3} = -45{,}6 \cdot 10^{-3}\,\text{m}, & \Phi_y = 0, \\ \Delta_z = (-26{,}3 + 5) \cdot 10^{-3} = -21{,}3 \cdot 10^{-3}\,\text{m}, & \Phi_z = 0. \end{array}$$

15.10 Aufstellung der Elastizitätsgleichungen und Gleichgewichtsbedingungen

Die in 15.9 mit Gl. (15.67) angeschriebene Bewegungsdifferenz Δ zwischen der Bewegung, die das freigedachte Ende B (vgl. Abb. 15.5) ausführen möchte, und der Bewegung, die es nur ausführen kann, fordert:

Die in 15.8 durch Gl. (15.66) gegebene Bewegung $\boldsymbol{\delta}_K$ infolge der auf das freie Systemende B anzusetzenden Kraftwirkung $\boldsymbol{K}$ muß so groß wie die Differenz Δ, aber ihr entgegengerichtet sein.

Damit erhält man die Elastizitätsgleichungen über $\delta_K = -\Delta$ zunächst zu

$$A_K \cdot K = -E_0 \cdot I_0 \cdot \Delta \tag{15.69}$$

und dann in ausgeschriebener Form mit den in 15.7 ermittelten und in Tab. 15.6 zusammengestellten Elementen A_{ik} der Matrix A_K zu:

$$A_{11} \cdot P_x + A_{12} \cdot P_y + A_{13} \cdot P_z + A_{14} \cdot M_x + A_{15} \cdot M_y + A_{16} \cdot M_z = -E_0 \cdot I_0 \cdot \Delta_x, \tag{15.70a}$$

$$A_{21} \cdot P_x + A_{22} \cdot P_y + A_{23} \cdot P_z + A_{24} \cdot M_x + A_{25} \cdot M_y + A_{26} \cdot M_z = -E_0 \cdot I_0 \cdot \Delta_y, \tag{15.70b}$$

$$A_{31} \cdot P_x + A_{32} \cdot P_y + A_{33} \cdot P_z + A_{34} \cdot M_x + A_{35} \cdot M_y + A_{36} \cdot M_z = -E_0 \cdot I_0 \cdot \Delta_z, \tag{15.70c}$$

$$A_{41} \cdot P_x + A_{42} \cdot P_y + A_{43} \cdot P_z + A_{44} \cdot M_x + A_{45} \cdot M_y + A_{46} \cdot M_z = -E_0 \cdot I_0 \cdot \Phi_x, \tag{15.70d}$$

$$A_{51} \cdot P_x + A_{52} \cdot P_y + A_{53} \cdot P_z + A_{54} \cdot M_x + A_{55} \cdot M_y + A_{56} \cdot M_z = -E_0 \cdot I_0 \cdot \Phi_y, \tag{15.70e}$$

$$A_{61} \cdot P_x + A_{62} \cdot P_y + A_{63} \cdot P_z + A_{64} \cdot M_x + A_{65} \cdot M_y + A_{66} \cdot M_z = -E_0 \cdot I_0 \cdot \Phi_z. \tag{15.70f}$$

Außer diesen Bedingungen hinsichtlich der Verformung des Systems ergeben sich auf Grund der Gleichgewichtsbedingungen noch folgende Zusammenhänge zwischen der Auflagerreaktion

$$A = \{P_{Ax}, P_{Ay}, P_{Az}, M_{Ax}, M_{Ay}, M_{Az}\}$$

am Anfangspunkt A mit $r_A = \{x_A, y_A, z_A\}$ und der mit der Auflagerreaktion im Endpunkt B identischen Kraftwirkung K:

$$\begin{aligned} P_{Ax} &= -P_x, & M_{Ax} &= -P_y \cdot z_A + P_z \cdot y_A - M_x, \\ P_{Ay} &= -P_y, & M_{Ay} &= -P_z \cdot x_A + P_x \cdot z_A - M_y, \\ P_{Az} &= -P_z, & M_{Az} &= -P_x \cdot y_A + P_y \cdot x_A - M_z. \end{aligned} \tag{15.71}$$

Mit Hilfe der zwölf durch die Gln. (15.70) und (15.71) gegebenen Beziehungen lassen sich die Kraftwirkungen infolge der Leitungsdehnung und Endpunktverschiebungen für alle räumlichen Systeme zwischen zwei beliebig ausgebildeten Festpunkten ermitteln.

Die Schnittlasten für einen beliebigen Punkt i mit $\boldsymbol{r}_i = \{x_i, y_i, z_i\}$ ergeben sich mit Vorzeichen für die von B aus gesehen abliegende Schnittfläche zu:

$$\begin{aligned} P_{ix} &= P_x, & M_{ix} &= P_y \cdot z_i - P_z \cdot y_i + M_x, \\ P_{iy} &= P_y, & M_{iy} &= P_z \cdot x_i - P_x \cdot z_i + M_y, \\ P_{iz} &= P_z, & M_{iz} &= P_x \cdot y_i - P_y \cdot x_i + M_z. \end{aligned} \tag{15.72}$$

Die auf das innere Koordinatensystem bezogenen Momentenkoordinaten ergeben sich dann über Gl. (15.3), die auch für die Kraftkoordinaten gilt, wenn man P statt M schreibt.

15.11 Schiefwinkliges räumliches System zwischen zwei Gelenkfestpunkten

Abb. 15.6 zeigt ein räumliches System zwischen zwei Gelenkfestpunkten A und B, die an den Systemenden jede beliebig gerichtete Drehung zulassen. Legt man das Koordinatensystem mit seinem Ur-

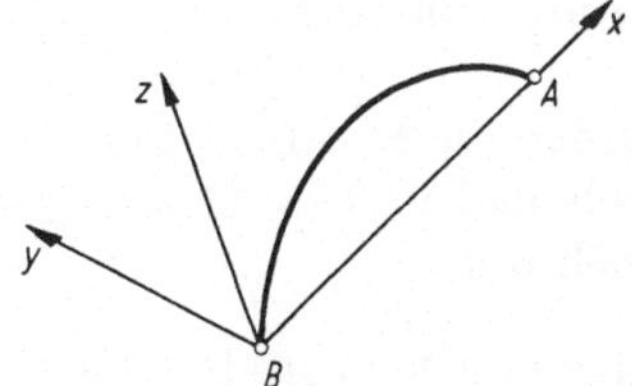

Abb. 15.6 Lage des Koordinatensystems beim räumlichen Leitungssystem zwischen zwei Gelenkfestpunkten.

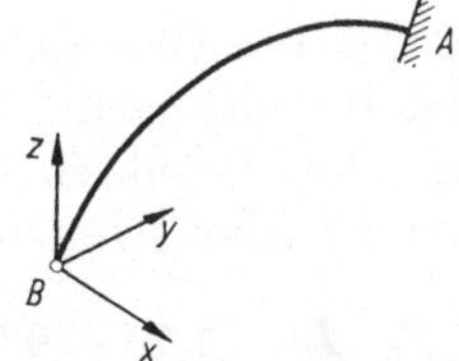

Abb. 15.7 Räumliches Leitungssystem zwischen einem Einspannfestpunkt A und einem Gelenkfestpunkt B.

sprung so in den Endpunkt B, daß die x-Achse auch durch den Anfangspunkt A läuft, dann folgt aus Gl. (15.70a) wegen $P_y = P_z = M_x = M_y = M_z = 0$ die Reaktionskraft im Endpunkt B zu

$$P_x = \frac{-E_0 \cdot I_0 \cdot \Delta_x'}{A_{11}} \tag{15.73}$$

mit A_{11} nach Gl. (15.45) und

$$\Delta_x' = \delta l_x + \delta_{Ax} - \delta_{Bx}.$$

15.12 Schiefwinkliges räumliches System zwischen einem Gelenkfestpunkt und einem Einspannfestpunkt

Abb. 15.7 zeigt ein räumliches System zwischen einem Einspannfestpunkt A und einem Gelenkfestpunkt B, den man praktischerweise als Endpunkt betrachtet. Mit $M_x = M_y = M_z = 0$ gehen die Gln. (15.70a, b, c) dann über in

$$A_{11} \cdot P_x + A_{12} \cdot P_y + A_{13} \cdot P_z = -E_0 \cdot I_0 \cdot \Delta_x, \qquad (15.74\text{a})$$

$$A_{21} \cdot P_x + A_{22} \cdot P_y + A_{23} \cdot P_x = -E_0 \cdot I_0 \cdot \Delta_y, \qquad (15.74\text{b})$$

$$A_{31} \cdot P_x + A_{32} \cdot P_y + A_{33} \cdot P_z = -E_0 \cdot I_0 \cdot \Delta_z, \qquad (15.74\text{c})$$

deren Auflösung die Reaktionen P_x, P_y, P_z im Gelenkpunkt B ergibt.

15.13 Schiefwinkliges räumliches System zwischen zwei Einspannfestpunkten

Bei schiefwinkligen räumlichen Systemen mit zwei Einspannfestpunkten A und B nach Abb. 15.3 ergeben sich die gesuchten Reaktionen im Endpunkt B durch Auflösung des durch die sechs Gln. (15.70a) bis (15.70f) gegebenen Gleichungssystems.

Für das Beispiel nach Abb. 15.3 wurden die Koeffizienten der linken Gleichungsseiten bereits in 15.7 ermittelt und in Tab. 15.6 eingetragen. Die rechten Gleichungsseiten ergeben sich mit

$$E_0 \cdot I_0 = 1{,}75 \cdot 10^{10} \cdot 8869 \cdot 10^{-8} = 1552 \cdot 10^3\ \text{kp} \cdot \text{m}^2$$

und den in 15.9 für Δ_x bis Φ_z ermittelten Werten zu:

$$-E_0 \cdot I_0 \cdot \Delta_x = -1552 \cdot 54{,}7 = -84894\ \text{kp} \cdot \text{m}^3, \qquad -E_0 \cdot I_0 \cdot \Phi_x = 0,$$

$$-E_0 \cdot I_0 \cdot \Delta_y = -1552 \cdot (-45{,}6) = 70771\ \text{kp} \cdot \text{m}^3, \qquad -E_0 \cdot I_0 \cdot \Phi_y = 0,$$

$$-E_0 \cdot I_0 \cdot \Delta_z = -1552 \cdot (-21{,}3) = 33058\ \text{kp} \cdot \text{m}^3, \qquad -E_0 \cdot I_0 \cdot \Phi_z = 0.$$

Diese Werte wurden ebenfalls in Tab. 15.6 eingetragen. Die Auflösung ergibt hier dann:

$$P_x = -1955\ \text{kp}, \qquad M_x = -\ 521\ \text{kpm},$$

$$P_y = +1962\ \text{kp}, \qquad M_y = +7187\ \text{kpm},$$

$$P_z = +1794\ \text{kp}, \qquad M_z = -8163\ \text{kpm}.$$

16. Elastizitätsberechnung rechtwinkliger räumlicher Rohrleitungssysteme

16.1 Bewegungsanteile eines Teilstückes

Besteht ein räumliches Leitungssystem nur aus geraden Teilstücken, die parallel zu den Bezugsachsen des xyz-Systems nach Abb. 2.1 bzw. 2.3 liegen, dann nehmen die in 15.2 ermittelten $E \cdot I$-fachen Bewegungsanteile eines Teilstückes die in *Tab. 16.1* eingetragenen Werte an. Der

Tabelle 16.1 Bewegungsanteile von geraden Teilstücken in rechtwinkligen räumlichen Systemen

	Teilstück parallel zur		
	x-Achse	y-Achse	z-Achse
$E \cdot I \cdot W_{11}$	$k_K \cdot T_y + k_K \cdot T_z$	$k_K \cdot T_y + 1{,}3 \cdot T_z$	$1{,}3 \cdot T_y + k_K \cdot T_z$
$E \cdot I \cdot W_{22}$	$k_K \cdot T_x + 1{,}3 \cdot T_z$	$k_K \cdot T_x + k_K \cdot T_z$	$1{,}3 \cdot T_x + k_K \cdot T_z$
$E \cdot I \cdot W_{33}$	$k_K \cdot T_x + 1{,}3 \cdot T_y$	$1{,}3 \cdot T_x + k_K \cdot T_y$	$k_K \cdot T_x + k_K \cdot T_y$
$E \cdot I \cdot W_{12}$	$-k_K \cdot D_{xy}$	$-k_K \cdot D_{xy}$	$-1{,}3 \cdot D_{xy}$
$E \cdot I \cdot W_{13}$	$-k_K \cdot D_{xz}$	$-1{,}3 \cdot D_{xz}$	$-k_K \cdot D_{xz}$
$E \cdot I \cdot W_{23}$	$-1{,}3 \cdot D_{yz}$	$-k_K \cdot D_{yz}$	$-k_K \cdot D_{yz}$
$E \cdot I \cdot W_{14}$	0	0	0
$E \cdot I \cdot W_{15}$	$-k_K \cdot S_z$	$-1{,}3 \cdot S_z$	$-k_K \cdot S_z$
$E \cdot I \cdot W_{16}$	$k_K \cdot S_y$	$k_K \cdot S_y$	$1{,}3 \cdot S_y$
$E \cdot I \cdot W_{24}$	$1{,}3 \cdot S_z$	$k_K \cdot S_z$	$k_K \cdot S_z$
$E \cdot I \cdot W_{25}$	0	0	0
$E \cdot I \cdot W_{26}$	$-k_K \cdot S_x$	$-k_K \cdot S_x$	$-1{,}3 \cdot S_x$
$E \cdot I \cdot W_{34}$	$-1{,}3 \cdot S_y$	$-k_K \cdot S_y$	$-k_K \cdot S_y$
$E \cdot I \cdot W_{35}$	$k_K \cdot S_x$	$1{,}3 \cdot S_x$	$k_K \cdot S_x$
$E \cdot I \cdot W_{36}$	0	0	0
$E \cdot I \cdot W_{44}$	$1{,}3 \cdot L$	$k_K \cdot L$	$k_K \cdot L$
$E \cdot I \cdot W_{55}$	$k_K \cdot L$	$1{,}3 \cdot L$	$k_K \cdot L$
$E \cdot I \cdot W_{66}$	$k_K \cdot L$	$k_K \cdot L$	$1{,}3 \cdot L$
$E \cdot I \cdot W_{45}$	0	0	0
$E \cdot I \cdot W_{46}$	0	0	0
$E \cdot I \cdot W_{56}$	0	0	0

rechnungsmäßige Vorteil bei dieser Systemform liegt einmal in dem einfachen Aufbau dieser Werte und vor allem aber in der Tatsache, daß die Größen W_{14}, W_{25}, W_{36}, W_{45}, W_{46}, W_{56} den Wert Null annehmen.

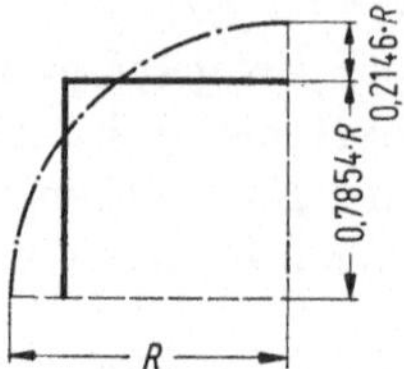

Abb. 16.1 Ersatzgeraden für Bögen in rechtwinkligen räumlichen Systemen.

Letzteres ist bei den zugehörigen 90°-Bogen nicht der Fall, obwohl sie zu einer Bezugsebene parallel liegen. Im allgemeinen rechnet man aber genügend genau, wenn man sich entsprechend *Abb. 16.1* die Bogen durch zwei gerade Teilstücke mit der Länge $\pi \cdot R/4 = 0{,}7854 \cdot R$ ersetzt denkt.

16.2 Statische, Trägheits- und Zentrifugalmomente von zu den Bezugsachsen parallelen Geraden

Die Werte S, T, D in Tab. 16.1 stellen wieder die in 15.5 beschriebenen Linienmomente für die Bezugsebenen dar, und es gelten die Gln. (15.27)

Tabelle 16.2 Schwerpunkt-Linienträgheitsmomente für gerade Teilstücke in rechtwinkligen räumlichen Systemen

		T'_x	T'_y	T'_z
Teilstück parallel zur	x-Achse	$\frac{L^3}{12}$	0	0
	y-Achse	0	$\frac{L^3}{12}$	0
	z-Achse	0	0	$\frac{L^3}{12}$

bis (15.36). Dabei ergeben sich jetzt die auf die Teilstückschwerpunkte bezogenen und mit T' bezeichneten Linienträgheitsmomente nach *Tab. 16.2*, während alle auf die Teilstückschwerpunkte bezogenen Linienzentrifuga momente D' den Wert Null annehmen.

16.3 Ersatzsysteme

Zu den Ergebnissen von Tab. 16.1 kommt man auch, wenn man mit drei ebenen Ersatzsystemen arbeitet, die sich als Projektionen des Systems auf die Bezugsebenen ergeben. Für den einfachsten Fall eines rechtwinkligen räumlichen Systems sind diese Ersatzsysteme in *Abb. 16.2*

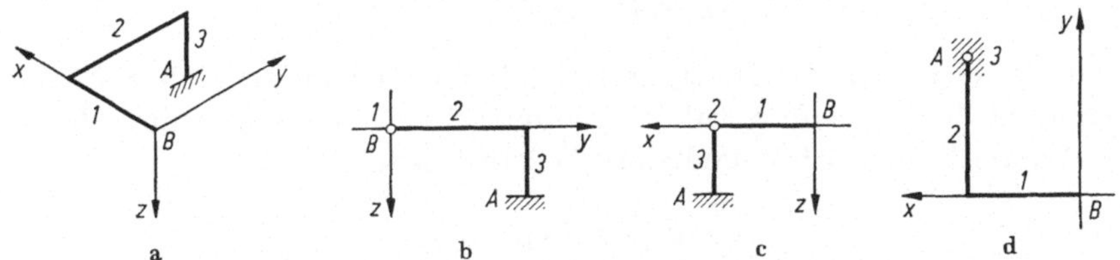

Abb. 16.2 Ersatzsysteme b), c), d) für ein rechtwinkliges räumliches System a). a) Raumbild; b) Ansicht in x-Richtung; c) Ansicht in y-Richtung; d) Ansicht in z-Richtung.

dargestellt. Es ist nun nicht erforderlich, die Ersatzsysteme jeweils zu zeichnen, sondern man betrachtet lediglich das System nacheinander in Richtung der drei Bezugsachsen x, y und z. Für jede dieser Ansichten werden dann getrennt die für das betreffende ebene System gültigen Beziehungen zwischen Kraftwirkungen und Bewegungen am freigedachten Systemende aufgestellt (vgl. 14.8).

Als einziger Unterschied gegenüber den wirklich ebenen, in Kap. 14 behandelten Systemen, zeigen sich bei den Ersatzsystemen die senkrecht zur Bezugsebene stehenden Teilstücke (Stab 1 in Abb. 16.2b, Stab 2 in Abb. 16.2c, Stab 3 in Abb. 16.2d). Bei diesen werden jeweils nur die sich aus der Stabverdrehung ergebenden Bewegungen berücksichtigt, da ihr Anteil durch Biegeverformung in den beiden anderen Ersatzsystemen erfaßt wird.

16.4 Korrekturfaktoren k_x, k_y, k_z

Da ein Teilstück je nach der Blickrichtung als Biege- oder Torsionsstab auftaucht, ergeben sich auch unterschiedliche Korrekturfaktoren k (vgl. 14.4) für seine Linienmomente innerhalb der einzelnen Ersatzsysteme. Zur Kennzeichnung erhalten die Korrekturfaktoren als Index die Bezeichnung der Bezugsachse, in deren Richtung das System gerade betrachtet wird.

Außer den in 14.4 erläuterten Faktoren

$$k_E = \frac{E_0}{E}, \qquad k_I = \frac{I_0}{I}, \qquad k_K = \frac{1}{K}$$

werden noch zur Unterscheidung zwischen Biege- und Torsionsverformung die beiden Faktoren k_B und k_T benötigt. Dabei gilt für ein bei der betreffenden Ansicht durch *Biegung* verformtes Teilstück

$$k_B = k_K\,, \qquad k_T = 1$$

und für ein durch *Torsion* verformtes Teilstück

$$k_B = 1\,, \qquad k_T = 1{,}3\,.$$

Um den jeweils für k_B und k_T zutreffenden Wert ohne besondere Überlegung zu finden, wurde *Tab. 16.3* aufgestellt. Damit erhält man dann die Gesamtkorrekturfaktoren eines Teilstückes zu:

$$\begin{aligned} k_x &= k_E \cdot k_I \cdot k_{Bx} \cdot k_{Tx}\,, \\ k_y &= k_E \cdot k_I \cdot k_{By} \cdot k_{Ty}\,, \\ k_z &= k_E \cdot k_I \cdot k_{Bz} \cdot k_{Tz}\,. \end{aligned} \tag{16.1}$$

Tabelle 16.3 Korrekturfaktoren k_B und k_T für gerade Teilstücke in rechtwinkligen räumlichen Systemen

		Ansicht in Richtung der					
		x-Achse		y-Achse		z-Achse	
		k_{Bx}	k_{Tx}	k_{By}	k_{Ty}	k_{Bz}	k_{Tz}
Teilstück parallel zur	x-Achse	1	1,3	k_K	1	k_K	1
	y-Achse	k_K	1	1	1,3	k_K	1
	z-Achse	k_K	1	k_K	1	1	1,3

16.5 Ermittlung der elastischen Linienmomente eines Leitungssystems

Die Ermittlung der geometrischen Linienmomente und daraus dann der elastischen Linienmomente erfolgt hier in der gleichen Art, wie in 14.5 für ein ebenes System beschrieben.

Geometrisch erhält man zunächst eine Länge L, drei statische Linienmomente S_x, S_y, S_z, drei Linienträgheitsmomente T_x, T_y, T_z und drei Linienzentrifugalmomente D_{xy}, D_{xz}, D_{yz}. Die elastischen Werte werden dann aber wegen der unterschiedlichen Korrekturfaktoren von der betreffenden Ansicht abhängig. Setzt man die Bezeichnung der Ansichtsrichtung als Funktionszeichen neben die Indici für die Bezugsebenen,

Tabelle 16.4 Bezeichnung der elastischen Längen, Linienmomente und Schwerpunktkoordinaten bei rechtwinkligen räumlichen Systemen

	Ansicht in Richtung der		
	x-Achse	y-Achse	z-Achse
el. Längen	$L_{(x)}$	$L_{(y)}$	$L_{(z)}$
el. statische Linienmomente	$S_{y(x)}$ $S_{z(x)}$	$S_{x(y)}$ $S_{z(y)}$	$S_{x(z)}$ $S_{y(z)}$
el. Linien-Trägheitsmomente	$T_{y(x)}$ $T_{z(x)}$	$T_{x(y)}$ $T_{z(y)}$	$T_{x(z)}$ $T_{y(z)}$
el. Linien-Zentrifugalmomente	$D_{yz(x)}$	$D_{xz(y)}$	$D_{xy(z)}$
el. Schwerpunktkoordinaten	$\eta_{y(x)}$ $\eta_{z(x)}$	$\eta_{x(y)}$ $\eta_{z(y)}$	$\eta_{x(z)}$ $\eta_{y(z)}$

dann erhält man die in *Tab. 16.4* eingetragenen Ausdrücke für die elastischen Längen und Linienmomente eines Systems. Außerdem ergibt sich auch nicht ein elastischer Schwerpunkt des Gesamtsystems, sondern man erhält für jedes der drei Ersatzsysteme verschiedene Schwerpunktkoordinaten.

Zur praktischen Ermittlung der in Tab. 16.4 zusammengestellten Werte dienen die *Tab. 16.5a, 16.5b* und *16.5c*. Die eingetragenen Zahlenwerte gelten dabei für das in *Abb. 16.3* dargestellte und entsprechend *Abb. 16.4* in Teilstücke zerlegte Leitungssystem.

Entsprechend den Ordnungszahlen am Tabellenkopf werden zuerst in allen drei Tabellen die Spalten a, b, d, l, o mit den aus der Systemskizze zu entnehmenden Werten für Teilstücknummer, Länge des Teilstückes, Lage zu den Bezugsachsen und Koordinaten des Teilstückschwerpunktes (Teilstückmitte) ausgefüllt. Nach Ermittlung des Wertes $L^3/12$ für Spalte c wird in die linken Seiten der Spalten n und q entsprechend Tab. 16.2 entweder der Wert von Spalte c oder der Wert Null für die Schwerpunktträgheitsmomente T' eingetragen. Danach werden die Produkte für Spalte r und anschließend zeilenweise die Produkte für die Spalten m, p, s und die rechten Seiten der Spalten n, q ermittelt. Die Addition der Werte in den Spalten b, m, n, p, q, s gibt dann die geometrischen Werte für Systemlänge und Linienmomente in bezug auf den Koordinatenursprung.

Tabelle 16.5a Linienmomente rechtwinkliger räumlicher Systeme für Ansicht in x-Richtung

1.	2.	6.	3.	15.	16.	17.	18.	19.	20.	4.	10.	7. 13.	5.	11.	8. 14.	9.	12.
Nr.	$L_{(x)}$	$L^3:12$	parallel zur Achse	k_E	k_I	k_{Bx}	k_{Tx}	k_x	k_x-1	y_g	$S_{y(x)}$	$T_{y(x)}$	z_g	$S_{z(x)}$	$T_{z(x)}$	$y_g \cdot z_g$	$D_{yz(x)}$
a	b	c	d	e	f	g	h	i	k	l	m	n	o	p	q	r	s
Zeichnung		$b^3:12$	$^x y_z$	$E_0:E$	$I_0:I$	Tabelle 16.3		$e \cdot f \cdot g \cdot h$	$i-1$	Zeichng.	$b \cdot l$	$T_y' + l \cdot m$	Zeichng.	$b \cdot o$	$T_z' + o \cdot p$	$l \cdot o$	$b \cdot r$
1	7,30	32,42	x	1	1	1	1,3	1,3	0,3	0	0	0	0	0	0	0	0
2	0,94	0,07	x	1	1	1	1,3	1,3	0,3	0	0	0	0,258	0,243	0,06	0	0
3	0,94	0,07	z	1	1	4,85	1	4,85	3,85	0	0	0	0,729	0,685	0,07 + 0,50	0	0
4	2,60	1,46	z	1	1	1	1	1	0	0	0	0	2,500	6,500	1,46 + 16,25	0	0
5	0,94	0,07	z	1	1	4,85	1	4,85	3,85	0,258	0,243	0,06	4,271	4,015	0,07 + 17,15	1,102	1,04
6	0,94	0,07	y	1	1	4,85	1	4,85	3,85	0,729	0,685	0,07 + 0,50	4,742	4,457	21,14	3,457	3,25
7	4,80	9,22	y	1	1	1	1	1	0	3,600	17,280	9,22 + 62,21	5,000	24,000	120,00	18,000	86,40
	18,46	geometrische Werte für Koordinatenursprung									18,208	72,06		39,900	176,70		90,69
1	2,19	Zuschläge									0	0		0	0		0
2	0,28										0	0		0,073	0,02		0
3	3,62										0	0		2,637	2,19		0
4	0										0	0		0	0		0
5	3,62										0,936	0,23		15,458	66,30		4,00
6	3,62										2,637	2,19		17,159	81,39		12,51
7	0										0	0		0	0		0
	31,79	elastische Werte für Koordinatenursprung									21,781	74,48		75,227	326,60		107,20
										$-S^2_{y(x)}:L_{(x)}$		-14,92	$-S^2_{z(x)}:L_{(x)}$		-178,02	$-S_{y(x)} \cdot S_{z(x)}:L_{(x)}$	-51,54
elastische Werte für elastischen Systemschwerpunkt											$T_{yg(x)}$	59,56		$T_{zg(x)}$	148,58	$D_{ygzg(x)}$	55,66

Koordinaten des elastischen Systemschwerpunktes $\eta_{y(x)} = S_{y(x)} : L_{(x)} = 0{,}685$ $\eta_{z(x)} = S_{z(x)} : L_{(x)} = 2{,}366$

Tabelle 16.5b Linienmomente rechtwinkliger räumlicher Systeme für Ansicht in y-Richtung

1.	2.	6.	3.	15.	16.	17.	18.	19.	20.	4.	10.	7. 13.	5.	11.	8. 14.	9.	12.
Nr.	$L_{(y)}$	$L^3:12$	parallel zur Achse	k_E	k_I	k_{By}	k_{Ty}	k_y	k_y-1	x_g	$S_{x(y)}$	$T_{x(y)}$	z_g	$S_{z(y)}$	$T_{z(y)}$	$x_g \cdot z_g$	$D_{xz(y)}$
a	b	c	d	e	f	g	h	i	k	l	m	n	o	p	q	r	s
Zeichnung		$b^3:12$	$^x y_z$	$E_0:E$	$I_0:I$	Tabelle 16.3		$e \cdot f \cdot g \cdot h$	$i-1$	Zeichng.	$b \cdot l$	$T_x' + l \cdot m$	Zeichng.	$b \cdot o$	$T_z' + o \cdot p$	$l \cdot o$	$b \cdot r$
1	7,30	32,42	x	1	1	1	1	1	0	-3,650	-26,645	32,42 + 97,25	0	0	0	0	0
2	0,94	0,07	x	1	1	4,85	1	4,85	3,85	-7,771	-7,305	0,07 + 56,77	0,258	0,243	0,06	-2,005	-1,88
3	0,94	0,07	z	1	1	4,85	1	4,85	3,85	-8,242	-7,747	63,85	0,729	0,685	0,07 + 0,50	-6,008	-5,65
4	2,60	1,46	z	1	1	1	1	1	0	-8,500	-22,100	187,85	2,500	6,500	1,46 + 16,25	-21,250	-55,25
5	0,94	0,07	z	1	1	4,85	1	4,85	3,85	-8,500	-7,990	67,92	4,271	4,015	0,07 + 17,15	-36,304	-34,13
6	0,94	0,07	y	1	1	1	1,3	1,3	0,3	-8,500	-7,990	67,92	4,742	4,457	21,14	-40,307	-37,89
7	4,80	9,22	y	1	1	1	1,3	1,3	0,3	-8,500	-40,800	346,80	5,000	24,000	120,00	-42,500	-204,00
	18,46	geometrische Werte für Koordinatenursprung									-120,577	920,85		39,900	176,70		-338,80
1	0	Zuschläge									0	0		0	0		0
2	3,62										-28,124	218,83		0,936	0,23		-7,24
3	3,62										-29,826	245,82		2,637	2,19		-21,75
4	0										0	0		0	0		0
5	3,62										-30,762	261,49		15,458	66,30		-131,40
6	0,28										-2,397	20,38		1,337	6,34		-11,37
7	1,44										-12,240	104,04		7,200	36,00		-61,20
	31,04	elastische Werte für Koordinatenursprung									-223,926	1771,41		67,468	287,76		-571,76
										$-S^2_{x(y)}:L_{(y)}$		-1615,43	$-S^2_{z(y)}:L_{(y)}$		-146,65	$-S_{x(y)} \cdot S_{z(y)}:L_{(y)}$	+486,72
elastische Werte für elastischen Systemschwerpunkt											$T_{xg(y)}$	155,98		$T_{zg(y)}$	141,11	$D_{xgzg(y)}$	-85,04

Koordinaten des elastischen Systemschwerpunktes $\eta_{x(y)} = S_{x(y)} : L_{(y)} = -7{,}214$ $\eta_{z(y)} = S_{z(y)} : L_{(y)} = 2{,}174$

Tabelle 16.5c Linienmomente rechtwinkliger räumlicher Systeme für Ansicht in z-Richtung

1.	2.	6.	3.	15.	16.	17.	18.	19.	20.	4.	10.	7. 13.	5.	11.	8. 14.	9.	12.
Nr.	$L_{(z)}$	$L^3:12$	parallel zur Achse	k_E	k_I	k_{Bz}	k_{Tz}	k_z	k_z-1	x_g	$S_{x(z)}$	$T_{x(z)}$	y_g	$S_{y(z)}$	$T_{y(z)}$	$x_g \cdot y_g$	$D_{xy(z)}$
a	b	c	d	e	f	g	h	i	k	l	m	n	o	p	q	r	s
Zeichnung		$b^3:12$	$^x y_z$	$E_0:E$	$I_0:I$	Tabelle 16.3		$e \cdot f \cdot g \cdot h$	$i-1$	Zeichng.	$b \cdot l$	$T'_x + l \cdot m$	Zeichng	$b \cdot o$	$T'_y + o \cdot p$	$l \cdot o$	$b \cdot r$
1	7,30	32,42	x	1	1	1	1	1	0	-3,650	-26,645	32,42 + 97,25	0	0	0	0	0
2	0,94	0,07	x	1	1	4,85	1	4,85	3,85	-7,771	- 7,305	0,07 + 56,77	0	0	0	0	0
3	0,94	0,07	z	1	1	1	1,3	1,3	0,3	-8,242	- 7,747	63,85	0	0	0	0	0
4	2,60	1,46	z	1	1	1	1,3	1,3	0,3	-8,500	-22,100	187,85	0	0	0	0	0
5	0,94	0,07	z	1	1	1	1,3	1,3	0,3	-8,500	- 7,990	67,92	0,258	0,243	0,06	-2,193	-2,06
6	0,94	0,07	y	1	1	4,85	1	4,85	3,85	-8,500	- 7,990	67,92	0,729	0,685	0,07 + 0,50	-6,197	-5,82
7	4,80	9,22	y	1	1	1	1	1	0	-8,500	-40,800	346,80	3,600	17,280	9,22 + 62,21	-30,600	-146,88
	18,46	geometrische Werte für Koordinatenursprung									-120,577	920,85		18,208	72,06		-154,76
1	0										0	0		0	0		0
2	3,62										-28,124	218,83		0	0		0
3	0,28										-2,324	19,16		0	0		0
4	0,78	Zuschläge									-6,630	56,36		0	0		0
5	0,28										-2,397	20,38		0,073	0,02		-0,62
6	3,62										-30,762	261,49		2,637	2,19		-22,41
7	0										0	0		0	0		0
	27,04	elastische Werte für Koordinatenursprung									-190,814	1497,07		20,918	74,27		-177,79
										$-S^2_{x(z)} : L_{(z)}$ →		-1346,52	$-S^2_{y(z)} : L_{(z)}$ →		-16,18	$-S_{x(z)} \cdot S_{y(z)} : L_{(z)}$ →	+147,61
		elastische Werte für elastischen Systemschwerpunkt									$T_{xg(z)}$	150,55		$T_{yg(z)}$	58,09	$D_{xgyg(z)}$	-30,18

Koordinaten des elastischen Systemschwerpunktes $\eta_{x(z)} = S_{x(z)} : L_{(z)} = -7{,}057$ $\eta_{y(z)} = S_{y(z)} : L_{(z)} = 0{,}774$

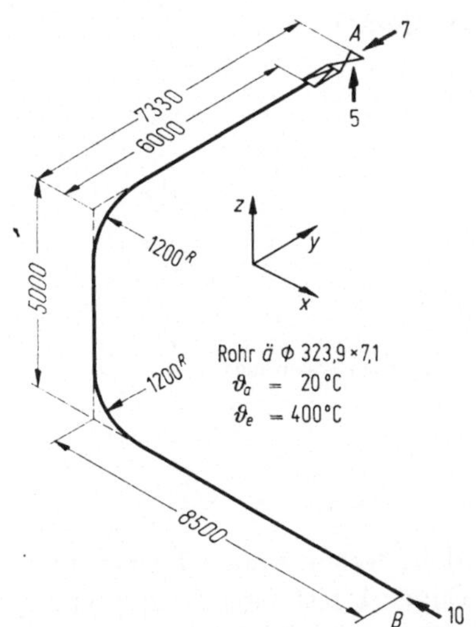

Abb. 16.3 Beispiel für ein rechtwinkliges räumliches Leitungssystem.

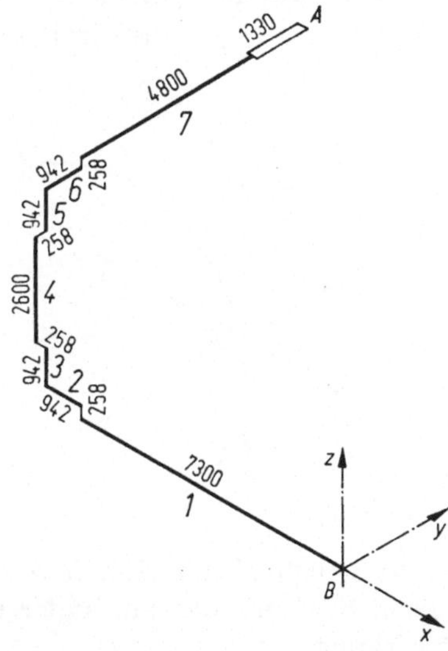

Abb. 16.4 In Teilstücke zerlegtes System nach Abb. 16.3 mit Koordinatenursprung im freigedachten Endpunkt *B*.

Nach Eintragen der Korrekturfaktoren k_E, k_I, k_B, k_T (Letztere entspr. Tab. 16.3) in die Spalten e, f, g, h wird das Produkt der Korrekturfaktoren für Spalte i und sein um 1 verminderter Wert für Spalte k ermittelt. Mit Letzterem werden dann die Spaltenwerte b, m, n, p, q, s multipliziert, um für die einzelnen Teilstücke die in den unteren Tabellenteil einzutragenden Zuschläge zu erhalten (vgl. 14.5). Die Addition der Zuschläge zu den geometrischen Werten gibt dann die elastischen Werte von Länge und Linienmomenten des Systems in bezug auf den Koordinatenursprung. Durch Abzug der Werte S_i^2/L bzw. S_k^2/L bzw. $S_i \cdot S_k/L$ erhält man als untersten Wert der Spalten n, q, s die Linienmomente für die elastischen Schwerpunkte des Systems. Die als Letztes angeschriebenen Schwerpunktkoordinaten ergeben sich als Quotient aus elastischem statischem Moment und elastischer Länge.

Für den Elastizitätsfaktor k_K der Bogenersatzgeraden und die Faktoren k_E, k_I gelten bei diesem Beispiel wieder die in 15.6 angeführten Werte. Die Armaturengruppe bei A wurde gegenüber der Rohrleitung als starr angesehen ($I = \infty$, $k_I = 0$, $k_x = k_y = k_z = 0$). Sie brauchte deshalb bei der Ermittlung der Linienmomente nicht mit als Teilstück aufgenommen zu werden, da sich geometrischer Wert und Zuschlag gegenseitig aufgehoben hätten.

16.6 Beziehungen zwischen Kraftwirkungen und Bewegungen am freien Systemende

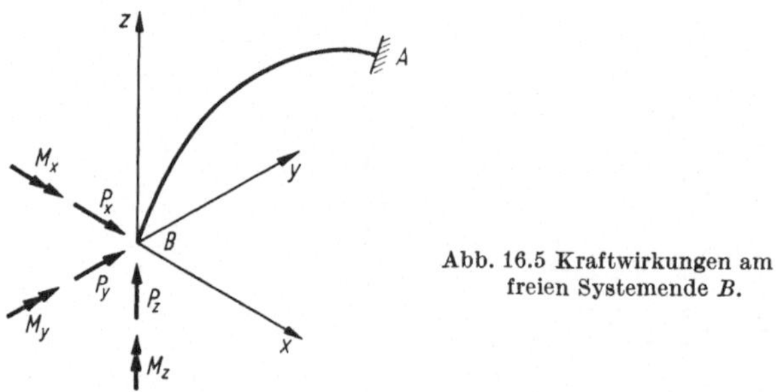

Abb. 16.5 Kraftwirkungen am freien Systemende B.

Greift entsprechend *Abb. 16.5* an dem freien Ende B eines rechtwinkligen Systems, das am anderen Ende A fest eingespannt ist, die Kraftwirkung

$$\boldsymbol{K} = \{P_x, P_y, P_z, M_x, M_y, M_z\}$$

an, dann ergibt sich die dort durch sie hervorgerufene Bewegung

$$\boldsymbol{\delta}_K = \{\delta_{Kx}, \delta_{Ky}, \delta_{Kz}, \varphi_{Kx}, \varphi_{Ky}, \varphi_{Kz}\}$$

zu

$$\boldsymbol{\delta}_K = \frac{\boldsymbol{A}_K \cdot \boldsymbol{K}}{E_0 \cdot I_0}. \tag{16.2}$$

Dabei enthält die Matrix $\boldsymbol{A}_K$ als Elemente die in 16.5 ermittelten elastischen Längen und Linienmomente in der Anordnung nach *Tab. 16.6*. Man erhält also z. B. die Verschiebung in x-Richtung infolge der Kraft P_y zu

$$\delta_{Kx(Py)} = -\frac{D_{xy(z)} \cdot P_y}{E_0 \cdot I_0}.$$

Tabelle 16.6 Beziehungen zwischen Kraftwirkungen und Verformungen am freien Ende rechtwinkliger räumlicher Systeme

	P_x	P_y	P_z	M_x	M_y	M_z
$E_0 \cdot I_0 \cdot \delta_x$	$T_{y(z)} + T_{z(y)}$	$-D_{xy(z)}$	$-D_{xz(y)}$	0	$-S_{z(y)}$	$S_{y(z)}$
$E_0 \cdot I_0 \cdot \delta_y$	$-D_{xy(z)}$	$T_{x(z)} + T_{z(x)}$	$-D_{yz(x)}$	$S_{z(x)}$	0	$-S_{x(z)}$
$E_0 \cdot I_0 \cdot \delta_z$	$-D_{xz(y)}$	$-D_{yz(x)}$	$T_{x(y)} + T_{y(x)}$	$-S_{y(x)}$	$S_{x(y)}$	0
$E_0 \cdot I_0 \cdot \varphi_x$	0	$S_{z(x)}$	$-S_{y(x)}$	$L_{(x)}$	0	0
$E_0 \cdot I_0 \cdot \varphi_y$	$-S_{z(y)}$	0	$S_{x(y)}$	0	$L_{(y)}$	0
$E_0 \cdot I_0 \cdot \varphi_z$	$S_{y(z)}$	$-S_{x(z)}$	0	0	0	$L_{(z)}$

16.7 Bewegungsdifferenzen am freien Systemende

Hierfür gelten vollinhaltlich die Ausführungen von 15.9.

16.8 Aufstellung der Elastizitätsgleichungen und Gleichgewichtsbedingungen

Mit Ausnahme der Gln. (15.70), an deren Stelle die Gln. (16.3) treten, gelten hier alle Ausführungen von 15.10.

Da $\boldsymbol{A}_K$ jetzt die Elemente nach Tab. 16.6 enthält, ergibt sich die ausgeschriebene Form der Elastizitätsgleichungen bei den rechtwinkligen Systemen zu

$$+(T_{y(z)} + T_{z(y)}) \cdot P_x - D_{xy(z)} \cdot P_y - D_{xz(y)} \cdot P_z$$
$$- S_{z(y)} \cdot M_y + S_{y(z)} \cdot M_z = -E_0 \cdot I_0 \cdot \Delta_x, \quad (16.3\,a)$$

$$-D_{xy(z)} \cdot P_x + (T_{x(z)} + T_{z(x)}) \cdot P_y - D_{yz(x)} \cdot P_z$$
$$+ S_{z(x)} \cdot M_x - S_{x(z)} \cdot M_z = -E_0 \cdot I_0 \cdot \Delta_y, \quad (16.3\,b)$$

$$-D_{xz(y)} \cdot P_x + D_{yz(x)} \cdot P_y + (T_{x(y)} + T_{y(x)}) \cdot P_z$$
$$- S_{y(x)} \cdot M_x + S_{x(y)} \cdot M_y = -E_0 \cdot I_0 \cdot \Delta_z, \quad (16.3\,c)$$

$$+S_{z(x)} \cdot P_y - S_{y(x)} \cdot P_z + L_{(x)} \cdot M_x = -E_0 \cdot I_0 \cdot \Phi_x, \quad (16.3\,d)$$

$$-S_{z(y)} \cdot P_x + S_{x(y)} \cdot P_z + L_{(y)} \cdot M_y = -E_0 \cdot I_0 \cdot \Phi_y, \quad (16.3\,e)$$

$$+S_{y(z)} \cdot P_x - S_{x(z)} \cdot P_y + L_{(z)} \cdot M_z = -E_0 \cdot I_0 \cdot \Phi_z. \quad (16.3\,f)$$

16.9 Rechtwinkliges räumliches System zwischen zwei Gelenkfestpunkten

Hierbei ergibt sich der kürzeste Rechenweg, wenn man die Bogen entsprechend Abb. 16.1 zerlegt und dann das in 15.11 für ein schiefwinkliges System angegebene Verfahren anwendet.

16.10 Rechtwinkliges räumliches System zwischen einem Einspannfestpunkt und einem Gelenkfestpunkt

Wie in 15.12 beschrieben, legt man das Bezugssystem entsprechend Abb. 15.7 in den als Endpunkt B betrachteten Gelenkfestpunkt. Mit $M_x = M_y = M_z = 0$ gehen die Gln. (16.3a, b, c) dann über in

$$+(T_{y(z)} + T_{z(y)}) \cdot P_x - D_{xy(z)} \cdot P_y - D_{xz(y)} \cdot P_z = -E_0 \cdot I_0 \cdot \Delta_x, \quad (16.4\,a)$$

$$-D_{xy(z)} \cdot P_x + (T_{x(z)} + T_{z(x)}) \cdot P_y - D_{yz(x)} \cdot P_z = -E_0 \cdot I_0 \cdot \Delta_y, \quad (16.4\,b)$$

$$-D_{xz(y)} \cdot P_x - D_{yz(x)} \cdot P_y + (T_{x(y)} + T_{y(x)}) \cdot P_z = -E_0 \cdot I_0 \cdot \Delta_z, \quad (16.4\,c)$$

deren Auflösung die Reaktionen P_x, P_y, P_z im Gelenkpunkt B ergibt.

16.11 Rechtwinkliges räumliches System zwischen zwei Einspannfestpunkten

Bei einem System mit zwei Einspannfestpunkten kann man die sich aus den Gln. (16.3d, e, f) für M_x, M_y, M_z ergebenden Werte in die Gln. (16.3a, b, c) einsetzen und erhält analog zu 14.13:

$$+(T_{yg(z)} + T_{zg(y)}) \cdot P_x - D_{xgyg(z)} \cdot P_y - D_{xgzg(y)} \cdot P_z = -E_0 \cdot I_0 \cdot (\Delta_x + \Phi_y \cdot \eta_{z(y)} - \Phi_z \cdot \eta_{y(z)}), \tag{16.5a}$$

$$-D_{xgyg(z)} \cdot P_x + (T_{xg(z)} + T_{zg(x)}) \cdot P_y - D_{ygzg(x)} \cdot P_z = -E_0 \cdot I_0 \cdot (\Delta_y - \Phi_x \cdot \eta_{z(x)} + \Phi_z \cdot \eta_{x(z)}), \tag{16.5b}$$

$$-D_{xgzg(y)} \cdot P_x - D_{ygzg(x)} \cdot P_y + (T_{xg(y)} + T_{yg(x)}) \cdot P_z = -E_0 \cdot I_0 \cdot (\Delta_z + \Phi_x \cdot \eta_{y(x)} - \Phi_y \cdot \eta_{x(y)}). \tag{16.5c}$$

Dabei handelt es sich entsprechend 16.5 bei T und D um die auf die elastischen Schwerpunkte der Ersatzsysteme bezogenen elastischen Linienmomente und bei η um die Koordinaten der Schwerpunkte. Für Δ und Φ gelten die Gln. (15.68).

Die Auflösung der Gln. (16.5) gibt zunächst die Reaktionskräfte P_x, P_y, P_z am Ende B. Die dortigen Reaktionsmomente ergeben sich dann anschließend über die Gln. (16.3d, e, f) zu

$$\begin{aligned} M_x &= -\frac{E_0 \cdot I_0 \cdot \Phi_x}{L_{(x)}} - P_y \cdot \eta_{z(x)} + P_z \cdot \eta_{y(x)}, \\ M_y &= -\frac{E_0 \cdot I_0 \cdot \Phi_y}{L_{(y)}} + P_x \cdot \eta_{z(y)} - P_z \cdot \eta_{x(y)}, \\ M_z &= -\frac{E_0 \cdot I_0 \cdot \Phi_z}{L_{(z)}} - P_x \cdot \eta_{y(z)} + P_y \cdot \eta_{x(z)}. \end{aligned} \tag{16.6}$$

16.12 Rechtwinkliges räumliches System zwischen zwei Einspannfestpunkten, die keine Drehung ausführen

Dieser Sonderfall von 16.11, bei dem die Einspannfestpunkte (von außen her) keine Drehung erfahren, erfaßt die Masse der räumlichen Systeme. Wegen $\varphi_{Ax} = \varphi_{Ay} = \varphi_{Az} = \varphi_{Bx} = \varphi_{By} = \varphi_{Bz} = 0$ gehen die Gln. (16.5) mit

$$\begin{aligned} \Delta'_x &= \delta l_x + \delta_{Ax} - \delta_{Bx}, \\ \Delta'_y &= \delta l_y + \delta_{Ay} - \delta_{By}, \\ \Delta'_z &= \delta l_z + \delta_{Az} - \delta_{Bz} \end{aligned} \tag{16.7}$$

über in: (16.8)

$$+(T_{yg(z)} + T_{zg(y)}) \cdot P_x - D_{xgyg(z)} \cdot P_y - D_{xgzg(y)} \cdot P_z = -E_0 \cdot I_0 \cdot \Delta'_x,$$

$$-D_{xgyg(z)} \cdot P_x + (T_{xg(z)} + T_{zg(x)}) \cdot P_y - D_{ygzg(x)} \cdot P_z = -E_0 \cdot I_0 \cdot \Delta'_y,$$

$$-D_{xgzg(y)} \cdot P_x - D_{ygzg(x)} \cdot P_y + (T_{xg(y)} + T_{yg(x)}) \cdot P_z = -E_0 \cdot I_0 \cdot \Delta'_z.$$

Mit den durch Auflösung der Gln. (16.8) gefundenen Reaktionskräften P_x, P_y, P_z am Ende B erhält man die dortigen Reaktionsmomente über die Gln. (16.3d, e, f) dann zu:

$$M_x = -P_y \cdot \eta_{z(x)} + P_z \cdot \eta_{y(x)},$$

$$M_y = P_x \cdot \eta_{z(y)} - P_z \cdot \eta_{x(y)}, \qquad (16.9)$$

$$M_z = -P_x \cdot \eta_{y(z)} + P_y \cdot \eta_{x(z)}.$$

Zu den Gln. (16.8) gelangt man auch durch folgende Betrachtungsweise:

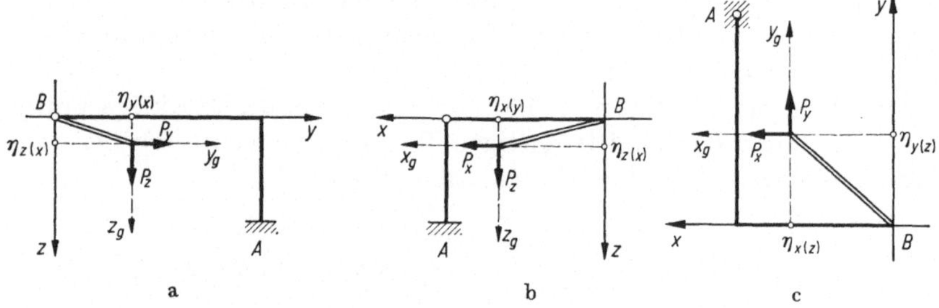

Abb. 16.6 Angriff der Reaktionskräfte in den elastischen Schwerpunkten der Ersatzsysteme (vgl. Abb. 16.2).
a) Ansicht in x-Richtung; b) Ansicht in y-Richtung; c) Ansicht in z-Richtung.

Man läßt entsprechend *Abb. 16.6* die unbekannte Reaktionskraft $\boldsymbol{K} = \{P_x, P_y, P_z\}$ nicht im Endpunkt B, sondern in den elastischen Schwerpunkten der Ersatzsysteme angreifen. Indem man jedes der Ersatzsysteme als selbständiges ebenes System behandelt, erhält man zunächst über die Gln. (14.46):

Für die Ansicht in x-Richtung:

$$E_0 \cdot I_0 \cdot \delta_{Ky(x)} = T_{zg(x)} \cdot P_y - D_{ygzg(x)} \cdot P_z,$$

$$E_0 \cdot I_0 \cdot \delta_{Kz(x)} = -D_{ygzg} \cdot P_y + T_{yg(x)} \cdot P_z.$$

Für die Ansicht in y-Richtung:

$$E_0 \cdot I_0 \cdot \delta_{Kx(y)} = T_{zg(y)} \cdot P_x - D_{xgzg(y)} \cdot P_z,$$

$$E_0 \cdot I_0 \cdot \delta_{Kz(y)} = -D_{xgzg(y)} \cdot P_x + T_{xg(y)} \cdot P_z. \qquad (16.10)$$

Für die Ansicht in z-Richtung

$$E_0 \cdot I_0 \cdot \delta_{Kx(z)} = T_{yg(z)} \cdot P_x - D_{xgyg(z)} \cdot P_y,$$

$$E_0 \cdot I_0 \cdot \delta_{Ky(z)} = -D_{xgyg(z)} \cdot P_x + T_{xg(z)} \cdot P_y.$$

Für die Summen der Einzelwirkuggen gilt dann:

$$E_0 \cdot I_0 \cdot \delta_{Kx} = E_0 \cdot I_0 \cdot (\delta_{Kx(y)} + \delta_{Kx(z)}) = -E_0 \cdot I_0 \cdot \Delta'_x,$$

$$E_0 \cdot I_0 \cdot \delta_{Ky} = E_0 \cdot I_0 \cdot (\delta_{Ky(x)} + \delta_{Ky(z)}) = -E_0 \cdot I_0 \cdot \Delta'_y, \quad (16.11)$$

$$E_0 \cdot I_0 \cdot \delta_{Kz} = E_0 \cdot I_0 \cdot (\delta_{Kz(x)} + \delta_{Kz(y)}) = -E_0 \cdot I_0 \cdot \Delta'_z.$$

Setzt man nun die mit den Gln. (16.10) gegebenen Werte in die Gln. (16.11) ein, dann erhält man wieder die Gln. (16.8).

Für das Beispiel nach Abb. 16.3 ergeben sich mit

$$T_{yg(z)} + T_{zg(y)} = 58{,}09 + 141{,}11 = 199{,}20,$$

$$T_{xg(z)} + T_{zg(x)} = 150{,}55 + 148{,}58 = 299{,}13,$$

$$T_{xg(y)} + T_{yg(x)} = 155{,}98 + 59{,}56 = 215{,}54$$

die Elastizitätsgleichungen zu

$$199{,}20 \cdot P_x + 30{,}18 \cdot P_y + 85{,}04 \cdot P_z = -84894,$$

$$30{,}18 \cdot P_x + 299{,}13 \cdot P_y - 55{,}66 \cdot P_z = 70771,$$

$$85{,}04 \cdot P_x - 55{,}66 \cdot P_y + 215{,}54 \cdot P_z = 33058,$$

daraus die Reaktionskräfte zu

$$P_x = -720{,}421 \text{ kp}, \quad P_y = 410{,}423 \text{ kp}, \quad P_z = 543{,}596 \text{ kp}$$

und über Gl. (16.9) die Reaktionsmomente zu

$$M_x = -598{,}7 \text{ kpm}, \quad M_y = 2355{,}3 \text{ kpm}, \quad M_z = -2338{,}7 \text{ kpm}.$$

16.13 Rechtwinkliges räumliches Leitungssystem mit zwei Einspannfestpunkten und Gelenk an beliebiger Stelle

Abb. 16.7 zeigt ein räumliches Leitungssystem mit zwei Einspannfestpunkten und einem Gelenk im Punkt k, der in bezug auf das im frei gedachten Endpunkt B liegende Koordinatensystem die Koordinaten

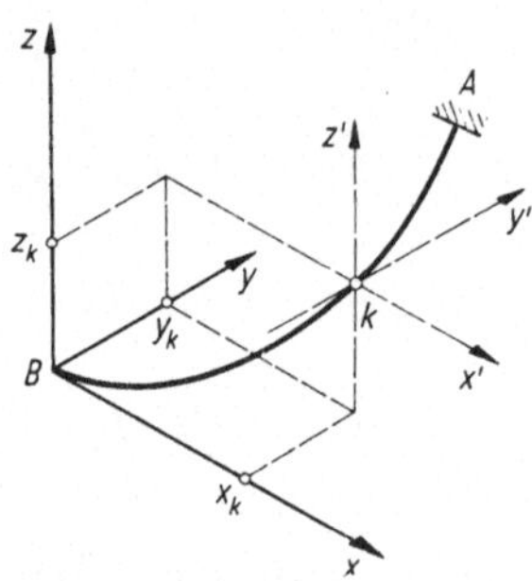

Abb. 16.7 Räumliches Leitungssystem mit Gelenk im Punkt k.

x_k, y_k, z_k aufweist. Es sei vorausgesetzt, daß das System rechtwinklig ist und das Gelenk eine widerstandslose Drehung um eine, zwei oder alle der Bezugsachsen x', y', z' zuläßt. Über die in 14.15 für ebene Systeme angeführten Beziehungen erhält man dann die Reaktionskräfte am Ende B aus den Gln. (16.5) bzw. (16.8) und die dortigen Reaktionsmomente aus den Gln. (16.6) bzw. (16.9), wenn man folgenden Austausch der Bezeichnungen vornimmt:

a) Gelenk läßt Drehung um x'-Achse zu:

$$T_{y'(x)} \text{ statt } T_{yg(x)}, \qquad y_k \text{ statt } \eta_{y(x)},$$

$$T_{z'(x)} \text{ statt } T_{zg(x)}, \qquad z_k \text{ statt } \eta_{z(x)},$$

$$D_{y'z'(x)} \text{ statt } D_{ygzg(x)}.$$

b) Gelenk läßt Drehung um y'-Achse zu:

$$T_{x'(y)} \text{ statt } T_{xg(y)}, \qquad x_k \text{ statt } \eta_{x(y)},$$

$$T_{z'(y)} \text{ statt } T_{zg(y)}, \qquad z_k \text{ statt } \eta_{z(y)},$$

$$D_{x'z'(y)} \text{ statt } D_{xgzg(y)}.$$

c) Gelenk läßt Drehung um z'-Achse zu

$$T_{x'(z)} \text{ statt } T_{xg(z)}, \qquad x_k \text{ statt } \eta_{x(z)},$$

$$T_{y'(z)} \text{ statt } T_{yg(z)}, \qquad y_k \text{ statt } \eta_{y(z)},$$

$$D_{x'y'(z)} \text{ statt } D_{xgyg(z)}.$$

Es sind also in jenen der Tab. 16.5, deren Ansichtsrichtung mit einer Gelenkachse übereinstimmt, die Linienmomente für das $x'y'z'$-System statt für das Schwerpunktsystem zu ermitteln. Dabei gelten zur Umrechnung die in 14.6 angeführten Gln. (14.42).

16.14 Berücksichtigung von Gelenkkompensatoren

Sind in ein rechtwinkliges räumliches Leitungssystem Gelenkkompensatoren (vgl. 12.5.5) eingebaut, dann werden diese entsprechend den Ausführungen von 14.16 mit als Teilstücke in die Tab. 16.5 aufgenommen. Dabei gilt:

1. Für alle drei Ansichtsrichtungen:

$$k_E = k_I = k_B = k_T = 1\,,$$

$$T'_x = T'_y = T'_z = D'_{xy} = D'_{xz} = D'_{yz} = 0\,.$$

2. Für Ansicht in Richtung einer Gelenkachse

$$L = L_k = \frac{E_0 \cdot I_0}{C_\varphi}\,.$$

3. Für Ansicht in Richtung einer Starrachse:

$$L = 0\,.$$

Damit beeinflußt ein ebener Gelenkkompensator nach Abb. 12.16a nur die Linienmomente einer Ansicht, während sich ein Kardangelenkkompensator nach Abb. 12.16b auf die Linienmomente zweier Ansichten auswirkt.

16.15 Berücksichtigung von Querkompensatoren

Querkompensatoren (vgl. 12.5.6/7) in rechtwinkligen räumlichen Systemen werden jeweils durch die zwei senkrecht zur Kompensatorachse wirkenden Reaktionskräfte verformt. Um die dadurch hervorgerufenen Bewegungsanteile zu erfassen, braucht man in den Gln. (16.3), (16.4), (16.5) und (16.8) lediglich die in 14.17 mit Gl. (14.66) angeführte Größe

$$T_k = \frac{E_0 \cdot I_0}{C_h}$$

zu denjenigen Diagonalelementen (Klammerwerte) zu addieren, welche vor den Koordinaten der die Verschiebung verursachenden Kraftkomponenten stehen.

16.16 Rechtwinklige räumliche Leitungssysteme mit drei Einspannfestpunkten

Ein räumliches Leitungssystem mit drei Einspannfestpunkten A, C, D nach *Abb. 16.8* ist 12fach statisch unbestimmt. *Abb. 16.9* zeigt das statisch bestimmt gemachte System, an dessen Enden C und D starre

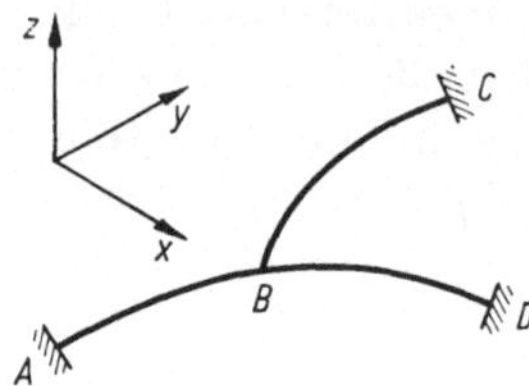

Abb.16.8 Räumliches Leitungssystem mit 3 Einspannfestpunkten A, C, D.

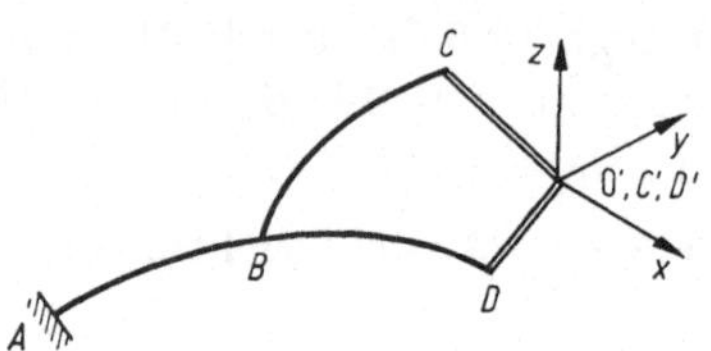

Abb. 16.9 Statisch bestimmt gemachtes System nach Abb. 16.8.

Hebelarme angeschlossen sind, deren freie Endpunkte C' und D' im Koordinatenursprung 0 liegen. Dort läßt man dann die unbekannten Kraftwirkungen

$$\boldsymbol{K} = \{\boldsymbol{K}_{C'}, \boldsymbol{K}_{D'}\} \tag{16.12}$$

$$= \{P_{C'x}, P_{C'y}, P_{C'z}, M_{C'x}, M_{C'y}, M_{C'z}, P_{D'x}, P_{D'y}, P_{D'z}, M_{D'x}, M_{D'y}, M_{D'z}\}$$

angreifen, wobei $K_{C'}$ auf C und $K_{D'}$ auf D wirkt. Als rechnungsmäßig günstiger Ort des Koordinatenursprunges zeigt sich meist der Verzweigungspunkt B.

Zunächst werden mit Hilfe von 3 Sätzen der Tab. 16.5a, b, c getrennt für die 3 Abschnitte $A—B$, $B—C$, $B—D$ die elastischen Längen und Linienmomente für den Koordinatenursprung ermittelt (vgl. 16.5). Indem man diese Werte für jeden Abschnitt getrennt zu einer 6mal 6-Matrix entsprechend Tab. 16.6 zusammenstellt, erhält man zunächst die drei Matrizen $\boldsymbol{A}_{K(AB)}$, $\boldsymbol{A}_{K(BC)}$, $\boldsymbol{A}_{K(BD)}$. Daraus bildet man dann eine 12mal 12-Matrix folgender Form (vgl. 2.3.15):

$$\boldsymbol{A}_K = \left\| \begin{matrix} \boldsymbol{A}_{K(AB)} + \boldsymbol{A}_{K(BC)}, & \boldsymbol{A}_{K(AB)} \\ \boldsymbol{A}_{K(AB)}, & \boldsymbol{A}_{K(AB)} + \boldsymbol{A}_{K(BD)} \end{matrix} \right\|. \tag{16.13}$$

Die Bewegungsdifferenzen ergeben sich mit den Bezeichnungen von 15.9 für das System A-B-C im Punkt C' zu

$$\boldsymbol{\Delta}_{C'} = \{\Delta_{C'x}, \Delta_{C'y}, \Delta_{C'z}, \Phi_{C'x}, \Phi_{C'y}, \Phi_{C'z}\}$$

mit den Koordinaten

$$\varDelta_{C'x} = dl_{x(AC)} + \delta_{Ax} - \varphi_{Ay} \cdot z_A + \varphi_{Az} \cdot y_A - \delta_{Cx} + \varphi_{Cy} \cdot z_C - \varphi_{Cz} \cdot y_C,$$

$$\varDelta_{C'y} = \delta l_{y(AC)} + \delta_{Ay} + \varphi_{Ax} \cdot z_A - \varphi_{Az} \cdot x_A - \delta_{Cy} - \varphi_{Cx} \cdot z_C + \varphi_{Cz} \cdot x_C,$$

$$\varDelta_{C'z} = dl_{z(AC)} + \delta_{Az} - \varphi_{Ax} \cdot y_A + \varphi_{Ay} \cdot x_A - \delta_{Bz} + \varphi_{Cx} \cdot y_C - \varphi_{Cy} \cdot x_C,$$

$$\varPhi_{C'x} = \varphi_{Ax} - \varphi_{Cx},$$

$$\varPhi_{C'y} = \varphi_{Ay} - \varphi_{Cy},$$

$$\varPhi_{C'z} = \varphi_{Az} - \varphi_{Cz}$$

und für das System A-B-D im Punkt D' zu

$$\boldsymbol{\varDelta}_{D'} = \{\varDelta_{D'x}, \varDelta_{D'y}, \varDelta_{D'z}, \varPhi_{D'x}, \varPhi_{D'y}, \varPhi_{D'z}\}$$

mit den Koordinaten

$$\varDelta_{D'x} = \delta l_{x(AD)} + \delta_{Ax} - \varphi_{Ay} \cdot z_A + \varphi_{Az} \cdot y_A - \delta_{Dx} + \varphi_{Dy} \cdot z_D - \varphi_{Dz} \cdot y_D,$$

$$\varDelta_{D'y} = \delta l_{y(AD)} + \delta_{Ay} + \varphi_{Ax} \cdot z_A - \varphi_{Az} \cdot x_A - \delta_{Dy} - \varphi_{Dx} \cdot z_D + \varphi_{Dz} \cdot x_D,$$

$$\varDelta_{D'z} = \delta l_{z(AD)} + \delta_{Az} - \varphi_{Ax} \cdot y_A + \varphi_{Ay} \cdot x_A - \delta_{Dz} + \varphi_{Dx} \cdot y_D - \varphi_{Dy} \cdot x_D,$$

$$\varPhi_{D'x} = \varphi_{Ax} - \varphi_{Dx},$$

$$\varPhi_{D'y} = \varphi_{Ay} - \varphi_{Dy},$$

$$\varPhi_{D'z} = \varphi_{Az} - \varphi_{Dz}.$$

Die 12 Elastizitätsgleichungen ergeben sich dann mit

$$\boldsymbol{\varDelta} = \{\boldsymbol{\varDelta}_{C'}, \boldsymbol{\varDelta}_{D'}\} \tag{16.14}$$

$$= \{\varDelta_{C'x}, \varDelta_{C'y}, \varDelta_{C'z}, \varPhi_{C'x}, \varPhi_{C'y}, \varPhi_{C'z}, \varDelta_{D'x}, \varDelta_{D'y}, \varDelta_{D'z}, \varPhi_{D'x}, \varPhi_{D'y}, \varPhi_{D'z}\}$$

aus

$$\boldsymbol{A}_K \cdot \boldsymbol{K} = -E_0 \cdot I_0 \cdot \boldsymbol{\varDelta}$$

nach den Anweisungen der Abschnitte 2.3.18, 2.3.20, 2.2.18. *Tab. 16.7* zeigt das entsprechende Gleichungsschema mit den bereits eingetragenen Null-Elementen der Koeffizientenmatrix $\boldsymbol{A}_K$, aus dem auch der Zusammenhang zwischen den Kraftwirkungen und Bewegungen an den

Hebelendpunkten C' und D' hervorgeht. Die Auflösung der Elastizitätsgleichungen liefert die Reaktionen in C' sowie D', und bezüglich der Schnittlasten gilt der Schlußsatz von 14.19.

Tabelle 16.7 Schema der Elastizitätsgleichungen für rechtwinklige räumliche Leitungssysteme mit drei Einspannfestpunkten

	$P_{C'x}$	$P_{C'y}$	$P_{C'z}$	$M_{C'x}$	$M_{C'y}$	$M_{C'z}$	$P_{D'x}$	$P_{D'y}$	$P_{D'z}$	$M_{D'x}$	$M_{D'y}$	$M_{D'z}$		$-E_0 \cdot I_0$ - fache Bewegungsdiff.
$E_0 \cdot I_0 \cdot \delta_{C'x}$				0						0			=	
$E_0 \cdot I_0 \cdot \delta_{C'y}$					0						0		=	
$E_0 \cdot I_0 \cdot \delta_{C'z}$						0						0	=	
$E_0 \cdot I_0 \cdot \varphi_{C'x}$	0				0	0	0				0	0	=	
$E_0 \cdot I_0 \cdot \varphi_{C'y}$		0		0		0		0		0		0	=	
$E_0 \cdot I_0 \cdot \varphi_{C'z}$			0	0	0				0	0	0		=	
$E_0 \cdot I_0 \cdot \delta_{D'x}$				0						0			=	
$E_0 \cdot I_0 \cdot \delta_{D'y}$					0						0		=	
$E_0 \cdot I_0 \cdot \delta_{D'z}$						0						0	=	
$E_0 \cdot I_0 \cdot \varphi_{D'x}$	0				0	0	0				0	0	=	
$E_0 \cdot I_0 \cdot \varphi_{D'y}$		0		0		0		0		0		0	=	
$E_0 \cdot I_0 \cdot \varphi_{D'z}$			0	0	0				0	0	0		=	

17. Ermittlung der Momente für beliebige Systempunkte

Greifen im Koordinatenursprung, der im freigedachten Systemende liegt oder mit diesem über einen starren Hebelarm verbunden ist, die Kraft

$$\boldsymbol{P}_0 = \{P_{0x}, P_{0y}, P_{0z}\}$$

und das Moment

$$\boldsymbol{M}_0 = \{M_{0x}, M_{0y}, M_{0z}\}$$

an, dann ergibt sich nach 3.2 das Moment für einen Punkt i des Systems, der den Radiusvektor $\boldsymbol{r}_i = \{x_i, y_i, z_i\}$, also die Koordinaten x_i, y_i, z_i aufweist, zu

$$\boldsymbol{M}_i = \boldsymbol{M}_0 + \boldsymbol{P}_0 \times \boldsymbol{r}_i \tag{17.1}$$

mit

$$\begin{aligned} M_{ix} &= M_{0x} + P_{0y} \cdot z_i - P_{0z} \cdot y_i, \\ M_{iy} &= M_{0y} - P_{0x} \cdot z_i + P_{0z} \cdot x_i, \\ M_{iz} &= M_{0z} + P_{0x} \cdot y_i - P_{0y} \cdot x_i. \end{aligned} \tag{17.2}$$

Tabelle 17.1 Ermittlung der Momente

Punkt Nr.	Koordinaten			$P_{0x} = -720,4$		$P_{0y} = 410,4$		$P_{0z} = 543,6$		M_{0x} M_{0y} M_{0z}	$M_{ix} = g + k + l$ $M_{iy} = f + i + l$ $M_{iz} = e + h + l$
	x_i	y_i	z_i	$P_{0x} \cdot y_i$	$-P_{0x} \cdot z_i$	$P_{0y} \cdot z_i$	$-P_{0y} \cdot x_i$	$P_{0z} \cdot x_i$	$-P_{0z} \cdot y_i$		
a	b	c	d	e	f	g	h	i	k	l	m
				—	—	0	—	—	0	−598,7	−599
1e	−7,3	0	0	—	0	—	—	−3968,3	—	2355,3	−1613
				0	—	—	2995,9	—	—	−2338,7	657
				—	—	492,5	—	—	0	−598,7	−106
4a	−8,5	0	1,2	—	864,5	—	—	−4620,6	—	2355,3	−1401
				0	—	—	3488,4	—	—	−2338,7	1150
				—	—	1559,5	—	—	0	−598,7	961
4e	−8,5	0	3,8	—	2737,5	—	—	−4620,6	—	2355,3	472
				0	—	—	3488,4	—	—	−2338,7	1150
				—	—	2052,0	—	—	−652,3	−598,7	801
7a	−8,5	1,2	5,0	—	3602,0	—	—	−4620,6	—	2355,3	1337
				−864,5	—	—	3488,4	—	—	−2338,7	285
				—	—	2052,0	—	—	−3261,6	−598,7	−1808
7e	−8,5	6,0	5,0	—	3602,0	—	—	−4620,6	—	2355,3	1337
				−4322,4	—	—	3488,4	—	—	−2338,7	−3173

Zur praktischen Rechnung dient *Tab. 17.1.* Die eingetragenen Zahlenwerte beziehen sich dabei auf das Beispiel nach Abb. 16.3, wobei die Anfangs- bzw. Endpunkte der in Abb. 16.4 bezifferten Teilstücke durch die Indici a bzw. e gekennzeichnet sind.

18. Rohrleitungssysteme mit Vorspannung

Um die Belastung der Leitungen und ihrer Endpunkte im Betriebszustand zu reduzieren, werden Rohrleitungen häufig mit Vorspannung verlegt. Das geschieht dadurch, daß man das System schon bei der Montage mit Dehnungen belastet, die den später auftretenden Längenänderungen (vgl. Kap. 12) entgegengerichtet sind. Oft werden auch vertikale Vorspannungen vorgenommen, um ein Gefälle der Horizontalstränge zu erreichen.

18.1 Ermittlung der Vorspannbeträge

Als Vorspannung wird ein als günstig angesehener Prozentsatz der das System im Betriebszustand belastenden Längenänderungen (Längsdehnung einschließlich Endpunktverschiebungen) gewählt. In bezug auf das der Elastizitätsberechnung zugrunde liegende xyz-Koordinatensystem nach Abb. 2.1 mögen folgende Bezeichnungen gelten:

v_x prozentuale Vorspannung in x-Richtung,

v_y prozentuale Vorspannung in y-Richtung,

v_z prozentuale Vorspannung in z-Richtung,

v prozentuale Vorspannung bei $v_x = v_y = v_z$.

Indem man wieder vom statisch bestimmt gemachten System ausgeht, erhält man die Vorspannbeträge für ein System zwischen zwei Festpunkten mit den in 15.9 gewählten Bezeichnungen zu

$$\begin{aligned} \Delta_{vx} &= -\frac{v_x}{100} \cdot (\delta l_x + \delta_{Ax} - \delta_{Bx}), \\ \Delta_{vy} &= -\frac{v_y}{100} \cdot (\delta l_y + \delta_{Ay} - \delta_{By}), \qquad (18.1) \\ \Delta_{vz} &= -\frac{v_z}{100} \cdot (\delta l_z + \delta_{Az} - \delta_{Bz}). \end{aligned}$$

Bei mehrsträngigen Systemen (vgl. 13.5) ist es dringend anzuraten, die Vorspannungen für jeden Strang getrennt zu ermitteln und maßlich zu berücksichtigen.

Für ein System mit drei Einspannpunkten nach Abb. 16.8, das nach Abb. 16.9 statisch bestimmt gemacht wurde, erhält man demnach z. B. folgende Vorspannbeträge:

$$\begin{aligned} \Delta_{vx(AB)} &= -\frac{v_x}{100} \cdot (\delta l_{x(AB)} + \delta_{Ax}), \\ \Delta_{vy(AB)} &= -\frac{v_y}{100} \cdot (\delta l_{y(AB)} + \delta_{Ay}), \\ \Delta_{vz(AB)} &= -\frac{v_z}{100} \cdot (\delta l_{z(AB)} + \delta_{Az}). \end{aligned} \tag{18.2}$$

$$\begin{aligned} \Delta_{vx(BC)} &= -\frac{v_x}{100} \cdot (\delta l_{x(BC)} - \delta_{Cx}), \\ \Delta_{vy(BC)} &= -\frac{v_y}{100} \cdot (\delta l_{y(BC)} - \delta_{Cy}), \\ \Delta_{vz(BC)} &= -\frac{v_z}{100} \cdot (\delta l_{z(BC)} - \delta_{Cz}). \end{aligned} \tag{18.3}$$

$$\begin{aligned} \Delta_{vx(BD)} &= -\frac{v_x}{100} \cdot (\delta l_{x(BD)} - \delta_{Dx}), \\ \Delta_{vy(BD)} &= -\frac{v_y}{100} \cdot (\delta l_{y(BD)} - \delta_{Dy}), \\ \Delta_{vz(BD)} &= -\frac{v_z}{100} \cdot (\delta l_{z(BD)} - \delta_{Dz}). \end{aligned} \tag{18.4}$$

18.2 Wirkung der Vorspannung im Montage-Endzustand

Als Montage-Endzustand ist derjenige Zustand gemeint, in dem sich das fertig montierte System bei Herrschen der Montagetemperatur (meist mit 20 °C angenommen) befindet.

Die Kraftwirkungen für diesen Zustand erhält man in der gleichen Weise wie zuvor in den Kap. 14 bis 16 beschrieben, jedoch ist jetzt statt E der Wert E_M des Elastizitätsmoduls bei der Montagetemperatur einzusetzen.

Die in den Kap. 14 bis 16 angeführten Koordinaten der Bewegungsdifferenzen sind dann für Systeme zwischen zwei Festpunkten mit

$$\begin{aligned} \Delta_x &= \Delta'_x = \Delta_{vx}, & \Phi_x &= 0, \\ \Delta_y &= \Delta'_y = \Delta_{vy}, & \Phi_y &= 0, \\ \Delta_z &= \Delta'_z = \Delta_{vz}, & \Phi_z &= 0 \end{aligned} \tag{18.5}$$

und für Systeme zwischen drei Einspannfestpunkten mit

$$\begin{aligned} \Delta_{C'x} &= \Delta_{vx(AB)} + \Delta_{vx(BC)}, & \Phi_{C'x} &= 0, \\ \Delta_{C'y} &= \Delta_{vy(AB)} + \Delta_{vy(BC)}, & \Phi_{C'y} &= 0, \\ \Delta_{C'z} &= \Delta_{vz(AB)} + \Delta_{vz(BC)}, & \Phi_{C'z} &= 0, \\ \Delta_{D'x} &= \Delta_{vx(AB)} + \Delta_{vx(BD)}, & \Phi_{D'x} &= 0, \\ \Delta_{D'y} &= \Delta_{vy(AB)} + \Delta_{vy(BD)}, & \Phi_{D'y} &= 0, \\ \Delta_{D'z} &= \Delta_{vz(AB)} + \Delta_{vz(BD)}, & \Phi_{D'z} &= 0 \end{aligned} \tag{18.6}$$

anzusetzen.

Konstruktiv wird die Vorspannung dadurch erzeugt, daß man die einzelnen Stränge nicht mit den Längenmaßen herstellt, die zum (spannungslosen) Verbinden seines Anfangs- und Endpunktes erforderlich

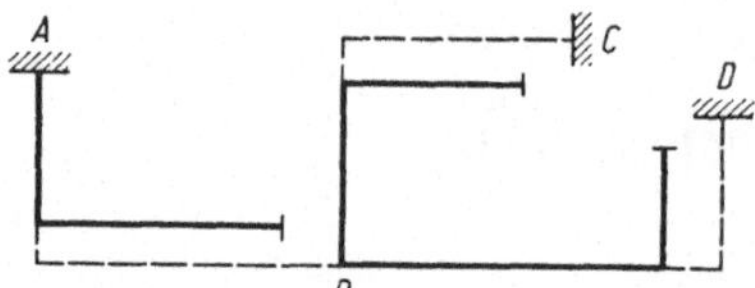

Abb. 18.1 Beispiel für die Konstruktionsmaße zur Erzeugung der Vorspannung.

sind, sondern mit solchen, die ein „Klaffen" zwischen dem frei gedachten Endpunkt und dem zugehörigen Anschlußpunkt in Größe der mit den Gln. (18.1) bis (18.4) ermittelten Werten bewirken. *Abb. 18.1* soll dieses Vorgehen verdeutlichen. Die gestrichelten Linien stellen dabei die theoretischen und die ausgezogenen Linien die zur Vorspannungserzeugung konstruktiv auszuführenden Strangabmessungen dar.

Bei den Schweißnähten und Flanschverbindungen muß man unterscheiden zwischen freien Verbindungen, die sich ohne Erzeugung von Spannungen herstellen lassen, und kraftschlüssigen Verbindungen, die wegen des erforderlichen Überbrückens der „Vorspannlücken" im System Spannungen hervorrufen. Letztere nennt man Montageschlußverbindungen (oder kurz: Schlußverbindungen).

Wurde bei der Montage so vorgegangen, daß die fertigen Schlußverbindungen als Schnittlasten (vgl. 3.8) nur Kräfte, aber keine Momente aufweisen, dann spricht man von einer *momentenfreien* Vorspannung, und bei der Elastizitätsberechnung für den Montage-Endzustand wären diese Stellen als Gelenke anzunehmen. In der Praxis wird dieser Fall aber kaum auftreten, da man immer ein „knickfreies" Herstellen der Verbindungen anstreben wird.

Weist die fertige Schlußverbindung als Schnittlasten außer den Kräften auch die Biegemomente, aber kein Torsionsmoment auf, dann spricht man von einer *Teilmomentenvorspannung*. Bei der Elastizitätsberechnung für den Montage-Endzustand wäre an diesen Stellen ein Teilgelenk anzunehmen, dessen Gelenkachse mit der Rohrachse übereinstimmt, d. h. mit der u-Achse des inneren uvw-Koordinatensystems nach Abb. 13.3. Da eine Teilmomentenvorspannung den durch das Vorspannen erwünschten Effekt nicht voll hervorruft, und andererseits die Kontrolle eines Torsionsversatzes an der Schlußverbindung recht schwierig ist, sollten Schlußstellen möglichst dort liegen, wo die Torsionsmomente bei Voraussetzung einer Momentenvorspannung annähernd Null werden.

Bei einer *Momentenvorspannung* wird vorausgesetzt, daß die Schlußverbindungen knickfrei und ohne Torsionsversatz ausgeführt wurden. In der Elastizitätsberechnung hat man es dann hinsichtlich Stütz- und Schnittbedingungen mit dem gleichen System wie für den Betriebszustand zu tun. Sind demnach die Kraftwirkungen $\boldsymbol{K}$ für den vorspannungslosen Betriebszustand bereits berechnet, und ist für alle Teilstücke das Verhältnis E_M/E ($E = E$-Modul für Betriebszustand, $E_M = E$-Modul für Montagezustand) sowie die prozentuale Vorspannung v in allen Richtungen gleich ($v_x = v_y = v_z = v$), dann ergeben sich die Kraftwirkungen $\boldsymbol{K}_M$ für den Montage-Endzustand bei einer Momentenvorspannung zu:

$$\boldsymbol{K}_M = -\frac{v}{100} \cdot \frac{E_M}{E} \cdot \boldsymbol{K}. \tag{18.7}$$

18.3 Wirkung der Vorspannung im Betriebszustand

Um die Auswirkung der Vorspannung auf das im Betrieb befindliche System kurz beschreiben zu können, seien folgende Bezeichnungen gewählt:

$\boldsymbol{K}$ Kraftwirkungen im Betriebszustand ohne Berücksichtigung der Vorspannung nach den Kap. 14, 15 bzw. 16;

$\boldsymbol{K}_M$ Kraftwirkungen im Montage-Endzustand infolge der Vorspannung nach 18.2;

$\boldsymbol{K}_V$ Kraftwirkungen im Betriebszustand nur infolge der Vorspannung;

$\boldsymbol{K}_B$ Kraftwirkungen im Betriebszustand mit Berücksichtigung der Vorspannung;

E Elastizitätsmodul der Teilstücke im Betriebszustand;

E_M Elastizitätsmodul der Teilstücke im Montagezustand (meist Wert bei 20 °C).

Da $\boldsymbol{K}$ und $\boldsymbol{K}_V$ im Betriebszustand gemeinsam wirken, gilt für alle Fälle:

$$\boldsymbol{K}_B = \boldsymbol{K} + \boldsymbol{K}_V . \tag{18.8}$$

Nachdem also $\boldsymbol{K}$ bestimmt worden ist, bleibt noch $\boldsymbol{K}_V$ zu bestimmen. Dabei muß man mehrere Fälle unterscheiden.

a) Im allgemeinsten aber seltenen Fall ist das Verhältnis E/E_M nicht für alle Teilstücke gleich. Man muß dann $\boldsymbol{K}_V$ nach den Anweisungen von 18.2 wie $\boldsymbol{K}_M$ ermitteln, wobei jedoch E anstelle von E_M zu setzen ist. Der Rechenaufwand ist hierbei verhältnismäßig groß, da die zu $\boldsymbol{K}$, $\boldsymbol{K}_M$, $\boldsymbol{K}_V$ gehörenden Elastizitätsmatrizen $\boldsymbol{A}_K$, $\boldsymbol{A}_{KV}$, $\boldsymbol{A}_{KM}$ unterschiedliche Elemente aufweisen.

b) Ist das Verhältnis E/E_M für alle Teilstücke gleich, dann wird:

$$\boldsymbol{K}_V = \frac{E}{E_M} \cdot \boldsymbol{K}_M . \tag{18.9}$$

c) Ist wie vor das Verhältnis E/E_M für alle Teilstücke gleich und außerdem die prozentuale Vorspannung v in allen drei Richtungen gleich, dann ergibt sich unter Voraussetzung einer Momentenvorspannung nach 18.2 über die Gln. (18.7) bis (18.9):

$$\boldsymbol{K}_B = \left(1 - \frac{v}{100}\right) \cdot \boldsymbol{K}. \tag{18.10}$$

Offensichtlich stellt Fall c) den einfachsten Fall zur Ermittlung der Kraftwirkungen $\boldsymbol{K}_B$ dar. Andererseits zeigen die Ausführungen von 18.2 sowie unvermeidliche Maßtoleranzen, daß ein eindeutiges Bestimmen des von $\boldsymbol{K}_M$ abhängigen Wertes $\boldsymbol{K}_V$ kaum möglich ist. Es wird daher in einschlägigen Vorschriften (z. B.: USAS B 31.1.0) zur Ermittlung von $\boldsymbol{K}_B$ folgender Weg angeraten:

1. Ermittlung von $\boldsymbol{K}_M$ für eine Momentenvorspannung.
2. Ermittlung von $\boldsymbol{K}_V$ nach Gl. (18.9) für den Größtwert E/E_M.
3. Berücksichtigung von nur $^2/_3$ des Wertes $\boldsymbol{K}_V$ bei Ermittlung des Wertes $\boldsymbol{K}_B$.

Damit erhält man dann bei verschiedenen prozentualen Vorspannungen

$$\boldsymbol{K}_B = \boldsymbol{K} + \frac{2}{3} \cdot \boldsymbol{K}_V = \boldsymbol{K} + \frac{2}{3} \cdot \frac{E}{E_M} \cdot \boldsymbol{K}_M . \qquad (18.11)$$

und bei gleichen prozentualen Vorspannungen mit $\boldsymbol{K}_M$ nach Gl. (18.7):

$$\boldsymbol{K}_B = \left(1 - \frac{2}{3} \cdot \frac{v}{100}\right) \cdot \boldsymbol{K}. \qquad (18.12)$$

19. Begriff und Wirkung der Relaxation

Bisher wurde immer ein rein elastisches Verhalten des Rohrwerkstoffes vorausgesetzt. Bei Rohrleitungen, die längere Zeit mit hohen Temperaturen betrieben werden, muß man auch dem Kriechbestreben des Werkstoffes Rechnung tragen. Dies wirkt sich so aus, daß sich die anfangs durch die Systemlängsdehnung hervorgerufenen Spannungen verringern. Diesen Vorgang bezeichnet man als Relaxation (Entspannung). Bei Außerbetriebnahme werden sich dann Kraftwirkungen $\boldsymbol{K}_R$ zeigen, die nicht mehr mit dem nach 18.2 ermittelten Wert $\boldsymbol{K}_M$ des Montage-Endzustandes übereinstimmen. Ein genaues Erfassen des wirklich eintretenden Spannungsabbaues stößt auf große Schwierigkeiten. In einschlägigen Vorschriften wird daher zur näherungsweisen Berücksichtigung der Relaxation folgender Weg vorgeschlagen:

1. Ermittlung der Kraftwirkungen $\boldsymbol{K}$ für den Betriebszustand mit den höchsten Temperaturen ohne Berücksichtigung der Vorspannung nach den Kap. 14 bis 16.
2. Ermittlung der größten sich durch $\boldsymbol{K}$ ergebenden Vergleichsspannung $\sigma_{v\varepsilon l}$ nach 20.6, Gl. (20.14).
3. Ermittlung der zulässigen Spannung $\sigma_{zul/\vartheta}$ für die Betriebstemperatur ϑ nach 20.5, Gl. (20.8).

Unter der Annahme, daß bei relaxierenden Systemen die Montagetemperatur auch gleichzeitig die niedrigste zu beachtende Temperatur darstellt, erhält man die Kraftwirkung $\boldsymbol{K}_R$ für das kalte und relaxierte System dann zu

$$\boldsymbol{K}_R = -\left(1 - \frac{\sigma_{zul/\vartheta}}{\sigma_{v\varepsilon l}}\right) \cdot \frac{E_M}{E} \cdot \boldsymbol{K} \qquad (19.1)$$

mit der Bedingung $\sigma_{zul/\vartheta}/\sigma_{v\varepsilon l} \leqq 1$. Die mit Gl. (19.1) angesetzte prozentuale Relaxation v_R ergibt sich (in bezug auf das nicht vorgespannte System) zu

$$v_R = \left(1 - \frac{\sigma_{zul/\vartheta}}{\sigma_{v\varepsilon l}}\right) \cdot 100, \tag{19.2}$$

so daß man bei einer vorgeschriebenen prozentualen Relaxation v_R dann

$$\boldsymbol{K}_R = -\frac{v_R}{100} \cdot \frac{E_M}{E} \cdot \boldsymbol{K} \tag{19.3}$$

erhalten würde.

20. Bewertung der Spannungen

Bei der Bewertung von Spannungen muß man nicht nur ihre Größe sondern auch ihren Verlauf, ihre Ausbreitung und ihre Ursache beachten.

20.1 Spannungsunterteilung nach ihrem Verlauf ($\sigma_m, \sigma_b, \sigma_k$)

Erreicht bei einem Stab aus ideal-elastisch-plastischem Werkstoff (vgl. Abb. 9.1) die Normalspannung σ_m infolge einer ständig wirkenden mittigen Normalkraft die Streckgrenze, dann ist seine Tragfähigkeit erschöpft. Erreicht bei dem gleichen Stab die Normalspannung σ_b infolge eines ständig wirkenden Biegemomentes der Größe M_{el} an der Außenfaser die Streckgrenze σ_S (Spannungsverteilung nach Abb. 9.6e), dann verbleibt noch eine Tragfähigkeitsreserve. Und zwar solange, bis nach Steigerung des Momentes auf die Größe M_{pl} eine Spannungsverteilung nach Abb. 9.6d erreicht ist. Das Verhältnis $k_{Res} = M_{pl}/M_{el}$ ist von der Querschnittform abhängig und beträgt beim Rechteckquerschnitt 1,5.

Weist der betrachtete Stab eine kerbartige Querschnittänderung auf (Einschnitt, Ecke), dann entsteht dort sowohl bei Wirkung einer mittigen Normalkraft als auch bei Wirkung eines Biegemomentes zusätzlich eine Normalspannung σ_k mit spitzenartigem Verlauf, die groß sein kann, sich aber nur über einen sehr kleinen Querschnittbereich erstreckt. Die Tragfähigkeit des Stabes ist dann erst beeinträchtigt, wenn infolge der gleichzeitigen Wirkung von σ_m und/oder σ_b sowie σ_k die Bruchdehnung δ oder die Trennfestigkeit σ_T erreicht wird. Es tritt zwar zunächst nur ein örtlich sehr begrenzter Anriß auf, der sich dann aber bei jedem Lastwechsel immer weiter ausbreitet.

Damit ist es erforderlich, die Spannungen σ_m, σ_b und σ_k unterschiedlich zu bewerten. Bei den hier zu behandelnden Leitungselementen sei daher bei den über die Wanddicke s verteilten Spannungen folgende Definition anhand von *Abb. 20.1* vereinbart:

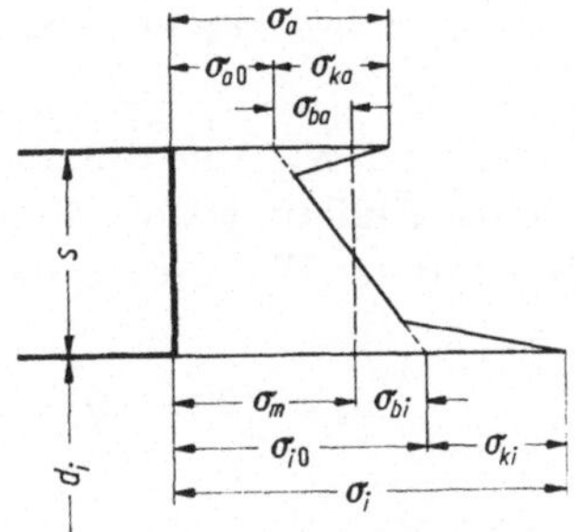

Abb. 20.1 Spannungsunterteilung nach ihrem Verlauf über die Wanddicke s.

a) Unter der *Membranspannung* σ_m wird eine in gleicher Größe und Richtung über die ganze Wanddicke verlaufende Spannung (vgl. Abb. 13.13 links) verstanden. Ist σ_{a0} und σ_{i0} gegeben, dann gilt:

$$\sigma_m = \frac{\sigma_{a0} + \sigma_{i0}}{2}. \tag{20.1}$$

b) Als *Biegespannung* σ_b gilt die durch ein Wand-Biegemoment entsprechend Abb. 13.13 rechts hervorgerufene Spannung. Ist σ_{a0} und σ_{i0} gegeben, dann wird:

$$\sigma_{ba} = -\sigma_{bi} = \frac{\sigma_{a0} - \sigma_{i0}}{2}. \tag{20.2}$$

Ist die Temperatur an der Außenwand (ϑ_a) und Innenwand (ϑ_i) verschieden, aber über die Wand linear verlaufend, dann folgt mit den Gln. (6.17) und (7.3):

$$\sigma_{ba} = -\sigma_{bi} = -\alpha_\vartheta \cdot \frac{\vartheta_a - \vartheta_i}{2} \cdot \frac{E}{1-\nu}. \tag{20.3}$$

c) Ist σ die Gesamtspannung, dann gilt als *Spannungsspitze* σ_k nur der über $\sigma_m + \sigma_b$ hinausgehende Anteil, also:

$$\sigma_k = \sigma - (\sigma_m + \sigma_b). \tag{20.4}$$

Wurde die Gesamtspannung σ über einen Kerb- oder Formfaktor α_k zu $\sigma = \alpha_k \cdot (\sigma_m + \sigma_b)$ ermittelt, dann gilt:

$$\sigma_k = (\alpha_k - 1) \cdot (\sigma_m + \sigma_b). \tag{20.5}$$

Folgt die Spannungsspitze aus einer plötzlichen Erwärmung (oberes Vorzeichen) oder einer plötzlichen Abkühlung (unteres Vorzeichen) der Außen- oder Innenwand um $\Delta\vartheta$, dann erhält man mit den Gln. (6.17) und (7.3):

$$\sigma_k = \mp \alpha_\vartheta \cdot \Delta\vartheta \cdot \frac{E}{1-\nu}. \tag{20.6}$$

Weist ein Rohr mit $\alpha_{\vartheta R}$ eine dünne Plattierung mit $\alpha_{\vartheta P}$ und E_P auf, dann ergibt sich bei Änderung der Montagetemperatur ϑ_M auf die Betriebstemperatur ϑ in der Plattierung eine Spannungsspitze von:

$$\sigma_k = (\vartheta_M - \vartheta) \cdot (\alpha_{\vartheta P} - \alpha_{\vartheta R}) \cdot \frac{E_p}{1-\nu}. \tag{20.7}$$

20.2 Spannungsunterteilung nach ihrer Ausbreitung (${}_N\sigma$, ${}_L\sigma$)

Treten die in 20.1 angeführten Membran- und Biegespannungen nur in einem begrenzten Bereich der Konstruktion auf, und werden beim Überschreiten der Streckgrenze dann auf Grund geometrischer Bedingungen die weiter abliegenden Teile mit zum Tragen herangezogen, dann spricht man von lokalen Spannungen. Bei zylindrischen, konischen und kugligen Hohlkörperteilen läßt man üblicherweise diejenigen Membran- und Biegespannungen als *Lokal-Spannung* ${}_L\sigma$ gelten, die innerhalb des Bereiches $0{,}5 \cdot \sqrt{r_m \cdot s}$ (von der Stelle ihres Extremwertes her in Umfangs- oder Längsrichtung gesehen) auftreten. Außerdem gilt als Bedingung zur Klassifizierung als Lokalspannung, daß ihr Extremwert von dem einer anderen Lokalspannung mindestens um $2{,}5 \cdot \sqrt{r_m \cdot s}$ entfernt liegt. Alle nach diesen beiden geometrischen Bedingungen nicht als Lokalspannung anzusprechenden Normal- und Biegespannungen seien als *Nicht-Lokalspannung* ${}_N\sigma$ bezeichnet.

Bei den in 20.1 beschriebenen punkt- oder linienförmig verteilten Spannungsspitzen σ_k hätte eine Unterteilung in ${}_N\sigma_k$ und ${}_L\sigma_k$ nur eine formale Bedeutung, da sich im Hinblick auf das Versagen kein Unterschied ergibt.

20.3 Spannungsunterteilung nach ihrer Ursache (σ^I, σ^{II})

Die wesentliche Eigenschaft einer als *Primärspannung* σ^I bezeichneten Spannung ist es, daß sie unbedingt zur Herstellung des Gleichgewichtes gegenüber solchen äußeren Lasten erforderlich ist, die auch beim Überschreiten der Streckgrenze in voller Größe weiterwirken. Zu diesen äußeren Lasten gehören:

a) Innen- und Außendruck,

b) Sämtliche Gewichtslasten,

c) Schnee- und Windlasten bei Leitungen im Freien,

d) Erddruck und Verkehrslast bei eingeerdeten Leitungen,

e) Rückstoßkräfte,

f) Beschleunigungskräfte infolge Erdbeben.

Das wesentliche Merkmal einer als *Sekundärspannung* σ^{II} bezeichneten Spannung ist es, daß sie aus Dehnungen resultiert, die auf Grund physikalischer oder geometrischer Bedingungen einen Grenzwert aufweisen. Sekundärspannungen werden demnach durch erzwungene, aber begrenzte Formänderungen hervorgerufen. Bei Rohrleitungen und ihren Elementen fallen folgende Spannungen unter diesen Begriff:

a) Alle von der Temperatur abhängigen Spannungen (radialer und axialer Temperaturgradient, unterschiedlicher Wärmeausdehnungskoeffizient).

b) Alle Spannungen aus verhinderter Systemlängsdehnung.

c) Alle Störspannungen. Das sind Spannungen, die sich an Übergängen zu anderer geometrischer Form infolge unterschiedlichen Dehnverhaltens ergeben.

d) Alle Spannungen, die zwar von den bei den Primärspannungen angeführten Lasten hervorgerufen werden, die aber auch ohne ihr Vorhandensein die Gleichgewichtsbedingungen erfüllen lassen. So treten z. B. in einem ovalen Rohr infolge des Innendruckes Biegespannungen auf. Überschreiten diese die Streckgrenze, dann strebt der Rohrquerschnitt gegen die günstigere Zylinderform und kann den Innendruck durch Membranspannungen aufnehmen. Stände dagegen das gleiche ovale Rohr unter Außendruckbelastung, dann wäre die Biegespannung unbedingt erforderlich und daher als Primärspannung zu betrachten.

20.4 Unterteilung der Schubspannungen (τ)

Für die durch Torsionsmomente oder Querkräfte hervorgerufenen Schubspannungen gelten analog die gleichen Unterteilungen nach Verlauf (τ_m, τ_b, τ_k), Ausbreitung (${}_N\tau$, ${}_L\tau$) und Ursache (τ^I, τ^{II}) wie bei den Normalspannungen in 20.1 bis 20.3 angeführt. Die Definition für τ_m, τ_b, τ_k ergibt sich, indem man in Abb. 20.1 sowie in den Gln. (20.1), (20.2) und (20.5) das Zeichen σ durch τ ersetzt.

20.5 Begrenzung der Gesamtspannungen

Geht man mit den Abkürzungen

$\sigma_{zul/\vartheta}$ zulässige Spannung K/S bei der Temperatur ϑ infolge reiner Zugbeanspruchung,

$\sigma_{S/\vartheta}$ Streckgrenze bei der Temperatur ϑ,

$\sigma_{P/\vartheta}$ Proportionalitätsgrenze bei der Temperatur ϑ,

σ_v Vergleichsspannung (5.8)

von der Voraussetzung

$$\sigma_{zul/\vartheta} \leqq \frac{\sigma_{S/\vartheta}}{1{,}5} \tag{20.8}$$

aus, dann gilt:

$$1{,}25 \cdot \sigma_{zul/\vartheta} = \sigma_{S/\vartheta}/1{,}2 \approx \sigma_{P/\vartheta}, \tag{20.9}$$

$$1{,}5 \cdot \sigma_{zul/\vartheta} = \sigma_{S/\vartheta}, \tag{20.10}$$

$$3 \cdot \sigma_{zul/\vartheta} = 2 \cdot \sigma_{S/\vartheta}. \tag{20.11}$$

Läßt man für eine alleinwirkende nichtlokale Primärbiegespannung ${}_N\sigma_b^I$ den Wert $1{,}25 \cdot \sigma_{zul/\vartheta}$ als zulässig gelten, dann verbleibt entsprechend 20.1 gegen Versagen durch Fließen eine Sicherheit von $1{,}5 \cdot 1{,}5/1{,}25 = 1{,}8$ und es treten wegen $\sigma \leqq \sigma_{P/\vartheta}$ auch keine bleibenden Dehnungen auf. Reduziert man nun andererseits vor Bilden der Vergleichsspannung den ermittelten Wert der Biegespannung ${}_N\sigma_b^I$ auf ${}_N\sigma_{b'}^I = 0{,}8 \cdot {}_N\sigma_b^I$, dann wird ${}_N\sigma_{b'}^I$ in der Beurteilung einer nichtlokalen Primärmembranspannung ${}_N\sigma_m^I$ gleichwertig.

Läßt man für eine alleinwirkende lokale Primärmembranspannung ${}_L\sigma_m^{II}$ oder für eine alleinwirkende reduzierte lokale Primärbiegespannung ${}_N\sigma_{b'}^I$ den Wert $1{,}25 \cdot \sigma_{zul/\vartheta}$ als Grenzwert zu, dann verbleibt gegen Fließversagen bei der Membranspannung eine Sicherheit von 1,2 und bei der Biegespannung von 1,44.

Erreicht die Vergleichsspannung aus den Primär- und Sekundärspannungen den Wert $3 \cdot \sigma_{zul/\vartheta}$, dann wird zwar bei der ersten Belastung die Streckgrenze überschritten, aber bei weiteren Lastwechseln bleibt man (wegen $\sigma_v = \pm\, \sigma_{S/\vartheta}$) im elastischen Bereich. Die reduzierte Biegespannung $\sigma_b' = 0{,}8 \cdot \sigma_b$ wäre demnach auf $2{,}4 \cdot \sigma_{zul/\vartheta}$ zu begrenzen. Legt man diesen Grenzwert auch den Membranspannungen zugrunde, dann verbleibt bei ihnen gegen $2 \cdot \sigma_{S/\vartheta}$ zusätzlich eine Sicherheit von 1,25.

Überschreitet bei Berücksichtigung der Biegespannungen in voller Größe die Vergleichsspannung aus den Primärspannungen, Sekundärspannungen und Spannungsspitzen den Wert $3 \cdot \sigma_{zul/\vartheta}$, dann wird eine Untersuchung auf Wechselbeanspruchung erforderlich.

In *Tab. 20.1* ist die hier vorgeschlagene Bewertung der Gesamtspannungen in Form von Spannungs-Bewertungsfaktoren zusammengestellt. Die rechte Spalte gibt dabei an, auf das Wievielfache des Wertes $\sigma_{zul/\vartheta}$ die Vergleichsspannung ansteigen darf, die aus den mit den linksstehenden Faktoren multiplizierten Spannungen ermittelt wurde. Bei den Grenzwerten $2{,}4 \cdot \sigma_{zul/\vartheta}$ und $3 \cdot \sigma_{zul/\vartheta}$ ist dabei vorausgesetzt, daß der Vergleichsspannung die gesamte Amplitude der Einzelspannungen zugrundeliegt.

Tabelle 20.1 Spannungs-Bewertungsfaktoren

	Ursache	Primär-		Sekundär-		Spannungsspitze	Grenzwert bezüglich
	Verlauf	Membran-	Biege-	Membran-	Biege-		
		Spannung		Spannung			
	Bezeichnung	σ_m^I	σ_b^I	σ_m^{II}	σ_b^{II}	σ_k	$\sigma_{zul/\vartheta}$
Ausbreitung*	N	1	0,8	0	0	0	1
	L	1	0,8	0	0	0	1,25
	NL	1	0,8	1	0,8	0	2,4
	NL	1	1	1	1	1	3**

* N = nichtlokal, L = lokal, NL = nichtlokal oder lokal.
** Bei Überschreitung Untersuchung auf Wechselbeanspruchung.

20.6 Begrenzung der Einzelspannungen

Die in 20.5 beschriebene Bewertung der Gesamtspannungen ist rechnerisch sehr aufwendig, da einmal für mehrere Schnittstellen des Systems, dann dort wieder für mehrere Querschnittpunkte an der Außen- und Innenwand die einzelnen Spannungen ermittelt werden müssen. Dieser Aufwand läßt sich bei zylindrischen Hohlkörpern in den meisten Fällen durch den Nachweis umgehen, daß für gewisse Einzelspannungen oder Spannungssummen nachfolgende Grenzwerte nicht überschritten werden.

a) Vergleichsspannung der Innendruckspannungen:

$$\sigma_{vp} \leqq \sigma_{zul/\vartheta}. \tag{20.12}$$

Der Wert für σ_{vp} ergibt sich durch Auflösen der jeweils vorgeschriebenen Wanddickenbemessungsformel nach $\sigma_{zul} = K/S$.

b) Summe der nichtlokalen Primär-Membranlängsspannungen:

$$_N\sigma_{lm}^I = \frac{p \cdot d_i^2}{4 \cdot d_m \cdot s} + \frac{\sqrt{(i_1 \cdot M_{b1})^2 + (i_2 \cdot M_{b2})^2}}{W} \leqq \sigma_{zul/\vartheta}. \tag{20.13}$$

Für die Spannungserhöhungsfaktoren i und Widerstandsmomente W gelten wie auch für c) die in *Tab. 20.2* angeführten Werte. (Vgl. 11.2, 13.4, 20.1 bis 20.3.)

Tabelle 20.2 Spannungserhöhungsfaktoren i_1, i_2

	Rohrbogen	T-Stück		
		Grundrohr	Stutzen	
	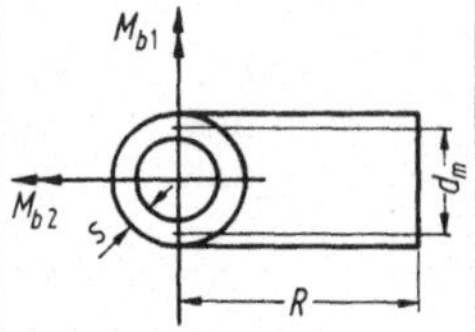 M_{b1}, M_{b2}, s, d_m, R	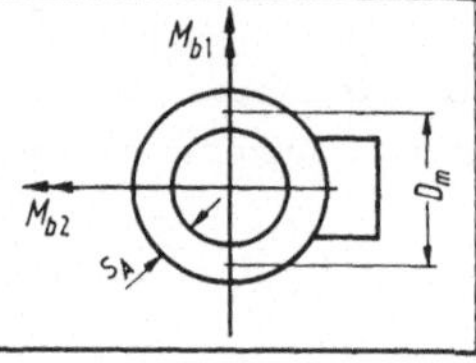 M_{b1}, M_{b2}, s_A, D_m	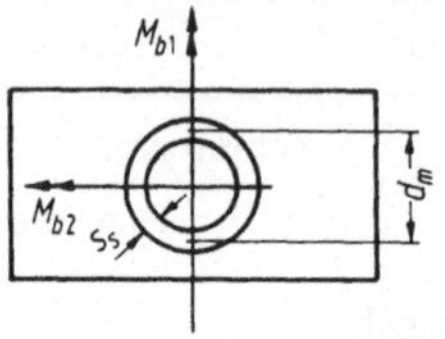 M_{b1}, M_{b2}, s_S, d_m	
h	$\frac{4 \cdot R \cdot s}{d_m^2}$ (1)	$\frac{2 \cdot s_A}{D_m}$ (2),(3)		
i_1	$\frac{0,9}{\sqrt[3]{h^2}}$	$i_1 = 0,75 \cdot i_2 + 0,25$ (4)		≥ 1
i_2	$i_2 = i_1$	$\frac{0,9}{\sqrt[3]{h^2}}$		≥ 1
W	$\frac{\pi}{32} \cdot \frac{d_a^4 - d_i^4}{d_a}$	$\frac{\pi}{32} \cdot \frac{D_a^4 - D_i^4}{D_a}$	$\frac{\pi}{4} \cdot d_m^2 \cdot s_S \cdot i_2$ (5)	

(1) Für Segmentbogen R nach Tab. 13.2.

(2) Für T-Stücke nach USAS B 16.9 gilt $h = 8{,}8 \cdot s_A/D_m$ bezogen auf die Anschlußmaße.

(3) Für T-Stücke mit Verstärkungskragen der Dicke s_K gilt $h = 2 \cdot \sqrt{(s_A + 0{,}5 \cdot s_K)^5/s_A^3}/D_m$.

(4) Für 1:1-T-Stücke gilt $i_1 = i_2$.

(5) Bei $s_A < s_S \cdot i_2$ ist $s_S \cdot i_2$ durch s_A zu ersetzen.

c) Mittlere Vergleichsspannung infolge verhinderter Systemlängsdehnung:

$$\sigma_{v\varepsilon l} = \sqrt{\sigma_b^2 + 4 \cdot \tau^2} \leq k_N \cdot \frac{E_\vartheta}{E_{20°}} \cdot (1{,}25 \cdot \sigma_{zul/20°} + 0{,}25 \cdot \sigma_{zul/\vartheta}) \qquad (20.14)$$

mit

$$\sigma_b = \frac{\sqrt{(i_1 \cdot M_{b1})^2 + (i_2 \cdot M_{b2})^2}}{W} \quad \text{und} \quad \tau = \frac{M_t}{2 \cdot W}.$$

Hierbei sind die Spannungen für die maximale Temperaturdifferenz $\Delta\vartheta_0 = \vartheta_{\max} - \vartheta_{\min}$ ohne Berücksichtigung einer evtl. Vorspannung zu ermitteln.

Ist N_0 die zu $\Delta\vartheta_0$ gehörende Lastwechselzahl (im Hinblick auf die vorgesehene Lebenszeit der Leitung) und sind N_1, $N_2 \cdots N_n$ die zu anderen und kleineren Temperaturdifferenzen $\Delta\vartheta_1$, $\Delta\vartheta_2 \cdots \Delta\vartheta_n$ gehörenden Lastwechselzahlen, dann ergibt sich die Vergleichslastwechselzahl N_v zu

$$N_v = N_0 + \left(\frac{\Delta\vartheta_1}{\Delta\vartheta_0}\right)^5 \cdot N_1 + \left(\frac{\Delta\vartheta_2}{\Delta\vartheta_0}\right)^5 \cdot N_2 + \cdots + \left(\frac{\Delta\vartheta_n}{\Delta\vartheta_0}\right)^5 \cdot N_n \qquad (20.15)$$

und der zugehörige Faktor k_N

bei $N_v \leqq$	7000 $\leqq$	14000 $\leqq$	22000 $\leqq$	45000 $\leqq$	100000 $>$	100000
zu $k_N =$	1	0,9	0,8	0,7	0,6	0,5.

20.7 Anmerkungen

Die Vorschläge zur Spannungsbewertung sind im wesentlichen den amerikanischen Vorschriften USAS B 31.1.0 bis 8 und ASME Nuclear Vessels Code entnommen. In Abweichung dazu stehen die Faktoren in Tab. 20.1, die sich durch Einführen des Begriffs der reduzierten Biegespannung ergaben. Dadurch wurde folgendes erreicht:

a) Ausnutzung der größeren Tragreserve bei einer Biegebeanspruchung gegenüber einer Normalkraftbeanspruchung, aber Begrenzung des Maxiamlwertes einer nichtlokalen Primärbiegespannung auf $\sigma_S/1{,}2 \approx \sigma_P$ (statt auf σ_S).

b) Begrenzung der Summe aus Primär- und Sekundär-Membranspannung auf $2 \cdot \sigma_S/1{,}25$ (statt auf $2 \cdot \sigma_S$). Und zwar im Hinblick auf starr verlegte Leitungen, bei denen die aus den Temperaturänderungen bedingten Längsmembranspannungen in gleicher Größe über den ganzen Querschnitt wirken.

Literaturverzeichnis

[1] Hütte, des Ingenieurs Taschenbuch, 28. Aufl., Bd. I, Berlin: Ernst & Sohn 1955.

[2] HIRSCHFELD, K.: Baustatik, 3. Aufl. (2 Teile), Berlin/Heidelberg/New York: Springer 1969.

[3] v. KÁRMÁN, Th.: Über die Formänderung dünnwandiger Rohre. Z. VDI 55 (1911) Nr. 45, S. 1889–1895.

[4] KERSTEN, R.: Das Reduktionsverfahren der Baustatik, Berlin/Göttingen/Heidelberg: Springer 1962.

[5] KLÖPPEL, K., FRIEMANN, H.: Der Spannungs- und Verformungszustand rechtwinklig zu ihrer Krümmungsebene belasteter Rohre. VDI-Z. 105 (1963) Nr. 23, S. 1096–1102.

[6] PFLÜGER, A.: Stabilitätsprobleme der Elastostatik, 2. Aufl., Berlin/Göttingen/Heidelberg/New York: Springer 1964.

[7] Dubbel, Taschenbuch für den Maschinenbau, 13. Aufl., Bd. I, Berlin/Heidelberg/New York: Springer 1970.

[8] SCHWAIGERER, S. (Hrsg.): Rohrleitungen, Berlin/Heidelberg/New York: Springer 1967.

[9] SCHWAIGERER, S.: Festigkeitsberechnung von Bauelementen des Dampfkessel-, Behälter- und Rohrleitungsbaues, 2. Aufl., Berlin/Heidelberg/New York: Springer 1970.

[10] ULRICH, E.: Über die Grundlagen der Festigkeitsrechnung im Dampfkessel-, Behälter- und Rohrleitungsbau unter Berücksichtigung des Fließverfahrens der Werkstoffe. VGB-Mitteilungen H. 78/79 (1962).

[11] SZABÓ, I.: Einführung in die Technische Mechanik, 7. Aufl., Berlin/Heidelberg/New York: Springer 1966.

[12] The American Society of Mechanical Engineers: Pressure Vessel and Piping Design, collected papers 1927–1959, New York: 1960.

[13] ZURMÜHL, R.: Matrizen und ihre technischen Anwendungen, 4. Aufl., Berlin/Göttingen/Heidelberg: Springer 1964.

[14] ZURMÜHL, R.: Praktische Mathematik für Ingenieure und Physiker, 5. Aufl., Berlin/Heidelberg/New York: Springer 1965.

Sachverzeichnis